国家科学技术学术著作出版基金资助出版

气体放电与等离子体及其应用著作丛书

等离子体高能合成射流

夏智勋　王　林　周　岩　罗振兵　邵　涛　著

科学出版社

北　京

内 容 简 介

本书介绍等离子体高能合成射流及其高速主动流动控制技术研究成果，内容包括绪论、等离子体高能合成射流模型及测量方法、等离子体高能合成射流放电及能量效率特性、等离子体高能合成射流流场特性、等离子体高能合成射流阵列工作特性、等离子体高能合成射流在航空航天领域的应用等。

本书可作为气体放电等离子体及航空航天相关专业科研人员、工程技术人员、教师、研究生的参考书。

图书在版编目（CIP）数据

等离子体高能合成射流／夏智勋等著．—北京：科学出版社，2022.3
（气体放电与等离子体及其应用著作丛书）
ISBN 978-7-03-071833-4

Ⅰ．①等…　Ⅱ．①夏…　Ⅲ．①等离子体射流　Ⅳ．①O53

中国版本图书馆 CIP 数据核字（2022）第 042229 号

责任编辑：牛宇锋 / 责任校对：任苗苗
责任印制：赵 博 / 封面设计：蓝正设计

科学出版社 出版
北京东黄城根北街 16 号
邮政编码：100717
http://www.sciencep.com
北京凌奇印刷有限责任公司印刷
科学出版社发行　各地新华书店经销
*
2022 年 3 月第 一 版　开本：720 × 1000　B5
2025 年 1 月第三次印刷　印张：13 3/4
字数：265 000

定价：98.00 元

（如有印装质量问题，我社负责调换）

前　言

自 20 世纪 90 年代开始，气体放电等离子体及其应用技术发展迅速，相关研究和应用涵盖了材料、生物、医学等诸多领域，等离子体流动控制技术便是其中之一。等离子体流动控制技术是基于等离子体气动激励这一新概念的主动流动控制技术，它具有激励频带宽、响应时间短、无运动部件等优点，有望使飞行器/发动机气动特性实现重大提升。以等离子体气动激励为代表的主动流动控制技术被美国航空航天学会列为 10 项航空航天前沿技术之一。等离子体高能合成射流激励器是等离子体流动控制技术中的重要一种，它克服了介质阻挡放电等离子体激励器诱导射流速度较低、直流/准直流电弧放电等离子体激励器功率输入较大的不足，为超声速/高超声速流动控制提供了一种新的技术手段，目前已经在国内外引起了广泛关注。作者对所在团队近 10 年的等离子体高能合成射流及其高速主动流动控制研究工作进行总结并成书，希望能够起到抛砖引玉的作用，促进我国相关领域的发展。

本书内容共 6 章。其中，第 1 章由夏智勋、罗振兵、王林、周岩完成，主要介绍传统等离子体流动控制技术以及在此基础上发展而来的等离子体高能合成射流技术研究概况；第 2 章由王林、周岩完成，详细介绍等离子体高能合成射流研究中所采用的理论计算、数值仿真及实验测量方法；第 3 章由夏智勋、周岩完成，重点阐述等离子体高能合成射流激励器的放电特性、能量传递过程及能量效率特性；第 4 章由夏智勋、王林完成，重点阐述等离子体高能合成射流在静止环境及超声速横向来流环境中的射流流场特性；第 5 章由周岩、罗振兵完成，阐述等离子体高能合成射流激励器串/并联阵列的电源设计、放电特性及流场特性；第 6 章由夏智勋、王林完成，介绍等离子体高能合成射流在进气道压缩拐角斜激波控制、圆柱绕流激波控制、飞行器头部逆向喷流减阻、燃烧室超/超混合层掺混增强等高速流动控制中的典型应用。全书的修改和统稿工作由周岩完成。

本书的研究工作得到了国家自然科学基金、高等学校全国优秀博士学位论文作者专项资金、国家高技术研究发展计划(863 计划)、国家重点基础研究发展计划(973 计划)、国家重大科学工程、中央军委科学技术委员会国防科技创新特区(163 计划)等项目的支持。张宇、王鹏、杨瑞、严郑、杨升科、蒋浩、张军、王俊伟、刘强、刘志勇、李石清、赵朦、高天翔、谢玮等研究团队成员和中国科学院电工研究所的邵涛研究员、韩磊硕士等也为本书中的研究成果和本书的出版付出了大量心血和智慧。本书出版得到了国家科学技术学术著作出版基金和国防科技大学“双重”建设的支持，在此一并表示衷心的感谢！

基于等离子体气动激励的主动流动控制技术是一门新兴研究领域，本书所涉及的工作仅仅是沧海一粟。由于作者的学识和水平有限，书中难免存在疏漏，恳请各位同行和专家不吝赐教。

作　者

2021 年 12 月 1 日

目　录

前言
第 1 章　绪论 …… 1
1.1　等离子体流动控制技术 …… 1
1.1.1　基本概念 …… 1
1.1.2　国内外发展状况 …… 3
1.1.3　发展方向 …… 4
1.1.4　技术展望 …… 6
1.2　等离子体合成射流技术 …… 9
1.2.1　表面放电等离子体合成射流技术 …… 9
1.2.2　体积放电等离子体高能合成射流技术 …… 11
1.3　本书框架 …… 14
参考文献 …… 14
第 2 章　等离子体高能合成射流模型及测量方法 …… 20
2.1　引言 …… 20
2.2　零维理论分析模型 …… 21
2.2.1　瞬时加热阶段 …… 22
2.2.2　等熵壅塞流-非壅塞流阶段 …… 22
2.2.3　回填阶段 …… 28
2.2.4　计算结果验证 …… 28
2.3　数值计算模型 …… 29
2.3.1　物理模型及控制方程 …… 29
2.3.2　计算结果验证 …… 36
2.4　实验测量方法 …… 38
2.4.1　电参数测量 …… 38
2.4.2　腔体压力测量 …… 39
2.4.3　微冲量测量 …… 42
2.4.4　高速纹影/阴影 …… 44
2.4.5　超声速静风洞 …… 46
参考文献 …… 50

第 3 章 等离子体高能合成射流放电及能量效率特性 …… 52
3.1 引言 …… 52
3.2 放电特性及放电效率 …… 54
3.2.1 电源系统 …… 54
3.2.2 放电特性分析 …… 56
3.2.3 放电效率计算方法 …… 65
3.2.4 参数影响规律 …… 66
3.3 加热效率 …… 69
3.3.1 加热效率计算方法 …… 69
3.3.2 参数影响规律 …… 71
3.4 喷射效率 …… 75
3.4.1 喷射效率计算方法 …… 75
3.4.2 参数影响规律 …… 76
3.5 小结 …… 80
参考文献 …… 81
第 4 章 等离子体高能合成射流流场特性 …… 82
4.1 引言 …… 82
4.2 静止流场环境 …… 82
4.2.1 典型流场特征 …… 82
4.2.2 腔体体积影响 …… 87
4.2.3 放电电容影响 …… 89
4.2.4 电极间距影响 …… 91
4.2.5 出口直径影响 …… 92
4.2.6 放电频率影响 …… 94
4.2.7 环境压力影响 …… 96
4.3 高速来流环境 …… 105
4.3.1 典型流场特征 …… 105
4.3.2 出口直径影响 …… 116
4.3.3 出口倾角影响 …… 118
4.3.4 放电能量影响 …… 120
4.3.5 来流马赫数影响 …… 127
4.4 小结 …… 130
参考文献 …… 131
第 5 章 等离子体高能合成射流阵列工作特性 …… 133
5.1 引言 …… 133

5.2 串联阵列工作特性 133
5.2.1 电源系统 133
5.2.2 放电特性 136
5.2.3 流场特性 143
5.3 并联阵列工作特性 149
5.3.1 电源系统 149
5.3.2 放电特性 158
5.3.3 流场特性 166
5.4 小结 172
参考文献 174
第 6 章 等离子体高能合成射流在航空航天领域的应用 176
6.1 引言 176
6.2 进气道压缩拐角斜激波控制 176
6.2.1 典型控制流场 176
6.2.2 压缩拐角宽度影响 182
6.3 超声速流场圆柱绕流激波控制 183
6.3.1 典型控制流场 183
6.3.2 圆柱高度影响 189
6.3.3 出口构型影响 191
6.3.4 激励位置影响 193
6.4 飞行器头部逆向喷流减阻 195
6.4.1 流场特性 195
6.4.2 减阻特性 199
6.5 燃烧室超/超混合层掺混增强 201
6.5.1 实验方法 201
6.5.2 典型控制效果 203
6.6 小结 209
参考文献 210

第1章　绪　　论

1.1　等离子体流动控制技术

1.1.1　基本概念

等离子体气动激励是等离子体在电磁场力作用下运动或气体放电产生的压力、温度变化对流场施加的一种可控扰动，是将等离子体用于改善飞行器/发动机气动特性的主要技术手段。等离子体流动控制是基于等离子体气动激励这一新概念的主动流动控制技术，其主要特点是：没有运动部件、响应时间短且激励频带宽，有望实现飞行器/发动机气动特性的重大提升。2002年，《简氏防务周刊》曾将国际上等离子体改变飞行器空气动力特性的研究评论为：(期待)一场军用和商业飞行器的革命。2009年，以等离子体气动激励为代表的主动流动控制技术被美国航空航天学会(AIAA)列为10项航空航天前沿技术的第5项。

根据气体放电类型的不同，等离子体激励器目前主要有介质阻挡放电、表面直流电弧/辉光放电和火花放电(等离子体合成射流)三种类型(如图1-1所示)。介质阻挡放电(DBD)等离子体激励器是目前研究最多的主动流动控制方式之一，其结构主要包括绝缘介质及隔离开的两个非对称电极，其中一个电极裸露，另一个电极埋置在绝缘介质中。当在两电极间施加高压、高频交流电源时，会在激励器上方形成一个非对称电场，电离电场附近空气形成等离子体；并诱导周围流体向埋入电极方向流动，形成一股用于流动控制的壁面射流。直流放电等离子体激励器结构主要由布置于绝缘板上的耐高温烧蚀电极组成，相对于DBD激励器的不同之处在于两电极布置于绝缘板的同侧，之间没有绝缘介质阻挡。激励器电极可以做成多种不同形状，并且可以根据应用需要改变电极对数和布置方式。相对于脉冲或交流放电，直流放电等离子体电源较为简单，工作产生的电磁干扰较小且易于操作。直流放电等离子体可以分为直流辉光放电和直流电弧放电两种，二者的区别在于输入功率和放电电流大小的不同。当两电极间辉光放电建立以后，如果继续增加输入电压就会发生辉光向弧光的转变。辉光放电的电流大小一般为1～100mA量级，而电弧放电电流会显著增大(约1A)。等离子体合成射流激励器又称为火花放电等离子体激励器或脉冲等离子体射流激励器，是结合合成射流与等离子体激励器两者优势而提出的一种依靠火花放电产生高能射流的激励装置。等离子体合成射流激励器在小腔体内进行气体放电，利用受控流场内自身的流体“合成”流场控制需要的高速射流；根据有无点火电极可分为两电极等离子体合成射

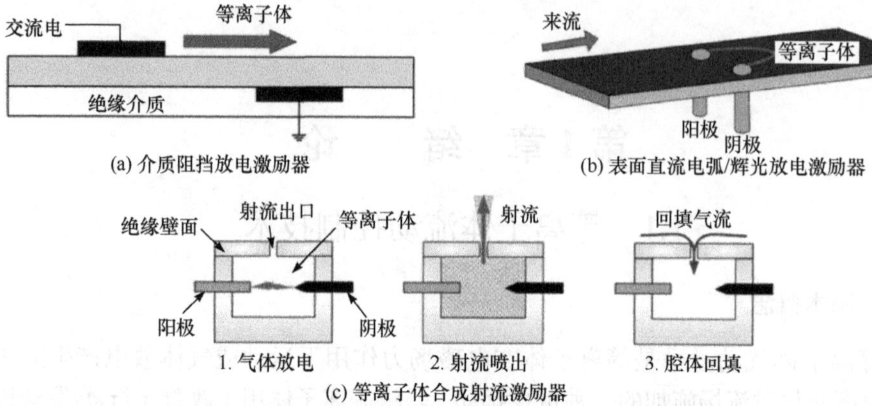

图 1-1　航空飞行器等离子体激励器主要类型

流激励器和三电极等离子体合成射流激励器，如图 1-2 和图 1-3 所示。等离子体合成射流激励器仅需消耗电能，无机械活动部件，可通过出口大小和方向的改变调整激励器向外部流场的动量注入。等离子体合成射流激励器工作机理是基于气体放电的焦耳加热作用，快速加热膨胀受限腔体内的气体，形成高速射流，根据激励器腔体增压方式分类，其属于升温型主动流动控制激励器。

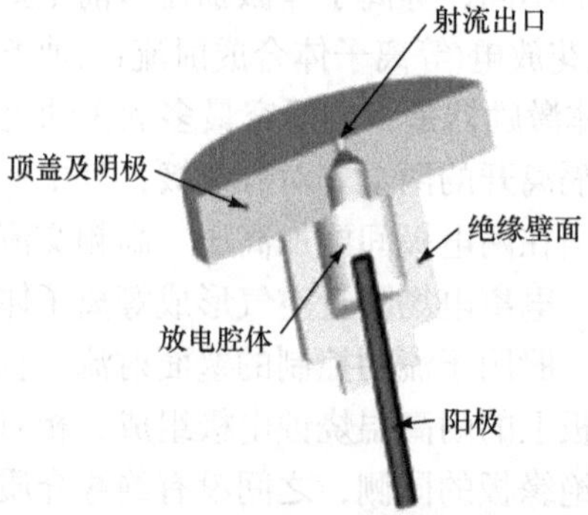

图 1-2　两电极等离子体合成射流激励器

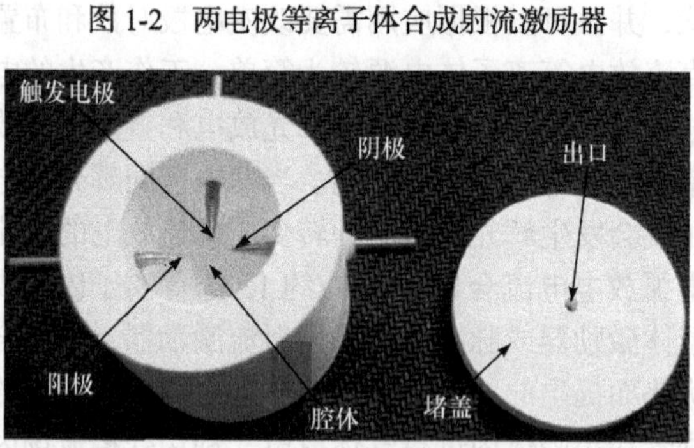

图 1-3　三电极等离子体合成射流激励器

1.1.2 国内外发展状况

俄罗斯(苏联)最早开始等离子体流动控制的研究，在此领域具有长期的研究历程和独特的学术思想。早期的工作受到飞行器再入时的等离子体黑障现象启发，主要进行高超声速等离子体隐身与减阻研究，获得了大量研究结果。1994年，提出了应用磁流体动力技术(AJAX)的高超声速飞行器概念，综合采用等离子体、磁流体进行流动控制与燃烧控制，引起了国际上的广泛关注[1]。代表性的研究工作：一是在高超声速等离子体减阻方面积累了大量的实验数据；二是对电弧放电、纳秒脉冲放电、微波放电等离子体流动控制，磁场与等离子体气动激励相互作用进行了深入研究。

美国的等离子体流动控制研究[2,3]，早期主要受到俄罗斯AJAX项目的启发，与俄罗斯合作进行了弱电离气体等项目研究，并在阿诺德工程中心的弹道靶风洞中进行了大量实验。1998年以后，研究重点转向介质阻挡放电(DBD)、局部丝状放电和等离子体合成射流(PSJ)。2004年，美国国防部将等离子体流动控制列为面向空军未来发展的重点资助领域之一。主要成果包括纳秒脉冲放电等离子体气动激励和等离子体合成射流激励特性，DBD等离子体气动激励抑制流动分离，局部丝状放电等离子体气动激励控制高速管道射流以及等离子体合成射流控制激波/附面层干扰等。目前，工业部门已经开始进行关键技术攻关，美国国家航空航天局(NASA)兰利研究中心、波音公司、通用电气公司、贝尔直升机公司等与高校开展了很多合作，申请并获批了多项发明专利。

欧洲的等离子体流动控制研究也很活跃。2009～2012年，针对下一代民用客机的发展需求，欧盟实施了PLASMAERO计划，7个国家的11所大学或公司参与了DBD等离子体气动激励诱导的旋涡特性、等离子体气动激励推迟附面层转捩、等离子体气动激励耦合模拟等研究工作。

国内的等离子体流动控制研究早期与隐身结合很紧密，侧重于高超声速减阻。2001年以来，关于DBD等离子体气动激励和其他激励方式的研究得到了大力发展。2005年，中国《国家中长期科学和技术发展规划纲要(2006—2020年)》将磁流体与等离子体动力学列为“面向国家重大战略需求的基础研究”中的“航空航天重大力学问题”。在大气压放电等离子体及其应用、等离子体在航空航天中的应用等专题研讨会上，等离子体流动控制都是重要的议题。十余所高校和研究所开展了大量研究，工业部门也开始参与有关工作。代表性的研究工作包括：DBD等离子体气动激励特性，PSJ激励器工作特性，纳秒脉冲等离子体流动控制，等离子体气动激励减弱激波强度、控制激波、附面层干扰以及压气机等离子体流动控制等[2-8]。

1.1.3 发展方向

等离子体流动控制学科未来的发展方向预测与展望如图 1-4 所示，主要包括高速流场、低雷诺数流场两个方向。在高速流场方面，包括高超声速流场耦合激励器设计、激波/边界层干扰控制方法和高超声速飞行器降热减阻三个方面。激励器是流动控制技术的核心，为了适应高超声速流动控制需求，首先需要开展激励器的创新设计，实现激励器与高超声速流场的耦合；激波/边界层干扰控制方法是高超声速流场控制的主要对象，开展控制方法的研究是基础。在低雷诺数流场方面，激励器结构及激励方式设计同样是关键所在，等离子体与低雷诺数流场之间通过边界层-涡的复杂相干、扰动放大等作用发挥控制作用，其控制机理仍是核心所在。降热减阻、增升减阻分别是高超声速飞行器、低速临近空间飞行器面临的主要技术瓶颈，也是等离子体流动控制实现应用的最终目标。

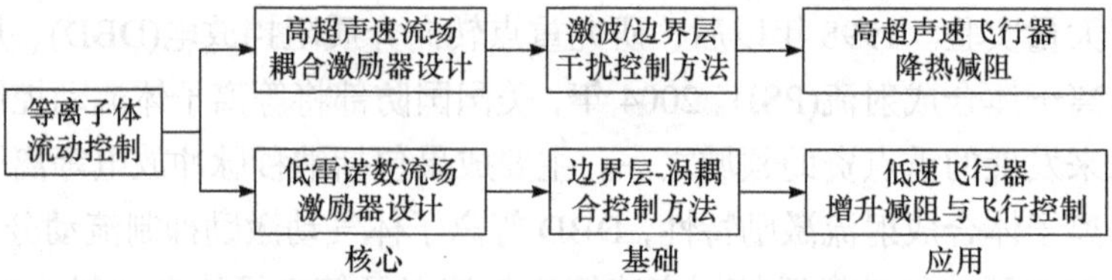

图 1-4　航空飞行器等离子体流动控制未来发展方向与展望

1.1.3.1　与高超声速流场耦合的等离子体流动控制激励器设计

等离子体流动控制激励器自出现以来已经历了快速发展，除了在激励器自身工作特性方面取得丰富成果外，也已成功应用于多种跨声速及超声速典型流场结构的控制，包括超声速边界层控制、激波强度和非定常性控制、射流噪声控制、流动分离控制等。但是，激励器在高超声速流场中的应用还比较少。对于高超声速飞行器，其外部流场的空气相对较为稀薄、静压较低，这给等离子体流动控制激励器应用提出了挑战。一方面，在高空稀薄空气环境中，激励器可以利用的气体工质太少，产生的控制力较弱。另一方面，在低气压环境中，气体的放电类型会由火花电弧放电转变为辉光放电，放电模式由原来的击穿电压较高、输入能量较大、能量沉积较为集中的放电转变为低能量、弥散型的放电，这也将导致激励器控制能力减弱。因此，激励器在高超声速流场中的环境适应性问题需要提高。

1.1.3.2　激波/边界层干扰等离子体流动控制方法

激波/边界层干扰是指激波产生的逆压梯度引发的边界层变形、分离、再附以及激波分叉等现象，普遍存在于跨声速、超声速及高超声速飞行器内外流场中。对于高超声速飞行器外流场，激波/边界层干扰是飞行器阻力的重要来源，并可能导致边界层非定常分离，引发飞行器气动阻力、表面热流以及压力载荷的非定常振荡，产生难以预料的气动力和气动力矩，使对飞行器的控制难以有效实施，并可能引发机体结构疲劳。飞行器内流场中激波/边界层干扰产生的复杂非定常波系，会增大内流总压损失和流场畸变，给发动机带来热流峰值、压力脉动、附加气动收缩比以及内通道激波串等问题，甚至会导致发动机停车的严重后果。因此，通过流动控制技术对激波/边界层干扰进行有效控制，能够显著提升高速飞行器的飞行安全性、改善飞行器可操纵性和提高飞行器推进效率。被动控制无需额外的能量消耗，具有控制简单、易于实现、设计制造成本低的特点，但同时也存在通用性差、非设计工况下控制效果不佳、伴随有额外附加损失等不足。作为一种新型主动流动控制技术，等离子体流动控制可以根据流场的实际控制需求，选择控制施加与否；依据受控流场流动的变化，调整控制装置工作参数，实现控制优化；便于组成信息化的闭环反馈控制网络，满足高速流场快速、实时的控制需求。

1.1.3.3　等离子体流动控制在高超声速飞行器的应用

临近空间高超声速飞行器技术是21世纪航空航天技术领域新的制高点，是人类航空航天史上继发明飞机、突破声障飞行之后的第三个划时代里程碑，同时也将开辟人类进入太空的新方式。21世纪初，随着X-43A、X-51A等飞行器的试飞成功，新一轮航空航天热空前高涨，世界各军事大国都不同程度地先后制定并实施了临近空间高超声速飞行演示计划。但是作为人类对“极端”环境和“极端”动力的新挑战，高超声速飞行器仍面临着降热减阻等技术瓶颈，等离子体流动控制技术具有频率响应快、控制能力强等优势，有望实现在高超声速飞行器上的应用。

1.1.3.4　等离子体提高低速飞行器性能研究

空气动力学与等离子体动力学的结合将更加紧密、系统，需要分别掌握二者的基本机理，如低雷诺数翼型流动分离机理、真实飞行环境中等离子体诱导射流特性变化规律、激励波形和激励器结构优化等，进而完成二者的综合集成研究，实现等离子体高效控制。实验研究将更加考虑真实飞行环境，为实现工程应用奠定关键基础，其中最关键的就是飞行高度问题。飞行高度带来了显著的气压、温度变化，对等离子体特性造成了显著影响。仿真计算将进一步广泛用于探索控制机理，同时将在评估等离子体控制效果方面发挥重要作用，因此发展高精度唯像学仿真模型将至关重要。最后，等离子体流动控制技术的工程化将进一步得到强化，国内外已经在小型无人机领域开展了极富成效的工作，平流层飞艇、临近空间无人机也有相关研究，极具应用潜力。

1.1.4 技术展望

1.1.4.1 中短期技术展望

等离子体流动控制技术中短期的发展重点是进一步提高激励器控制效果和实用化水平，并首先完成地面试验验证。未来等离子体气动激励控制效果和实用化水平的研究需要综合考虑以下多个因素：一是激励强度，高速流动控制要求等离子体气动激励具有很高的强度；二是激励功耗，功耗是衡量等离子体流动控制投入/产出比的重要参数；三是特定环境要求，如飞行控制、高速低气压环境等。

DBD 等离子体气动激励的优势是激励器易于布置且能耗较低，在抑制低雷诺数、高亚声速流动分离方面取得了显著效果，是未来的重要发展方向。在现有的 DBD 激励器结构布局下，显著提高 DBD 激励诱导气流速度面临很大的难度，因此提高加热能力是更为可行的技术途径。纳秒脉冲 DBD 激励通过快速加热可以产生压缩波甚至激波，展现出脉冲快速加热的良好前景，未来仍需进一步研究不同上升沿、脉冲宽度等参数对加热效果、流动控制效果的影响机制，确定合理的激励参数。同时，还需要重点研究低雷诺数非线性空气动力学，这关系到如何最佳地达到控制目标。

电弧激励的优势是强度大。表面电弧激励在超声速流动控制方面取得了良好效果，但是存在功耗过大、控制范围有限、电弧状态不稳定等问题，未来需要开展低能耗以及多个激励器阵列工作的研究。对于超声速流动控制常用的电弧激励，已有的研究表明，纳秒、微秒、毫秒时间尺度电弧激励的流动控制效果显著不同，因此，针对特定的流动控制背景，发展相应的低功耗电弧放电是未来的重要方向。微纳尺度激励器可以显著降低功耗，但是其激励强度如何值得进一步探索。

等离子体合成射流(PSJ)激励器的研究在过去十多年来取得了迅速发展，激励器的结构和材料、放电频率和稳定性、射流的速度和控制力等得到了大幅改进和提升，研究所采用的实验观测及数值仿真方法不断拓展及优化，激励器的控制效果从低速(Ma=0.1)机翼流场到超声速(Ma=3)多种典型应用中得到实验验证。但是，目前的研究仍然存在一定局限性，需要围绕以下几个主要问题开展研究：①等离子体合成射流激励器能量转化过程及能量效率的提升。等离子体合成射流激励器及其能源供应系统的能量转化效率是决定其应用前景的核心问题之一，为了开展等离子体合成射流激励器能量效率特性的研究和实现能量效率的优化提升，首先需要对激励器的能量转化过程进行深入研究，分析其能量传递的路径以及能量传递过程中可能出现的主要损失。由于激励器工作过程中涉及电容储存能量、电场加速下高能带电粒子能量、气体分子激发态能量、气体分子内能(理想气体内能本质为分子热运动平均动能)、气体射流的动能等能量的多重转换，借助实验及数值仿真方法对能量进行测量和计算，并获得不同参数条件下的能量效率变化规律，从而为激励器的优化提供参考。②等离子体合成射流激励器流动控制特性及其应用拓展。作为气体放电等离子体气动激励方式的一种，等离子体合成射流激励器目前已在超声速流场激波控制方面实现了初步应用，典型代表包括美国得克萨斯大学奥斯汀分校研究团队开展的分离激波非定常性控制和国防科技大学研究团队开展的绕流体主激波弱化和消除控制。但是，目前等离子体合成射流激励器在激波控制应用中大多以横向射流喷注的形式对流场施加扰动，作为头部逆向喷流的应用还相对较少。此外，前期激波控制的研究中主要通过纹影/阴影流场显示技术对受控激波的变化进行定性的观测，即通过在纹影/阴影图像中对比观察激波前后像素点的灰度值进行分析，虽然在一定程度上可以说明激波的弱化，但是分析方法比较粗略，缺乏较为可信和定量的结论，因此需要进一步开展深入研究。高超声速飞行器技术的不断发展为流动控制技术带来了新的挑战，高超声速流场的控制成为目前研究的前沿和热点。针对高超声速主动流动控制，直流辉光放电等离子体激励器的控制特性已有一些研究，改进结构后的纳秒脉冲介质阻挡放电等离子体激励器也开展了一些初步探索，但是等离子体合成射流激励器的相关研究还未见报道，为了进一步拓展应用范围，需要针对高超声速流场的特殊条件进行激励器的结构改进和应用探索。③多个等离子体合成射流激励器协同工作方式及其工作特性。单个等离子体合成射流激励器控制范围的局限性是制约其应用的另一个关键问题。对于介质阻挡放电或直流辉光放电气动激励方式，其放电形态均为“弥散放电”，单个激励器可以在受控流场较大区域内产生等离子体，从而对流场进行大面积的扰动。然而等离子体合成射流激励器的特性有所不同，其脉冲火花电弧放电的形态为“聚合放电”，放电产生的能量沉积较为集中，同时，为了产生速度较高的射流以穿透超声速边界层，其射流出口尺寸不能太大，因此单个激励器的控制区域十分有限，为了获得空间大尺度的气动激励效果，需要进行激励器阵列技术的研究。

此外，利用高速流场自身能量的新型能量综合利用激励器也是未来低功耗、高控制力激励器的重要发展方向。传统等离子体合成射流激励器的设计方法都是基于理想气体状态方程，通过外部输入能量增压来形成合成射流，将等离子体合成射流激励器作为个体而不是放在整个系统中来综合考虑，因此当其应用于其他环境如高超声速流动环境，就不可避免地存在环境适应性问题。为了解决流动控制激励器环境适应性问题和高能耗问题，需要突破传统等离子体合成射流激励器的设计思想，从系统论出发将等离子体合成射流激励器的设计融入环境之中，充分利用受控环境流场来流的能量。

激光、微波等离子体激励的优势是可以在远离气动型面的特定部位产生激励，起到激波控制、飞行控制等作用，但是均存在能耗高、控制效果不稳定等问题。未来同样需要提高激励器的能量利用效率，实现低能耗工作。

1.1.4.2　中长期技术展望

等离子体流动控制技术中长期的发展重点是深入揭示流动控制机理，实现控制效果优化，并开展飞行试验验证。等离子体流动控制的本质是等离子体气动激励与流动的非定常耦合，非定常耦合机制是等离子体流动控制机理的核心，基于对非定常耦合机制的深入理解，进而优化等离子体气动激励参数，是提高流动控制效果的关键。等离子体气动激励与复杂流动的非定常耦合包括两个方面：一方面是流动对激励特性的影响，主要属于等离子体动力学范畴；另一方面是激励对流动的影响，特别是脉冲激励下的非定常响应机制，主要属于空气动力学范畴，这也是等离子体流动控制机理研究的重点和难点。

尽管目前在等离子体流动控制机理方面已经开展了一定研究，但是对等离子体激励与附面层、激波/附面层干扰以及压气机内部流动等多种复杂流动的耦合机制仍然缺乏足够的认识，这一方面是由于控制对象本身的复杂性，如激波/附面层干扰的物理机制至今仍存在很大争议；另一方面是由于缺乏对耦合机制研究的有效方法，如缺乏高精度的耦合仿真模型，未来需要根据更高时间、空间分辨率的实验数据，以及多物理场耦合仿真的结果，建立更高精度的等离子体气动激励唯象模型。

对于等离子体气动激励与附面层的耦合机制研究，目前主要基于体积力机制，关注推迟层流-湍流转捩的宏观效果，未来需要对等离子体气动激励与T-S 波、恒流的作用机制进行高精度测试和仿真，理清不同来流状态下等离子体气动激励的主要作用机制。对于等离子体气动激励与压气机内部流动的耦合机制，未来需要对机匣组合等离子体激励、等离子体合成射流阵列与转子叶尖泄漏流动的作用机理，以及组合布局等离子体气动激励与静子叶片角区三维分离流动的作用机理进行深入研究。对于等离子体气动激励与激波/附面层干扰区域流动的耦合机制，需要对不同位置、不同时间尺度、不同频率激励作用下的激波和附面层分离状态进行测试，理清究竟是对激波/附面层干扰的上游不稳定还是下游不稳定的控制发挥了主导效果，抑制的主要是低频不稳定还是高频不稳定等。

1.2 等离子体合成射流技术

1.2.1 表面放电等离子体合成射流技术

等离子体气动激励是等离子体在电磁场力作用下运动或气体放电产生的压力、温度变化，对流场施加的一种可控扰动，是将等离子体用于改善飞行器/发动机气动特性的主要技术手段或技术途径。按照放电原理、等离子体特性的不同，等离子体气动激励大致可以分为：DBD 等离子体气动激励、电弧放电等离子体气动激励、电晕放电等离子体气动激励、微波放电等离子体气动激励、激光电离等离子体气动激励、组合放电和其他新型等离子体气动激励。

DBD 等离子体气动激励器的典型布局如图 1-5 所示，图中：h_d 为阻挡介质厚度；h_e 为电极厚度；d_1 为上电极宽度；d_2 为下电极宽度；Δd 为上下电极间隙。国际上研究最为广泛的是正弦波高压作用下产生的 DBD 等离子体气动激励，近年来，国际上对纳秒脉冲高压作用下产生的 DBD 等离子体气动激励研究越来越多，对射频 DBD 等离子体气动激励也开始探索。

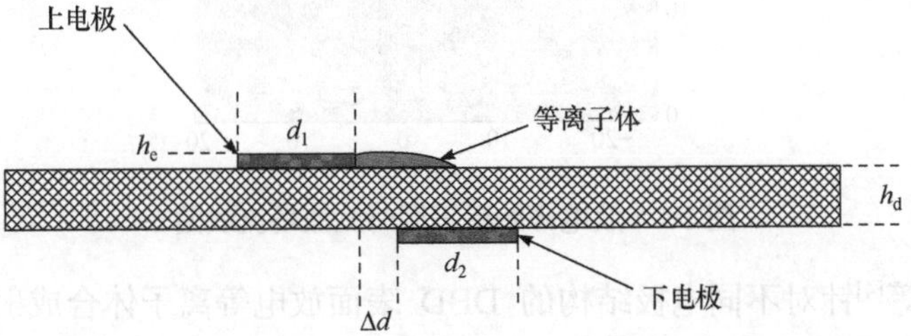

图 1-5 介质阻挡放电(DBD)等离子体气动激励器示意图

2007 年，Santhanakrishnan 等[9]研究了一种可以产生三维垂直射流、类似零质量合成射流的 DBD 激励器，被称为等离子体合成射流激励器，其结构及放电图像如图 1-6 所示。2008 年，Benard 等[10]指出 DBD 合成射流可用于流动控制和助燃，并研究了其对翼型气动性能的改善效果。Santhanakrishnan 等针对此类 DBD 表面放电等离子体合成射流激励器开展了数值仿真研究，如图 1-7 所示为放电开始后不同时刻流场流线图。

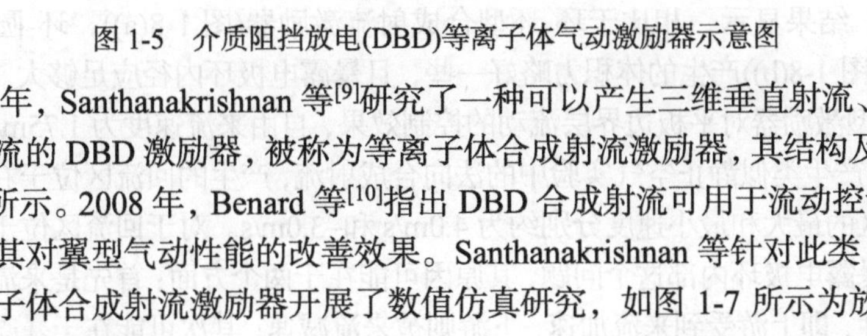

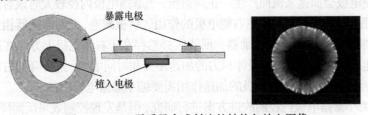

图 1-6 DBD 零质量合成射流的结构与放电图像

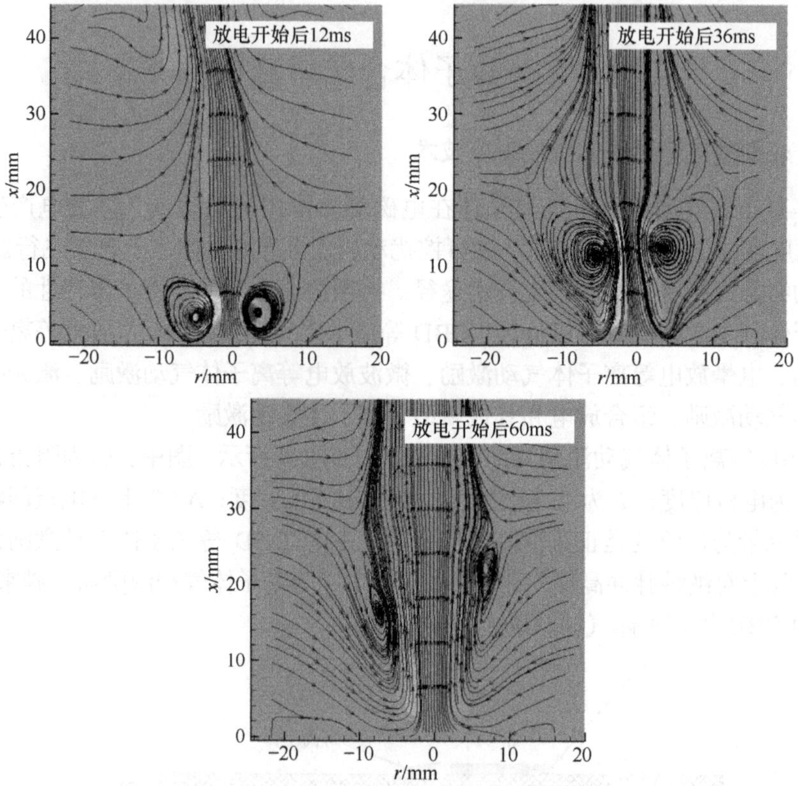

图 1-7　放电开始后不同时刻流场流线图

聂万胜等[4]针对不同电极结构的 DBD 表面放电等离子体合成射流激励器开展了研究，结果显示，相比于环-环型合成射流激励器(图 1-8(a))，环-圆型合成射流激励器(图 1-8(b))产生的体积力略好一些，且暴露电极环内径应足够大。进一步研究了环-圆型激励器对平板边界层流动的控制效果，自由来流速度为 1.75m/s，结果显示，并没有产生类似静止空气实验中的法向合成射流，产生的回流区位于右侧电极上方，回流区的最大和最小速度分别约为 4.0m/s 和−3.0m/s。对于回流区位于右侧电极上方而非暴露电极环内部这个问题，其原因可能在于两个方面：首先是来流造成的流动非对称性，即上游受到来流加速，下游则被来流减速；其次可能在于暴露电极内径尺寸，左侧电极会加速来流而产生一正向射流，当暴露电极内径较大时该射流相当于速度增大后的边界层流动，到达右侧电极的作用区后被减速，此时激励器相当于一个位于更高来流速度中的反向激励器，回流区必然存在于右侧电极上方，在这个过程中，暴露电极内径大，左侧电极体积力的加速距离和时间增大，这会降低右侧反向力的作用，因此为了减小左侧电极的加速作用需要缩小暴露电极内径。

选择缩小暴露电极内径的改进方案进行研究，但是发现控制效果反而降低，原因在于减小暴露电极内径会降低放电性能，产生的体积力会减弱，因此对环-圆型、圆-环型合成射流激励器来说，其形成的回流区总会保持在右侧电极上方及其下游，表面放电合成射流激励器的效果不如反向安装的一般表面介质阻挡放电(SDBD)激励器。综合研究表明，DBD 表面放电等离子体合成射流激励器只能在静止空气中形成法向射流，在来流条件下并没有形成法向射流，DBD 表面放电等离子体合成射流激励器形成的回流区跨度仅约为 2.0m，远小于一般 DBD 激励器双侧放电的控制效果(回流区跨度约为 4.2mm)；同时，环-圆型激励器产生的回流区高度要低一些，因此与单电极双侧放电相比，结构更复杂的环-圆型合成射流激励器产生回流区的能力反而更弱，因此环-圆型、环-环型合成射流激励器的性能有待进一步提高。

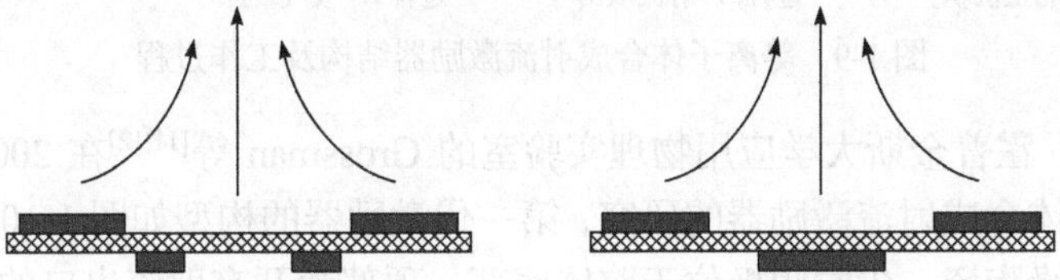

(a) 环-环型　　(b) 环-圆型

图 1-8　不同电极结构的表面放电等离子体合成射流激励器

1.2.2　体积放电等离子体高能合成射流技术

等离子体合成射流激励器是区别于介质阻挡放电激励器、直流辉光放电激励器之外的另一种气体放电等离子体主动流动控制装置，它由一个开有出口孔缝的绝缘腔体和一对电极组成，放电是在小腔体内进行，电加热作用使得腔内气体的温度和压力快速升高，升温加压的腔内气体从出口高速喷出，形成用于流场操控的等离子体射流，之后由于高速射流的引射导致腔体负压以及腔内温度和压力的下降，外部气体会重新充填腔体，准备下一次射流的形成，其结构及工作过程如图 1-9 所示，数值模拟和实验测量的等离子体合成射流速度均达到数百米每秒。等离子体合成射流激励器兼具合成射流激励器的零质量通量特性和等离子体激励器的高频、快响应特性，同时克服了压电式合成射流、介质阻挡放电激励器诱导射流速度偏低的不足，为超声速/高超声速流动控制提供了一种新的技术手段，目前在学界引起了广泛关注，包括美国约翰斯·霍普金斯大学应用物理实验室(JHU-APL)[11-27]、法国国家航空航天科研局(ONERA)[28-38]、美国得克萨斯大学奥斯汀分校(UTA)[39-47]、美国佛罗里达州立大学和佛罗里达农工大学[48,49]、美国伊利诺伊大学香槟分校[50-52]、美国罗格斯大学新布朗斯维克分校[53-56]、荷兰代尔夫特理工大学、韩国蔚山大学[57]、法国奥尔良大学[58]、美国普渡大学[59]、英国格拉斯哥大学[60]、土耳其黑海技术大学[61]、意大利那不勒斯费德里克二世大学[62]、印度科学研究所[63]、韩国首尔大学[64]，以及国内的国防科技大学[65-80]、空军工程大学[81-102]、南京航空航天大学[103-105]、厦门大学[106,107]、北京航空航天大学[108]、中国科学院电工研究所在内的众多单位的研究团队开展了相关研究工作。

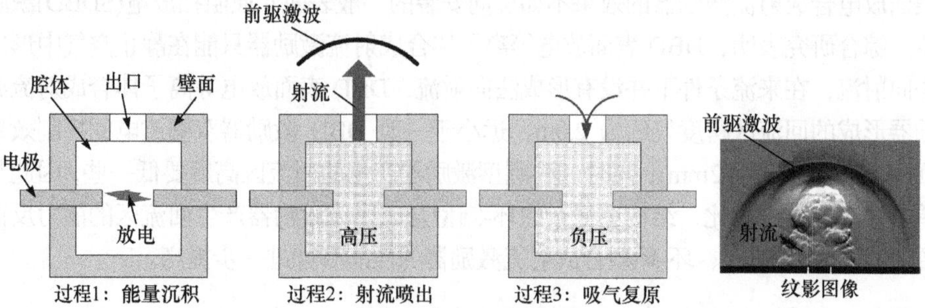

图 1-9　等离子体合成射流激励器结构及工作过程

约翰斯 · 霍普金斯大学应用物理实验室的 Grossman 等[11,12]在 2003 年首先开展了等离子体合成射流激励器的研究，第一代激励器的构型如图 1-10 所示，激励器腔体为绝缘陶瓷，尖端阴极位于腔体底部，顶部为开有射流出口的阳极。其气体击穿放电为非可控放电方式，气体击穿电压较低，频率不可任意调整，实验测量射流速度 100m/s 左右，频率 100Hz。法国国家航空航天科研局的 Caruana 等[28]也研制了结构相似的等离子体合成射流激励器，结构如图 1-11 所示，对约翰斯 · 霍普金斯大学的等离子体合成射流激励器腔体结构和材料进行了改进，加强了散热，使激励器工作频率提高到 500Hz，射流速度达到 250m/s。

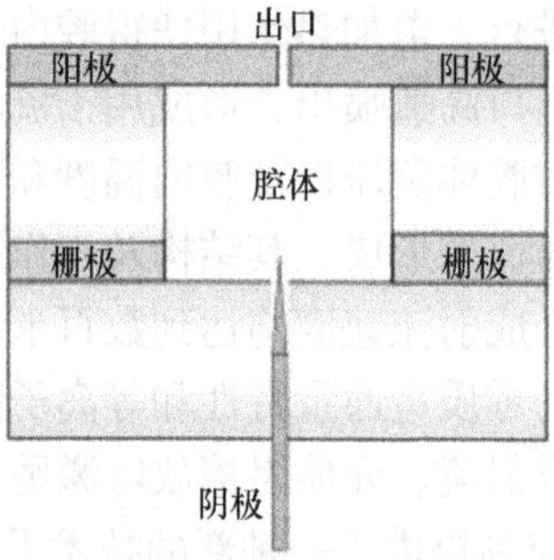

图 1-10　约翰斯 · 霍普金斯大学第一代等离子体合成射流激励器

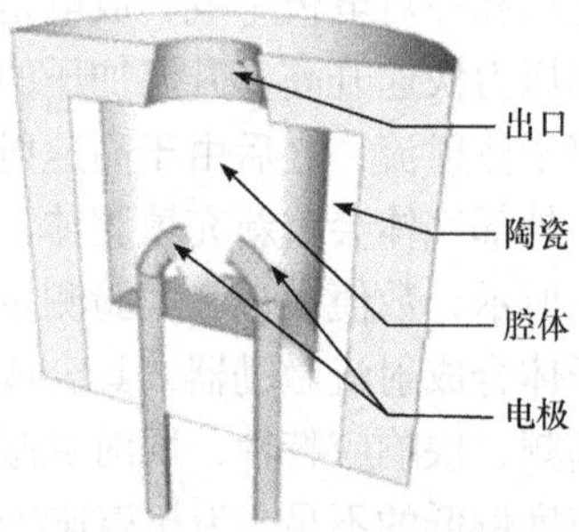

图 1-11　法国国家航空航天科研局等离子体合成射流激励器

美国得克萨斯大学奥斯汀分校的 Narayanaswamy 等[40]也进行了等离子体合成射流激励器的设计，并对等离子体合成射流激励器电源控制系统进行了改进，在系统中增加了开关电路来控制放电频率，使得激励器的工作频率可达到几千赫兹。为提高激励器射流能量水平、降低工作电压，国防科技大学王林等[67]对传统两电极激励器进行了结构改进，通过增加点火电极，设计了一种三电极等离子体合成射流激励器，如图 1-12 所示。研究表明，三电极激励器可以有效降低击穿电压、提高腔体体积。初步实验显示，三电极等离子体合成射流激励器最大射流速度超过 500m/s。

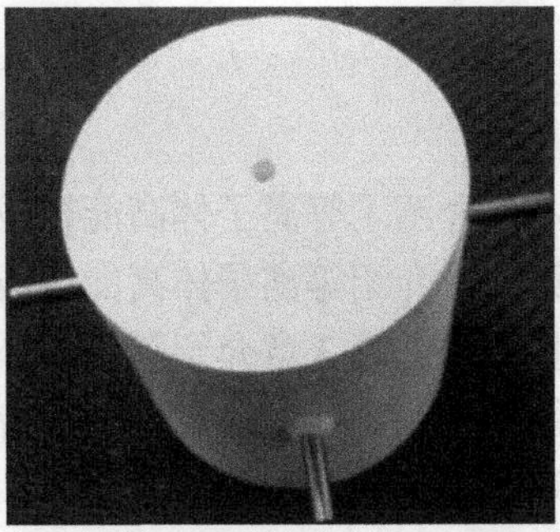

图 1-12 三电极等离子体合成射流激励器

电弧放电等离子体合成射流激励器工作过程共分为三个阶段，前两个阶段进行时间短、工作效率较高，第三个阶段即腔体复原阶段是依靠腔体内的负压完成的，所需时间长且回填效率较低，导致激励器在高频、高空低密度条件工作时性能下降。对此，国防科技大学罗振兵等[70]提出了冲压式(或称动压式)激励器(如图 1-13 所示)，通过在上游开一个冲压口引入高速来流；美国佛罗里达州立大学的 Emerick 等[49]提出了充气式激励器(如图 1-14 所示)，即通过气源为激励器腔体供气，有望解决这一问题。

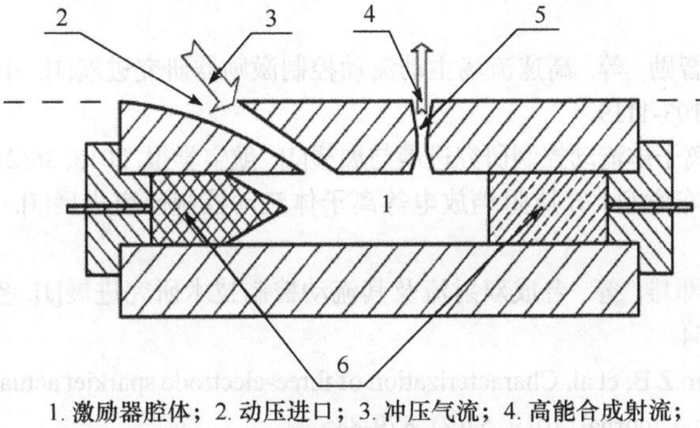

1. 激励器腔体；2. 动压进口；3. 冲压气流；4. 高能合成射流；5. 射流出口；6. 电极

图 1-13 冲压式激励器

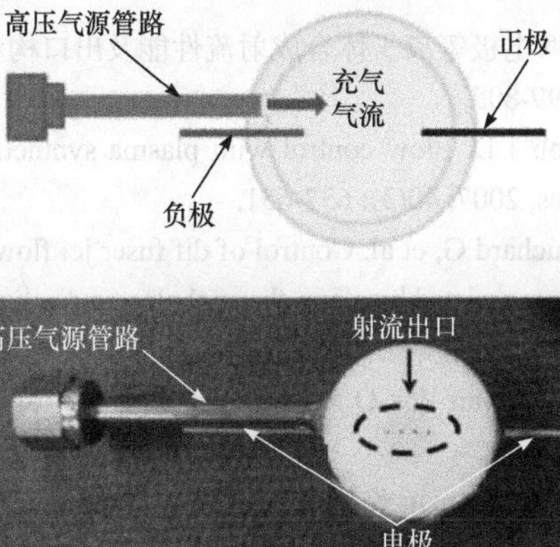

图 1-14 充气式激励器

1.3 本书框架

本书介绍了等离子体高能合成射流技术方面的最新研究成果。全书共 6 章，其中第 2 章介绍等离子体高能合成射流研究中所采用的理论计算、数值仿真及实验测量方法；第 3 章介绍等离子体高能合成射流激励器的放电特性、能量传递过程及能量效率特性；第 4 章介绍等离子体高能合成射流在静止环境及超声速横向来流环境中的射流流场特性；第 5 章介绍等离子体高能合成射流激励器串/并联阵列的电源设计、放电特性及流场特性；第 6 章介绍等离子体高能合成射流在进气道压缩拐角斜激波控制、圆柱绕流激波控制、飞行器头部逆向喷流减阻、燃烧室超/超混合层掺混增强等高速流动控制中的典型应用。

参考文献

[1] Starikovskiy A, Aleksandrov N. Nonequilibrium Plasma Aerodynamics[M]. Rijeka: InTech, 2011: 55-96.

[2] 王林, 罗振兵, 夏智勋, 等. 高速流场主动流动控制激励器研究进展[J]. 中国科学: 技术科学, 2012, 42(10): 1103-1119.

[3] 吴云, 李应红. 等离子体流动控制研究进展与展望[J]. 航空学报, 2015, 36(2): 381-405.

[4] 聂万胜, 程钰锋, 车学科. 介质阻挡放电等离子体流动控制研究进展[J]. 力学进展, 2012, 42(6): 722-734.

[5] 罗振兵, 夏智勋, 邓雄, 等. 合成双射流及其流动控制技术研究进展[J]. 空气动力学学报, 2017, 35(2): 252-264.

[6] Zhou Y, Xia Z X, Luo Z B, et al. Characterization of three-electrode sparkjet actuator for hypersonic flow control[J]. AIAA Journal, 2019, 57(2): 879-885.

[7] 王林, 夏智勋, 罗振兵, 等. 两电极等离子体合成射流激励器工作特性研究[J]. 物理学报, 2014, 63(19): 194702.

[8] 周岩, 刘冰, 王林, 等. 两电极等离子体合成射流性能及出口构型影响仿真研究[J]. 空气动力学学报, 2016, 33(6): 799-805.

[9] Santhanakrishnan A, Jacob J D. Flow control with plasma synthetic jet actuators[J]. Journal of Physics D: Applied Physics, 2007, 40(3): 637-651.

[10] Benard N, Balcon N, Touchard G, et al. Control of dif fuser jet flow turbulent kinetic energy and jet spreading enhancements assisted by a non-thermal plasma discharge[J]. Experiments in Fluids, 2008, 45: 333-355.

[11] Grossman K R, Cybyk B Z, van Wie D M. Sparkjet actuators for flow control[C]. AIAA Paper 2003-57.

[12] Cybyk B Z, Wilkerson J, Grossman K R, et al. Computational assessment of the sparkjet flow control actuator[C]. AIAA Paper 2003-3711.

[13] Cybyk B Z, Wilkerson J, Grossman K R. Performance characteristics of the sparkjet flow control

actuator[C]. AIAA Paper 2004-2131.
[14] Grossman K R, Cybyk B Z, Rigling M C, et al. Characterization of sparkjet actuators for flow control[C]. AIAA Paper 2004-89.
[15] Cybyk B Z, Grossman K R, Wilkerson J. Single-pulse performance of the sparkjet flow control actuator[C]. AIAA Paper 2005-401.
[16] Cybyk B Z, Simon D H, Land Ⅲ H B, et al. Experimental characterization of a supersonic flow control actuator[C]. AIAA Paper 2006-478.
[17] Cybyk B Z, Wilkerson J, Simon D H. Enabling high-fidelity modeling of a high-speed flow control actuator array[C]. AIAA Paper 2006-8034.
[18] Cybyk B Z, Simon D H, Land Ⅲ H B, et al. SparkJet Actuators for Flow Control[R]. Baltimore: Johns Hopkins University, Applied Physics Laboratory, 2007.
[19] Haack S J, Land H B, Cybyk B Z. Characterization of a high-speed flow control actuator using digital speckle tomography and PIV[C]. AIAA Paper 2008-3759.
[20] Taylor T, Cybyk B Z. High-fidelity modeling of micro-scale flow-control devices with applications to the macro-scale environment[C]. AIAA Paper 2008-2608.
[21] Ko H S, Haack S J, Land H B, et al. Analysis of flow distribution from high-speed flow actuator using particle image velocimetry and digital speckle tomography[J]. Flow Measurement and Instrumentation, 2010, 21: 443-453.
[22] Haack S J, Taylor T, Emhoff J, et al. Development of an analytical sparkjet model[C]. AIAA Paper 2010-4979.
[23] Haack S J, Taylor T M, Cybyk B Z. Experimental estimation of sparkjet efficiency[C]. AIAA Paper 2011-3997.
[24] Haack S J, Taylor T M, Cybyk B Z. Development and application of the sparkjet actuator for high-speed flow control[J]. Johns Hopkins APL Technical Digest, 2013, 32(1): 404-418.
[25] Popkin S H, Cybyk B Z, Land Ⅲ H B, et al. Recent performance-based advances in sparkjet actuator design for supersonic flow applications[C]. AIAA Paper 2013-0322.
[26] Popkin S H. One-Dimensional Analytical Model Development of a Plasma-Based Actuator[D]. Baltimore: University of Maryland, 2014.
[27] Popkin S H, Cybyk B Z, Foster C H, et al. Experimental estimation of sparkjet efficiency[J]. AIAA Journal, 2016, 54(6): 1831-1845.
[28] Caruana D, Barricau P, Hardy P, et al. The "plasma synthetic jet" actuator. Aero-thermodynamic characterization and first flow control applications[C]. AIAA Paper 2009-1307.
[29] Hardy P, Barricau P, Belinger A, et al. Plasma synthetic jet for flow control[C]. AIAA Paper 2010-5103.
[30] Caruana D. Plasmas for aerodynamic control[J]. Plasma Phys Control Fusion, 2010, 52: 124045.
[31] Belinger A, Hardy P, Barricau P, et al. Influence of the energy dissipation rate in the discharge of a plasma synthetic jet actuator[J]. Journal of Physics D: Applied Physics, 2011, 44: 365201.
[32] Belinger A, Hardy P, Gherardi N, et al. Influence of the spark discharge size on a plasma synthetic jet actuator[J]. IEEE Transactions on Plasma Science, 2011, 39: 2334.
[33] Sary G, Dufour G, Rogier F, et al. Modeling and parametric study of a plasma synthetic jet for

flow control[J]. AIAA Journal, 2014, 52(8): 1591-1603.

[34] Laurendeau F, Chedevergne F, Casalis G. Transient ejection phase modeling of a plasma synthetic jet actuator[J]. Physics of Fluids, 2014, 26: 125101.

[35] Belinger A, Naude N, Cambronne J P, et al. Plasma synthetic jet actuator: electrical and optical analysis of the discharge[J]. Journal of Physics D: Applied Physics, 2014, 47: 345202.

[36] Chedevergne F, Léon O, Bodoc V, et al. Experimental and numerical response of a high-Reynolds-number M=0.6 jet to a plasma synthetic jet actuator[J]. International Journal of Heat and Fluid Flow, 2015, 56: 1-15.

[37] Laurendeau F, Léon O, Chedevergne F, et al. PIV and electric characterization of a plasma synthetic jet actuator[C]. AIAA Paper 2015-2465.

[38] Laurendeau F, Léon O, Chedevergne F, et al. Particle image velocimetry experiment analysis using large-eddy simulation: Application to plasma actuators[J]. AIAA Journal, 2017, 55(11): 3767-3780.

[39] Narayanaswamy V, Shin J, Clemens N T, et al. Investigation of plasma-generated jets for supersonic flow control[C]. AIAA Paper 2008-0285.

[40] Narayanaswamy V, Raja L L, Clemens N T. Characterization of a high-frequency pulsed-plasma jet actuator for supersonic flow control[J]. AIAA Journal, 2010, 48(2): 297-305.

[41] Narayanaswamy V. Investigation of a Pulsed-Plasma Jet for Separation Shock/Boundary Layer Interaction Control[D]. Austin: The University of Texas at Austin, 2010.

[42] Narayanaswamy V, Clemens N T, Raja L L. Investigation of a pulsed-plasma jet for shock/boundary layer control[C]. AIAA Paper 2010-1089.

[43] Narayanaswamy V, Clemens N T, Raja L L. Method for acquiring pressure measurements in presence of plasma-induced interference for supersonic flow control applications[J]. Measurement Science and Technology, 2011, 22: 125107.

[44] Narayanaswamy V, Raja L L, Clemens N T. Control of a shock/boundary-layer interaction by using a pulsed-plasma jet actuator[J]. AIAA Journal, 2012, 50: 246-249.

[45] Narayanaswamy V, Raja L L, Clemens N T. Control of unsteadiness of a shock wave/turbulent boundary layer interaction by using a pulsed-plasma-jet actuator[J]. Physics of Fluids, 2012, 24(7): 076101.

[46] Greene B R, Clemens N T, Micka D. Control of shock boundary layer interaction using pulsed plasma jets[C]. AIAA Paper 2013-0405.

[47] Greene B R, Clemens N T, Magari P, et al. Control of mean separation in shock boundary layer interaction using pulsed plasma jets[J]. Shock Waves, 2015, 25(5): 495-505.

[48] Emerick T M, Ali M Y, Foster C H, et al. Sparkjet actuator characterization in supersonic crossflow[C]. AIAA Paper 2012-2814.

[49] Emerick T M, Ali M Y, Foster C H, et al. Sparkjet characterizations in quiescent and supersonic flowfields[J]. Experiments in Fluids, 2014, 55(12): 1858.

[50] Reedy T M, Kale N V, Dutton J C, et al. Experimental characterization of a pulsed plasma jet[C]. AIAA Paper 2012-0904.

[51] Ostman R J, Herges T G, Dutton J C, et al. Effect on high-speed boundary-layer characteristics

from plasma actuators[C]. AIAA Paper 2013-0527.

[52] Reedy T M, Kale N V, Dutton J C, et al. Experimental characterization of a pulsed plasma jet[J]. AIAA Journal, 2013, 51(8): 2027-2031.

[53] Anderson K V, Knight D D. Plasma jet for flight control[J]. AIAA Journal, 2012, 50(9): 1855-1872.

[54] Anderson K. Characterization of Spark Jet for Flight Control[D]. New Brunswick: Rutgers, The State University of New Jersey, 2012.

[55] Golbabaei-As M, Knighty D, Anderson K, et al. Sparkjet efficiency[C]. AIAA Paper 2013-0928.

[56] Golbabaei-As M, Knighty D, Wilkinson S. Novel technique to determine sparkjet efficiency[J]. AIAA Journal, 2015, 53: 501-504.

[57] Shin J. Characteristics of high speed electro-thermal jet activated by pulsed DC discharge[J]. Chinese Journal of Aeronautics, 2010, 23: 518-522.

[58] Dong B J, Hong D P, Bauchire J M, et al. Experimental study of a gas jet generated by an atmospheric microcavity discharge[J]. IEEE Transactions on Plasma Science, 2012, 40(11): 2817-2821.

[59] Singh B, Belmouss M, Bane S P. Characterization of flow control actuators based on spark discharge plasmas using particle image velocimetry[C]. AIAA Paper 2015-3249.

[60] Russell A, Zare-Behtash H, Kontis K. Joule heating flow control methods for high-speed flows[J]. Journal of Electrostatics, 2016, 80: 34-68.

[61] Seyhan M, Akansu Y E, Karakaya F, et al. Effect of the duty cycle on the spark-plug plasma synthetic jet actuator[C]. EPJ Web of Conferences, 2016, 114: 021104.

[62] Chiatto M, Palumbo A, de Luca L. A Calibrated lumped element model for the prediction of PSJ actuator efficiency performance[J]. Actuators, 2018, 7: 10.

[63] Natarajan V, Padmanabhan S, Prasanna T R, et al. Conceptual studies on thrust vector control using cascade arc plasma jet[C]. AIAA Paper 2017-4869.

[64] Kim H J, Chae J, Ahn S J, et al. Numerical analysis on jet formation process of sparkjet actuator[C]. AIAA Paper 2018-1552.

[65] 王林. 等离子体高能合成射流及其超声速流动控制机理研究[D]. 长沙: 国防科技大学, 2014.

[66] 王林, 罗振兵, 夏智勋, 等. 等离子体合成射流能量效率及工作特性研究[J]. 物理学报, 2013, 62(12), 125207.

[67] Wang L, Xia Z X, Luo Z B, et al. Three-electrode plasma synthetic jet actuator for high-speed flow control[J]. AIAA Journal, 2014, 52(4): 879-882.

[68] Wang L, Xia Z X, Luo Z B, et al. Effect of pressure on the performance of plasma synthetic jet actuator[J]. Science China Physics: Mechanics and Astronomy, 2014, 57(12): 2309-2315.

[69] Zhang C, Han L, Qiu J T, et al. Pulsed generator for synchronous discharges of high-energy plasma synthetic jet actuators[J]. IEEE Transactions on Dielectrics and Electrical Insulation, 2017, 24(4): 2076-2084.

[70] 罗振兵, 王林, 夏智勋, 等. 动压式高能合成射流激励器: 中国, ZL201010502749.0[P]. 2012-06-27.

[71] 罗振兵, 夏智勋, 王林, 等. 基于高超声速流能量利用的零能耗零质量合成射流装置: 中国, ZL201410324990.4[P]. 2016-05-11.
[72] 罗振兵, 夏智勋, 王林. 高能合成射流激励器设计思想及超声速流矢量控制初探[C]. 第十三届全国分离流、旋涡和流动控制会议, 南京, 2010.
[73] 罗振兵, 夏智勋, 王林. 新概念等离子体高能合成射流快响应直接力技术[C]. 中国力学大会 2013, 西安, 2013.
[74] 张宇, 罗振兵, 李海鹏, 等. 激励器结构对三电极等离子体高能合成射流流场及其冲量特性的影响[J]. 空气动力学学报, 2016, 34(6): 783-789.
[75] 王林, 周岩, 罗振兵, 等. 并联放电等离子体合成射流激励器工作特性[J]. 国防科技大学学报, 2018, 40(4): 59-66.
[76] Zhou Y, Xia Z X, Luo Z B, et al. Effect of three-electrode plasma synthetic jet actuator on shock wave control[J]. Science China: Technological Sciences, 2017, 60(1): 146-152.
[77] Zhou Y, Xia Z X, Luo Z B, et al. A novel ram-air plasma synthetic jet actuator for near space high-speed flow control[J]. Acta Astronautica, 2017, 133: 95-102.
[78] 周岩, 刘冰, 罗振兵. 电弧等离子体控制管道内凸包斜激波数值仿真研究[C]. 2014 年火箭推进技术学术会议, 宜春, 2014.
[79] 周岩, 刘冰, 王林, 等. 等离子体合成射流激励器性能及环境压力影响仿真研究[C]. 第十五届分离流、旋涡和流动控制会议, 北京, 2014.
[80] 周岩, 刘冰, 罗振兵, 等. 等离子体合成射流与超声速流场干扰特性数值模拟研究[C]. 第八届全国流体力学学术会议, 兰州, 2014.
[81] 贾敏, 梁华, 宋慧敏, 等. 纳秒脉冲等离子体合成射流的气动激励特性[J]. 高电压技术, 2011, 37(6): 1493-1498.
[82] 刘朋冲, 李军, 贾敏, 等. 等离子体合成射流激励器的流场特性分析[J]. 空军工程大学学报: 自然科学版, 2011, 6: 22-25.
[83] Jin D, Li Y H, Jia M, et al. Experimental characterization of the plasma synthetic jet actuator[J]. Plasma Science and Technology, 2013, 15: 1034-1040.
[84] Zhang Z B, Wu Y, Jia M, et al. Influence of the discharge location on the performance of a three-electrode plasma synthetic jet actuator[J]. Sensors and Actuators A: Physical, 2015, 235: 71-79.
[85] Zhu Y F, Wu Y, Jia M, et al. Influence of positive slopes on ultrafast heating in an atmospheric nanosecond-pulsed plasma synthetic jet[J]. Plasma Sources Science and Technology, 2015, 24: 015007.
[86] Zhang Z B, Wu Y, Jia M, et al. The multichannel discharge plasma synthetic jet actuator[J]. Sensors and Actuators A: Physical, 2017, 253: 112-117.
[87] 王宏宇, 李军, 金迪, 等. 激波/边界层干扰对等离子体合成射流的响应特性[J]. 物理学报, 2017, 66(8): 084705.
[88] Zhang Z B, Wu Y, Sun Z Z, et al. Experimental research on multichannel discharge circuit and multi-electrode plasma synthetic jet actuator[J]. Journal of Physics D: Applied Physics, 2017, 50: 165205.
[89] Zhang Z B, Wu Y, Jia M, et al. MHD-RLC discharge model and the efficiency characteristics of plasma synthetic jet actuator[J]. Sensors and Actuators A: Physical, 2017, 261: 75-84.
[90] Tang M X, Wu Y, Wang H Y, et al. Effects of capacitance on a plasma synthetic jet actuator with a conical cavity[J]. Sensors and Actuators A: Physical, 2018, 276: 284-295.

[91] Wang H Y, Li J, Jin D, et al. High-frequency counter-flow plasma synthetic jet actuator and its application in suppression of supersonic flow separation[J]. Acta Astronautica, 2018, 142: 45-56.
[92] Zong H H, Wu Y, Li Y H, et al. Analytic model and frequency characteristics of plasma synthetic jet actuator[J]. Physics of Fluids, 2015, 27(2): 027105.
[93] Zong H H, Cui W, Wu Y, et al. Influence of capacitor energy on performance of a three-electrode plasma synthetic jet actuator[J]. Sensors and Actuators A: Physical, 2015, 222: 114-121.
[94] Zong H H, Wu Y, Song H M, et al. Investigation of the performance characteristics of a plasma synthetic jet actuator based on a quantitative schlieren method[J]. Measurement Science and Technology, 2016, 27: 055301.
[95] Zong H H, Wu Y, Jia M, et al. Influence of geometrical parameters on performance of plasma synthetic jet actuator[J]. Journal of Physics D: Applied Physics, 2016, 49: 025504.
[96] Zong H H, Wu Y, Song H M, et al. Efficiency characteristic of plasma synthetic jet actuator driven by pulsed direct-current discharge[J]. AIAA Journal, 2016, 54(11): 3409-3420.
[97] Zong H H, Kotsonis M. Electro-mechanical efficiency of plasma synthetic jet actuator driven by capacitive discharge[J]. Journal of Physics D: Applied Physics, 2016, 49: 455201.
[98] Zong H H, Kotsonis M. Effect of Slotted exit orifce on performance of plasma synthetic jet actuator[J]. Experiments in Fluids, 2017, 58(3): 1-17.
[99] Zong H H, Kotsonis M. Interaction between plasma synthetic jet and subsonic turbulent boundary layer[J]. Physics of Fluids, 2018, 56(5): 2075-2078.
[100] Zong H H, Kotsonis M. Realisation of plasma synthetic jet array with a novel sequential discharge[J]. Sensors and Actuators A: Physical, 2017, 266: 314-317.
[101] Zong H H. Influence of nondimensional heating volume on efficiency of plasma synthetic jet actuators[J]. AIAA Journal, 2018, 56(5): 2075-2078.
[102] Zong H H, Kotsonis M. Formation, evolution and scaling of plasma synthetic jets[J]. Journal Fluid Mechanics, 2018, 837: 147-181.
[103] 单勇，张靖周，谭晓茗. 火花型合成射流激励器流动特性及其激励参数数值研究[J]. 航空动力学报, 2011, 26: 551-557.
[104] 朱晨彧，徐惊雷，张天宏，等. 火花放电零质量射流激励器射流速度的初步测量[C]. 中国力学大会 2011 暨钱学森诞辰 100 周年纪念大会, 哈尔滨, 2011.
[105] Li Z, Shi Z W, Du H. Analytical model: Characteristics of nanosecond pulsed plasma synthetic jet actuator in multiple-pulsed mode[J]. Advances in Applied Mathematics and Mechanics, 2017, 9(2): 439-462.
[106] Liu R B, Niu Z G, Wang M M, et al. Aerodynamic control of NACA 0021 airfoil model with spark discharge plasma synthetic jets[J]. Science China: Technological Sciences, 2015, 58: 1949-1955.
[107] 刘汝兵，王萌萌，郝明，等. 补气式等离子体射流发生器实验研究[J]. 航空学报, 2016, 37: 1713-1721.
[108] Yang G, Yao Y F, Fang J, et al. Large-eddy simulation of shock-wave/turbulent boundary layer interaction with and without sparkjet control[J]. Chinese Journal of Aeronautics, 2016, 29(3): 617-629.

第 2 章　等离子体高能合成射流模型及测量方法

2.1　引　　言

“工欲善其事，必先利其器”，先进的实验及计算方法是开展等离子体高能合成射流技术研究的基础和前提。本章对等离子体高能合成射流研究中所采用的理论计算、数值仿真及实验测量方法进行详细介绍。

目前针对等离子体合成射流激励器最常用的实验方法就是纹影/阴影流场显示,这也是最早采用的一种观测方法,美国约翰斯·霍普金斯大学研究人员于 2003 年就开展了纹影测试，从中可以看到射流的喷出，但是图像还不太清晰。此后，法国国家航空航天科研局、美国得克萨斯大学奥斯汀分校的研究人员都进行了纹影实验，国防科技大学王林等采用阴影进行了观测，结果显示射流流场结果包含一道或几道“前驱激波”和之后的射流。此外，电参数测量、腔体压力测量、微冲量测量等也是等离子体高能合成射流研究中常用的实验方法。

但是，由于等离子体高能合成射流激励器的高速、高动态工作特性，实验方法在研究中存成一定的局限性。如前所述，等离子体合成射流的持续时间很短(约几百微秒)，且参数变化剧烈，因此射流的速度、温度和密度变化较难通过实验方法准确测量。以射流温度为例，在几十微秒时间内，射流温度可能由室温迅速上升至 1000K 以上，常规的热电偶、热电阻等温度测量方法很难捕捉其变化过程。为了获得射流速度、温度和密度随时间的变化过程，从而计算喷射效率等，必须借助一定的理论分析及数值计算方法。

针对等离子体高能合成射流激励器的理论分析方法主要是等离子体合成射流激励器的零维简化模型，该简化模型将射流的一个工作周期分为如下三个阶段：①瞬时加热阶段；②等熵壅塞流-非壅塞流阶段(阶段②)；③回填阶段。

针对等离子体高能合成射流激励器的数值模拟方法大体可以分为空气动力学模拟、基于电磁流体力学(EMHD)的能量沉积模拟、等效电路模拟、气体放电等离子体模拟等四种类型。空气动力学模拟是目前研究最多的一种，它不考虑等离子体放电过程中的复杂粒子反应，仅将放电过程视为对流场的加热，通过求解 Navier-Stokes 方程模拟加热后激励器腔体内气体的膨胀、喷出、回填。在空气动力学模拟中最早的一种模型是瞬时加热模型，它认为等离子体放电的加热过程相比于射流的形成、发展过程而言很短，可以认为是在瞬间完成的，因此计算时在加热的区域直接给予一个高温高压的初始条件，然后模拟流场的演化。零维简化模型认为加热过程是在有限时间(如 8μs)内完成的，这也是本书所采用的方法。

2.2　零维理论分析模型

本书采用等离子体合成射流激励器的零维简化模型，该简化模型将射流的一个工作周期分为上述三个阶段。其控制体如图 2-1 所示，其中喉道出口平面是唯一一个气体可以进出控制体的平面。为了简化模型、便于计算，引入以下基本假设。

假设 1：由于腔体体积较小(约几十到几百立方毫米)，腔体内压强、温度、密度等宏观状态参数不均匀性较小，在此将问题进行零维简化。同样，将喉道也视为零维，因此可以将速度等记为标量。

假设 2：气体在喉道内的运动速度远大于在腔体内的运动速度，将腔体内气体的运动速度视为零。

假设 3：忽略电弧形成、气体焦耳加热过程中涉及的十分复杂的等离子体物理化学反应，考虑到这一过程的时间尺度(约几微秒到十几微秒)相对于气体流动过程的时间尺度(从射流喷出到腔体基本回填完成约几百微秒)较小，在此将这一过程视为瞬时完成，等效为一个瞬时气体加热过程。

假设 4：气体为量热完全(calorically perfect)气体，即满足理想气体状态方程且比热容为常数，比热比γ=1.4。

假设 5：流动是无黏的。忽略黏性的原因是腔体的尺度很小，喉道的长径比也很小。如果喉道的长径比很大(即所谓的细长管道)，黏性效果就不能忽略。

假设 6：忽略体积力。体积力包括重力、电磁力等，相对于压力而言较小。

假设 7：计算时，激励器喉道内气体的压力、密度可以认为近似等于腔体内气体的压力、密度。

假设 8：激励器喉道体积 V_0 相比于腔体体积 V 而言很小。

假设 9：阶段②为定容过程，且 C_V 为常数。

控制方程包括基本的流体力学和热力学方程。电弧放电造成的气体焦耳加热采用基本热力学方程模拟。气体流动采用简化后的零维欧拉方程模拟。通过激励器壁面的热损失采用一个壁面传热等效热阻热力学模型模拟。各个阶段的控制方程如下。

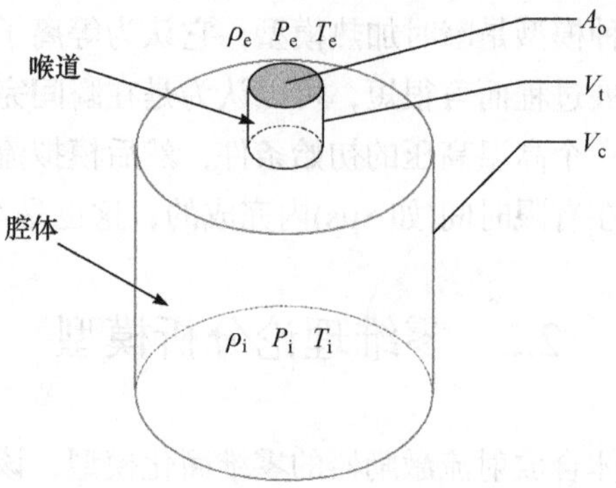

图 2-1 控制体示意图

2.2.1 瞬时加热阶段

(1) 初始条件

腔体内气体的初始密度ρ_1、初始温度 T_1、初始压强 P_1。

(2) 控制方程

放电电容内储存的能量，即电容能量 E_c 为

$$E_c = \frac{1}{2}CU_b^2 \tag{2-1}$$

式中，C 为放电电容；U_b 为击穿电压。用于气体加热的能量，即气体内能增量 E_G 为

$$E_G = \eta_d \eta_t E_c \tag{2-2}$$

式中，η_d 为放电效率；η_t 为加热效率。气体的温升为

$$\Delta T = \frac{E_G}{mC_v} \tag{2-3}$$

式中，m 为腔体内气体质量；C_v 为定容比热容。腔体内气体的内能为

$$E_0 = mC_v T_1 \tag{2-4}$$

最终得到放电后腔体内气体的密度、温度、压强分别为

$$\rho_2 = \rho_1 \tag{2-5}$$

$$T_2 = T_1\left(1 + \frac{E_G}{E_0}\right) \tag{2-6}$$

$$P_2 = \rho_2 R T_2 = \rho_1 R T_1\left(1 + \frac{E_G}{E_0}\right) \tag{2-7}$$

2.2.2 等熵壅塞流-非壅塞流阶段

(1) 初始条件

放电后腔体内气体的密度ρ_2、温度 T_2、压强 P_2。

(2) 边界条件

① 壁面传热

根据文献[1]，一个大气压下处于局部热力学平衡的电弧温度在 5000～30000K。在如此高的温度下，热辐射的效果需要引起注意。热辐射传递的速度为光速，因此如果热辐射较强，腔体内气体以及腔体壁面将会急速升温。但是根据 Raizer 所著的 *Gas Discharge Physics* 一书所述[2]，对于一个大气压的空气，辐射损失只占到全部功率输入的一到几个百分点，占得比率比较低。这是因为大部分辐射能量是被周围的等离子体吸收的，所以从电弧柱中出来的辐射能量很少。

ONERA 和 UTA 关于电弧放电的二维轴对称数值模拟证实了这一点。JHU 开展的腔体压力测量结果也证明，冲击波在放电开始约 5μs 到达壁面，这也证实了热辐射较弱的假设，如果热辐射很强，电弧放电开始后将会很快产生压力升高。JHU 研究人员得出结论，在最初放电阶段，传热主要是与周围空气和电极的热传导。由于空气被迅速加热，一个扩展的、圆柱形的冲击波从接近圆柱形的电弧柱传出，这股热传导的冲击波在到达壁面之前不断扩张，在放电开始约 5μs 到达壁面。激励器腔体为正方形，因此冲击波到达各个壁面所需的时间大致相同。

因此，在本书考虑的一个大气压的条件下，可以忽略热辐射的作用，在计算中仅考虑其余两种传热方式，即热对流和热传导。如果在高压(约 10atm，$1\text{atm}=1.01325\times10^5\text{Pa}$)下，热辐射就必须考虑。目前壁面传热主要采用两种模拟方法：一是集总热容与热阻模型[3]；二是基于有限差分法进行热力学方程求解[4]。本书采用了第一种较为简单的方法，其等效热阻模型如图 2-2 所示，其中 T_A 为腔体气体温度，T_e 为外界环境温度，T_{w_e} 为腔体外壁面温度，T_{w_i} 为内壁面温度，R_M 为腔体壁面热阻，R_{e_t} 为电极热阻，R_{h_e} 为外壁面对流换热热阻，R_{h_i} 为内壁面对流换热热阻，C_M 为腔体壁面等效热容。

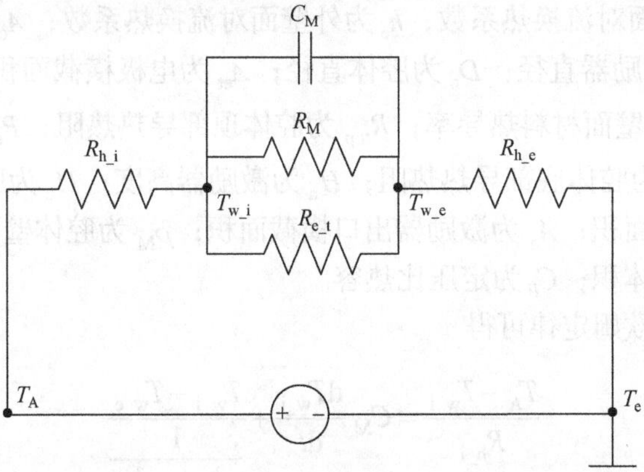

图 2-2　壁面传热等效热阻模型

由于是零维模型，通过壁面传热导致的内能损失在 Navier-Stokes 方程中表示为单位质量的负能量源项 $\dot{q}$：

$$\dot{q} = -\frac{\dfrac{T_A - T_{w\_i}}{R_{h\_i}}}{\rho_1 V_c} \tag{2-8}$$

内壁面对流换热热阻 R_{h_i}、外壁面对流换热热阻 R_{h_e}、电极热阻 R_{e_t}、腔体壁面热阻 R_M、腔体壁面等效热容 C_M 的计算公式分别如式(2-9)～式(2-13)所示。

$$R_{h\_i} = \frac{1}{h_i A_c} \tag{2-9}$$

$$R_{h\_e} = \frac{1}{h_e A_a} \tag{2-10}$$

$$R_{e\_t} = \frac{\dfrac{D_a - D_c}{2}}{A_{et} k_{e\_t}} \tag{2-11}$$

$$\begin{aligned} R_M &= \frac{1}{R_{top}} + \frac{1}{R_{side}} + \frac{1}{R_{bottom}} \\ &= \frac{1}{\dfrac{H_a - H_c}{(A_{cc} - A_o) k_M}} + \frac{1}{\dfrac{\lg\left(\dfrac{D_a}{D_c}\right)}{2\pi H_c k_M}} + \frac{1}{\dfrac{H_a - H_c}{A_{cc} k_M}} \end{aligned} \tag{2-12}$$

$$C_M = \rho_M V_M C_p \tag{2-13}$$

其中，h_i 为内壁面对流换热系数；h_e 为外壁面对流换热系数；A_c 为激励器腔体内表面积；D_a 为激励器直径；D_c 为腔体直径；A_{et} 为电极横截面积；k_{e_t} 为电极材料热导率；k_M 为壁面材料热导率；R_{top} 为腔体顶部导热热阻；R_{side} 为腔体侧壁导热热阻；R_{bottom} 为腔体底部导热热阻；H_a 为激励器高度；H_c 为腔体高度；A_{cc} 为激励器腔体横截面积；A_o 为激励器出口横截面积；ρ_M 为腔体壁面材料密度；V_M 为腔体壁面材料体积；C_p 为定压比热容。

根据电路的欧姆定律可得

$$\frac{T_A - T_{w\_i}}{R_{h\_i}} = C_M \frac{dT_{w\_i}}{dt} + \frac{T_{w\_i} - T_{w\_e}}{\dfrac{1}{\dfrac{1}{R_M} + \dfrac{1}{R_{e\_t}}}} \tag{2-14}$$

$$\frac{T_{\mathrm{A}}-T_{\mathrm{w\_i}}}{R_{\mathrm{h\_i}}}=\frac{T_{\mathrm{w\_e}}-T_{\mathrm{e}}}{R_{\mathrm{h\_e}}} \tag{2-15}$$

整理后可得

$$\frac{\mathrm{d}T_{\mathrm{w\_i}}}{\mathrm{d}t}=\frac{1}{C_{\mathrm{M}}}\left(\frac{T_{\mathrm{A}}-T_{\mathrm{w\_i}}}{R_{\mathrm{h\_i}}}+\frac{T_{\mathrm{w\_i}}-\dfrac{R_{\mathrm{h\_e}}\left(T_{\mathrm{A}}-T_{\mathrm{w\_i}}\right)}{R_{\mathrm{h\_i}}}-T_{\mathrm{e}}}{\dfrac{1}{\dfrac{1}{R_{\mathrm{M}}}+\dfrac{1}{R_{\mathrm{e\_t}}}}}\right) \tag{2-16}$$

② 出口压力 P_{e}

对于γ=1.4，收缩喷管达到壅塞的临界压强比为 0.5283，因此出口压力 P_{e} 可由式(2-17)计算得到。

$$P_{\mathrm{e}}=\begin{cases}0.5283P & \dfrac{P_{\infty}}{P}<0.5283,\ \text{即}P>1.89P_{\infty}\\ P_{\infty} & \dfrac{P_{\infty}}{P}\geqslant 0.5283,\ \text{即}P\leqslant 1.89P_{\infty}\end{cases} \tag{2-17}$$

其中，P 为激励器腔体压力；P_{∞} 为外界环境压力。

(3) 控制方程

初始积分、非定常形式欧拉方程如式(2-18)所示。

$$\begin{cases}\dfrac{\partial}{\partial t}\iiint\limits_{v}\rho\mathrm{d}v+\iint\limits_{S}\rho\boldsymbol{U}\cdot\mathrm{d}\boldsymbol{S}=0\\ \dfrac{\partial}{\partial t}\iiint\limits_{v}\rho\boldsymbol{U}\mathrm{d}v+\iint\limits_{S}\left(\rho\boldsymbol{U}\cdot\mathrm{d}\boldsymbol{S}\right)\boldsymbol{U}=-\iint\limits_{S}p\mathrm{d}\boldsymbol{S}+\iiint\limits_{v}\rho\boldsymbol{f}\mathrm{d}v+\boldsymbol{F}_{\mathrm{viscous}}\\ \dfrac{\partial}{\partial t}\iiint\limits_{v}\rho\left(e+\dfrac{U^{2}}{2}\right)\mathrm{d}v+\iint\limits_{S}\rho\left(e+\dfrac{U^{2}}{2}\right)\boldsymbol{U}\cdot\mathrm{d}\boldsymbol{S}\\ =\iiint\limits_{v}\dot{q}\rho\mathrm{d}v+\dot{Q}_{\mathrm{viscous}}-\iint\limits_{S}p\boldsymbol{U}\cdot\mathrm{d}\boldsymbol{S}+\iiint\limits_{v}\rho\left(\boldsymbol{f}\cdot\boldsymbol{U}\right)\mathrm{d}v+\dot{W}_{\mathrm{viscous}}\end{cases} \tag{2-18}$$

其中，t 表示时间；$\boldsymbol{U}$ 表示控制体内流体速度；ρ 表示控制体内流体密度；p 表示控制体内流体压强；$\boldsymbol{S}$ 表示控制体表面积；v 表示控制体体积；$\boldsymbol{f}$ 表示体积力；e 表示流体内能；$\boldsymbol{F}_{\mathrm{viscous}}$ 表示控制体对外部的黏性力；$\dot{Q}_{\mathrm{viscous}}$ 与 $\dot{W}_{\mathrm{viscous}}$ 表示黏性作用导致的加热与做功。

① 第 1 步简化

引入假设 5、6 之后简化的积分、非定常形式无黏欧拉方程为

$$
\begin{cases}
\dfrac{\partial}{\partial t}\iiint\limits_{v}\rho \mathrm{d}v+\iint\limits_{S}\rho \boldsymbol{U}\cdot \mathrm{d}\boldsymbol{S}=0 \\
\dfrac{\partial}{\partial t}\iiint\limits_{v}\rho \boldsymbol{U}\mathrm{d}v+\iint\limits_{S}(\rho \boldsymbol{U}\cdot \mathrm{d}\boldsymbol{S})\boldsymbol{U}=-\iint\limits_{S}p\mathrm{d}\boldsymbol{S} \\
\dfrac{\partial}{\partial t}\iiint\limits_{v}\rho\left(e+\dfrac{U^2}{2}\right)\mathrm{d}v+\iint\limits_{S}\rho\left(e+\dfrac{U^2}{2}\right)\boldsymbol{U}\cdot \mathrm{d}\boldsymbol{S}=\iiint\limits_{v}\dot{q}\rho \mathrm{d}v-\iint\limits_{S}p\boldsymbol{U}\cdot \mathrm{d}\boldsymbol{S}
\end{cases}
\tag{2-19}
$$

② 第 2 步简化

简化带有面积积分 $\iint\limits_{S}(\ )\mathrm{d}\boldsymbol{S}$ 的各项，需要用到假设 7：激励器喉道内气体的压力、密度可以认为近似等于腔体内气体的压力、密度。

其中 $\iint\limits_{S}\rho \boldsymbol{U}\cdot \mathrm{d}\boldsymbol{S}$ 表示进入或者流出控制体的质量流量，气体的进入或者流出只发生在喉道与外部流体的分界面 A_0 上，因此只需在 A_0 面上进行积分，即

$$
\iint\limits_{S}\rho \boldsymbol{U}\cdot \mathrm{d}\boldsymbol{S}=\rho U A_0 \tag{2-20}
$$

其中 $\iint\limits_{S}p\mathrm{d}\boldsymbol{S}$ 表示压力梯度对流体的作用，也只存在于喉道与外部流体的分界面 A_0 上，A_0 面在外界流体一侧的压力值为 P_{e}，在激励器喉道一侧的压力值根据假设可认为等于腔体压力 P，因此可得

$$
\iint\limits_{S}\rho \boldsymbol{U}\cdot \mathrm{d}\boldsymbol{S}=(P-P_{\mathrm{e}})A_0 \tag{2-21}
$$

简化后的积分、非定常形式无黏欧拉方程为

$$
\begin{cases}
\dfrac{\partial}{\partial t}\iiint\limits_{v}\rho \mathrm{d}v+\rho U A_0=0 \\
\dfrac{\partial}{\partial t}\iiint\limits_{v}\rho \boldsymbol{U}\mathrm{d}v+\rho U^2 A_0=-(P-P_{\mathrm{e}})A_0 \\
\dfrac{\partial}{\partial t}\iiint\limits_{v}\rho\left(e+\dfrac{U^2}{2}\right)\mathrm{d}v+\rho U A_0\left(e+\dfrac{U^2}{2}\right)=\iiint\limits_{v}\dot{q}\rho \mathrm{d}v-(P-P_{\mathrm{e}})A_0 U
\end{cases}
\tag{2-22}
$$

③ 第 3 步简化

简化带有体积积分 $\iiint\limits_{v}(\ )\mathrm{d}v$ 的各项，需要用到假设 8：激励器喉道的体积 V_0 相比于腔体的体积 V 而言很小。

对于 $\iiint\limits_{v}\rho \mathrm{d}v$、$\iiint\limits_{v}\rho e \mathrm{d}v$、$\iiint\limits_{v}\dot{q}\rho \mathrm{d}v$ 这三项而言，积分时不牵扯到速度项，因此积分时只考虑在激励器腔体体积内的积分结果，而忽略在激励器喉道体积内的积分结果。

对于 $\iiint\limits_{v}\rho U \mathrm{d}v$、$\iiint\limits_{v}\rho \frac{U^2}{2}\mathrm{d}v$ 这两项而言，积分时存在速度项，根据假设腔体内的气流速度很小可以忽略不计，而喉道内的气流速度较大，因此积分时只考虑在激励器喉道 V_0 内的积分结果。

简化后的零维非定常无黏欧拉方程为

$$
\begin{cases}
v\dfrac{\partial \rho}{\partial t}+\rho U A_0=0 \\
v_0\dfrac{\partial(\rho U)}{\partial t}+\rho U^2 A_0=-(P-P_{\mathrm{e}})A_0 \\
v\dfrac{\partial(\rho e)}{\partial t}+V_0\dfrac{\partial\left(\rho\dfrac{U^2}{2}\right)}{\partial t}+\rho U A_0\left(e+\dfrac{U^2}{2}\right)=\dot{q}\rho v-(P-P_{\mathrm{e}})A_0 U
\end{cases}
\tag{2-23}
$$

④ 方程形式处理

利用乘积法则 $\frac{\partial(\rho U)}{\partial t}=\rho\frac{\partial U}{\partial t}+U\frac{\partial \rho}{\partial t}$、$\frac{\partial\left(\rho\frac{U^2}{2}\right)}{\partial t}=\rho U\frac{\partial U}{\partial t}+\frac{U^2\partial\rho}{\partial t}$ 可将式(2-23)转化为

$$
\begin{cases}
v\dfrac{\partial \rho}{\partial t}+\rho U A_0=0 \\
v_0\left(\rho\dfrac{\partial U}{\partial t}+U\dfrac{\partial \rho}{\partial t}\right)+\rho U^2 A_0=-(P-P_{\mathrm{e}})A_0 \\
v\dfrac{\partial(\rho e)}{\partial t}+V_0\left(\rho U\dfrac{\partial U}{\partial t}+\dfrac{U^2}{2}\dfrac{\partial \rho}{\partial t}\right)+\rho U A_0\left(e+\dfrac{U^2}{2}\right)=\dot{q}\rho v-(P-P_{\mathrm{e}})A_0 U
\end{cases}
\tag{2-24}
$$

假设此过程为定容过程，则可得 $e=C_v T$。气体为量热完全气体，因此可得 $P=\rho RT$，且定容比热容 C_v、摩尔气体常数 R 均为常数。从而可导出 $\frac{\partial(\rho e)}{\partial t}=\frac{\partial(\rho C_v T)}{\partial t}=\frac{C_v}{R}\frac{\partial P}{\partial t}$。

最终，将方程写为如下便于求解的形式：

$$\frac{\partial \rho}{\partial t}=-\frac{\rho U A_0}{v} \tag{2-25}$$

$$\frac{\partial U}{\partial t}=\frac{1}{\rho}\left(\frac{-\rho U^2 A_0-\left(P-P_{\mathrm{e}}\right) A_0}{V_0}-U \frac{\partial \rho}{\partial t}\right) \tag{2-26}$$

$$\frac{\partial P}{\partial t}=\frac{\dot{q} \rho v-\left(P-P_{\mathrm{e}}\right) A_0 U-\rho U A_0\left(C_v T+\frac{U^2}{2}\right)-V_0\left(\rho U \frac{\partial U}{\partial t}+\frac{U^2}{2} \frac{\partial \rho}{\partial t}\right)}{\frac{v C_v}{R}} \tag{2-27}$$

当速度 U 等于零时，阶段②结束，此时腔体内为高温、低密度、略为负压状态的气体。

2.2.3　回填阶段

回填阶段控制方程与阶段②控制方程类似，只是由于此时气体是从外界流入腔体的，所以在带有面积积分的各项中，气体的参数不是喉道(即腔体)内气体的参数ρ、T，而是外界气体的参数 ρ_∞、T_∞。控制方程为

$$\frac{\partial \rho}{\partial t}=-\frac{\rho_\infty U A_0}{v} \tag{2-28}$$

$$\frac{\partial U}{\partial t}=\frac{1}{\rho}\left(\frac{-\rho_\infty U^2 A_0-\left(P-P_{\mathrm{e}}\right) A_0}{V_0}-U \frac{\partial \rho}{\partial t}\right) \tag{2-29}$$

$$\frac{\partial P}{\partial t}=\frac{\dot{q} \rho v-\left(P-P_{\mathrm{e}}\right) A_0 U-\rho_\infty U A_0\left(C_v T_\infty+\frac{U^2}{2}\right)-V_0\left(\rho U \frac{\partial U}{\partial t}+\frac{U^2}{2} \frac{\partial \rho}{\partial t}\right)}{\frac{v C_v}{R}} \tag{2-30}$$

2.2.4　计算结果验证

为了对零维简化模型计算结果的准确性进行评估，将计算得到的激励器腔体压力变化曲线与高频动态压力传感器(PCB 传感器)测量得到的腔体压力变化曲线进行了对比，结果如图 2-3 所示，其中激励器的腔体体积为 440mm^3，出口直径 2mm。计算时，将传感器测量得到的腔体峰值压力(同时可以计算得到腔体峰值温度)作为计算的初始条件代入到零维简化模型，从而模拟射流的形成过程。如图 2-3 所示，模拟得到的腔体压力下降过程与实验结果较为吻合，实验结果显示，腔体压力在达到峰值后约经过 500μs 恢复至大气压，计算得到的恢复时间约为 630μs。

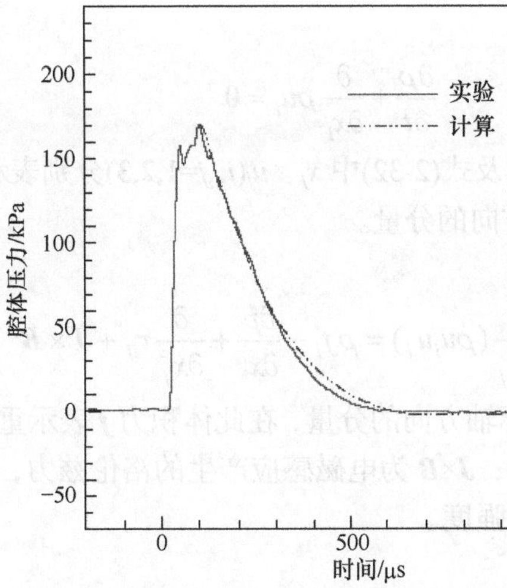

图 2-3　零维模型与高频动态压力传感器得到的腔体压力(表压)变化结果对比

2.3　数值计算模型

2.3.1　物理模型及控制方程

基于等离子体气动激励的数值计算模型主要分为两类[5,6]：第一类基于基本定律，可以比较准确地求解等离子体各物理化学过程和诱导流场结构，但是需要复杂的数学推导和巨大的计算资源，不适用于工程计算。第二类是在实验或理论分析的基础上，提取影响等离子体激励器的主要因素，忽略次要因素来建立的唯象模型。这种模型相对简单，计算代价不高，应用方便，而且同样可以反映射流流场的真实特性。

考虑到等离子体合成射流产生的物理机制主要为气体放电的电加热作用，可以将放电的能量沉积添加到控制方程的源项中，从而模拟等离子体射流的形成。虽然这种方法不能反映等离子体中各粒子间的相互作用，但可以捕捉到射流的主要结构。相对于 Grossman 等[7]的瞬时加热模型，能量源项模型可以更真实地反映激励器放电过程中的能量沉积。

2.3.1.1　控制方程及简化

等离子体气体可以近似为牛顿流体，其流体动力学控制方程采用 Navier-Stokes 方程描述，并与周围流体一起求解。气体放电会产生外加磁场，并与放电通道内回路电流产生磁感应效应，因此控制方程还需要考虑麦克斯韦方程组。同时为了使方程封闭，还要额外应用到欧姆定律和状态方程。三维等离子体合成射流完整控制方程包括：

(1) 质量守恒方程

$$\frac{\partial \rho}{\partial t}+\frac{\partial}{\partial x_i}\rho u_i=0 \tag{2-31}$$

其中，ρ为气体密度；x_i、u_i及式(2-32)中 x_j、$u_j(i, j=1,2,3)$分别表示坐标轴 x、y、z 方向和速度矢量 $\boldsymbol{V}$ 在三个方向的分量。

(2) 动量守恒方程

$$\frac{\partial \rho u_i}{\partial t}+\frac{\partial}{\partial x_j}(\rho u_i u_j)=\rho f_i-\frac{\partial p}{\partial x_i}+\frac{\partial}{\partial x_j}\tau_{ij}+\boldsymbol{J}\times\boldsymbol{B} \tag{2-32}$$

其中，f_i为体积力 $\boldsymbol{f}$ 在各坐标轴方向的分量，在此体积力 $\boldsymbol{f}$ 表示重力；τ_{ij}为流体微团在各方向的应力张量分量；$\boldsymbol{J}\times\boldsymbol{B}$ 为电磁感应产生的洛伦兹力，$\boldsymbol{J}$ 和 $\boldsymbol{B}$ 分别为放电通道中电流密度和磁感应强度。

(3) 能量守恒方程

$$\frac{\partial \rho E}{\partial t}+\frac{\partial}{\partial x_i}(\rho E+p)u_i=\frac{\partial}{\partial x_i}\tau_{ij}u_j+\frac{\partial}{\partial x_i}\left(k\frac{\partial T}{\partial x_i}\right)+\frac{J_i^2}{\sigma}+\frac{5}{2}\frac{k_{\mathrm{B}}}{e}J_i\frac{\partial T}{\partial x_i}-Q \tag{2-33}$$

其中，Q 为电极烧蚀及放电辐射的能量损失；T 为静温；e 为电子质量；k_{B} 为玻尔兹曼常数；σ为电导率；J_i为电流密度在三个坐标轴方向的分量；k 为气体导热系数；E 为单位体积总能，可以表示为

$$E=\rho\left[e+\frac{1}{2}(\boldsymbol{V}\boldsymbol{V})\right] \tag{2-34}$$

其中，比内能 $e=p/(\gamma-1)$，p 为等离子体气体压力，比热比取定值$\gamma=1.16$[8]。

(4) 麦克斯韦方程组

$$\begin{cases}\nabla\cdot\boldsymbol{D}=\rho_{\mathrm{c}}\\ \nabla\cdot\boldsymbol{B}=0\\ \nabla\times\boldsymbol{E}=-\dfrac{\partial B}{\partial t}\\ \nabla\times\boldsymbol{H}=J+\dfrac{\partial D}{\partial t}\end{cases} \tag{2-35}$$

其中，$\boldsymbol{D}$ 为电感应强度；ρ_{c}为净电荷密度；$\boldsymbol{E}$ 为电场强度；$\boldsymbol{H}$ 为磁场强度。

(5) 欧姆定律

考虑霍尔效应的全欧姆定律可以表示为

$$\boldsymbol{J}=\sigma(\boldsymbol{E}+\boldsymbol{V}\times\boldsymbol{B}) \tag{2-36}$$

(6) 量热状态方程

$$h=C_pT \tag{2-37}$$

(7) 通用状态方程

$$p=p(\rho,T) \tag{2-38}$$

上述各方程构成了等离子体合成射流流动求解的封闭的微分方程组，给定合适的边界条件和初始条件，即可获得方程组的精确解。但上述方程组具有高度的非线性，而且各物理场间是一个多时间尺度耦合问题，例如，电磁场分布及电子能量传递过程时间量级不足纳秒，电子输运过程时间量级为纳秒，离子输运过程时间量级为微秒，中性气体流动及传热过程时间量级为毫秒，整个流动建立的时间跨度相差七八个数量级，这会给方程的求解带来严重的刚性问题。因此需要对方程做进一步的简化处理。

等离子体合成射流激励器工作机制主要是基于气体放电的焦耳加热效应，因此从唯象学的角度出发，可以忽略等离子体详细的物理化学过程，仅将气体放电等离子体等效为一外加热源，并对激励器腔体内放电等离子体做如下假定：

(1) 腔体内放电等离子体处于局部热力学平衡状态，流动和传热用 Navier-Stokes 方程描述；

(2) 等离子体的热力学属性和输运特性由温度和压力确定；

(3) 忽略重力的影响及放电过程中诱导磁场的影响；

(4) 不考虑电极的烧蚀作用，并且认为电极相当于一无限热沉，温度保持为室温(300K)；

(5) 辐射是能量损失的主要形式，并且可以采用净辐射系数进行计算。

简化后的等离子体合成射流流动控制方程可以写为

$$\begin{cases}\dfrac{\partial\rho}{\partial t}+\dfrac{\partial}{\partial x_i}\rho u_i=0\\ \dfrac{\partial\rho u_i}{\partial t}+\dfrac{\partial}{\partial x_j}(\rho u_i u_j)=\dfrac{\partial p}{\partial x_i}+\dfrac{\partial}{\partial x_j}\tau_{ji}\\ \dfrac{\partial\rho E}{\partial t}+\dfrac{\partial}{\partial x_i}(\rho E+p)u_i=\dfrac{\partial}{\partial x_i}\tau_{ij}u_j+\dfrac{\partial}{\partial x_i}\left(k\dfrac{\partial T}{\partial x_i}\right)+\dot{q}_{\mathrm{el}}-4\pi\varepsilon_{\mathrm{N}}\end{cases} \tag{2-39}$$

其中，$4\pi\varepsilon_{\mathrm{N}}$ 为能量辐射损失；ε_{N} 为净辐射系数，一个大气压条件下局部热力学平衡热等离子体的净辐射系数由 Naghizadeh-Kashani 等[9]提供，其他压强下的净辐射系数通过乘以 p/p_{atm} 得到，p_{atm} 为标准大气压；$\dot{q}_{\mathrm{el}}$ 为气体放电等离子体能量沉积源项，可以通过实验测试诊断获得。

2.3.1.2　等离子体气体热力学特性

等离子体合成射流激励器的热作用机制会显著加热、电离激励器腔内气体，等离子体化的高温气体热物理性质将发生改变，不再满足热完全气体的热力学特性。为求解方程组(2-39)必须首先给定等离子体各热力学特性参数与输运参数，即具体的气体比热比、导热系数、黏性系数、密度及焓值等随温度和压力的变化。

在等离子体合成射流激励器工作过程中，气体的流动和分子间的传热是射流形成和发展的关键，因此黏性系数μ和导热系数λ是等离子体合成射流数值模拟研究中的两个重要参数，而其他参数影响较小。同时考虑到非封闭腔体内气体放电产生的气体增压不会太高，可以忽略腔内压力变化对等离子体气体各参数的影响[9]，μ和λ仅是温度的函数。

目前数值模拟所采用的等离子体热力学特性与输运特性参数大多是通过求解动力学方程获得。等离子体热力学特性的计算首先需要知道等离子体组分，局部热力学平衡条件下的等离子体组分可以采用准电中性条件、道尔顿分压定律及质量作用定律来计算获得。一旦知道等离子体组分，等离子体热力学特性参数即可方便地求得，而输运参数需要求解动力学方程获得。考虑到等离子体成分的多样性及动力学方程求解的复杂性，Capitelli 等[10]为 50～100000K 的等离子体热力学特性参数随温度的变化提供了工程拟合公式，既方便数值模拟中等离子体热力学特性参数的获取，又满足不同温度条件下等离子体热力学特性参数精度的要求。

等离子体气体黏性系数：

$$\mu(T)=\sum_{j=1}^{5}a_j\sigma(T;c_j,\varDelta_j)+\frac{d+a_6\gamma(T;c_6,\varDelta_6)}{2+T^q} \tag{2-40}$$

等离子体气体导热系数：

$$\lambda(T)=\sum_{j=1}^{4}a_j\gamma(T;c_j,\varDelta_j)+\frac{1}{a_5+c_5T^{\varDelta_5}} \tag{2-41}$$

其中，函数 $\gamma(x;c,\varDelta)$ 的表达式为

$$\gamma(x;c,\varDelta)=\mathrm{e}^{-[(x-c)/\varDelta]2} \tag{2-42}$$

函数 $\sigma(x;c,\varDelta)$ 的表达式为

$$\sigma(x;c,\varDelta)=\frac{\mathrm{e}^{(x-c)/\varDelta}}{\mathrm{e}^{(x-c)/\varDelta}+\mathrm{e}^{-(x-c)/\varDelta}} \tag{2-43}$$

黏性系数及导热系数计算中各参数取值分别如表 2-1 和表 2-2 所示。

表 2-1　黏性系数计算参数

参数	σ_1	σ_2	σ_3	σ_4	σ_5	ζ_6
a	2.4206×10^{-4}	1.2681×10^{-4}	-3.4926×10^{-4}	-1.2445×10^{-5}	-4.6583×10^{-6}	1573.6
c	7968.7	2428.4	13037	29022	45190	842.03
$\varDelta$	4197.4	2511.6	2983.4	3230	966.15	2.9207×10^{-4}
d	—	—	—	—	—	-8.2881×10^{-4}
q	—	—	—	—	—	0.94898

表 2-2　导热系数计算参数

参数	γ_1	γ_2	γ_3	γ_4	ζ_5
a	1.6027	3.5183	0.51834	0.046393	-7.3543×10^3
c	14327	6830	3486.3	1295.4	1.7290×10^6
Δ	3174	1252.3	770.33	1065.9	−1.5765

图 2-4 为等离子体气体物性参数与拟合物性参数随温度变化的对比结果。由图可知，在 300～5000K 拟合公式可以很好地反映气体黏性系数随温度的变化，拟合误差小于 0.5%。在 3000K 以下导热系数公式也可以很好地反映实际导热系数随温度的变化，而在更高温度的条件下二者误差相对较大，最大误差约为 3.2%，但仍在误差允许范围内。图 2-4 的结果表明，采用物性参数拟合公式表示μ和λ随温度的变化是可行的。

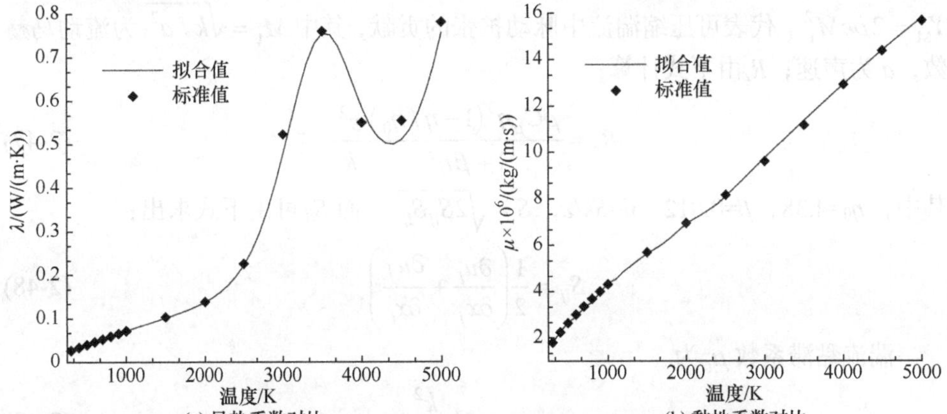

(a) 导热系数对比　　(b) 黏性系数对比

图 2-4　等离子气体实际与拟合物性参数随温度变化对比

2.3.1.3　湍流模型

前期的气体放电唯象模拟中，大多采用了层流模型[11,12]，而没有考虑湍流的影响。在等离子体高能合成射流中存在高的温度和速度梯度，射流又会与周围环境大气产生强烈的相互作用，所以等离子体合成射流一般处于湍流状态，湍流对等离子体流动和传热特性、等离子体的质量和热量输运起主导作用，因此必须考虑湍流效应的影响。

湍流流动模拟主要有直接数值模拟(DNS)、大涡模拟(LES)和湍流模型模拟三种途径。其中 DNS 和 LES 具有很好的理论依据和广泛的适用性，但是由于所需计算资源庞大，在实际工程计算中还处于前期推广阶段。因此，湍流模型仍是目前工程湍流流动问题主要的解决方法。

本书采用重正化群(RNG)k-ε 湍流模型处理湍流问题。RNG k-ε 湍流模型形式简单，使用方便，大量的工程计算和实验结果表明，它很适用于脉冲射流、管流、旋流等流动状态的计算。RNG k-ε 湍流模型由 Yakhot 等[13]通过重正化群的理论严格导出，湍动能 k 和耗散率 ε 是两个基本未知量，它们的模型方程为

$$\frac{\partial}{\partial x_i}(\rho k u_i)=\frac{\partial}{\partial x_j}\left(\alpha_k\mu_{\mathrm{e}}\frac{\partial k}{\partial x_j}\right)+G_k-\rho\varepsilon-Y_{\mathrm{M}} \tag{2-44}$$

$$\frac{\partial}{\partial x_i}(\rho\varepsilon u_i)=\frac{\partial}{\partial x_j}\left(\alpha_\varepsilon\mu_{\mathrm{e}}\frac{\partial \varepsilon}{\partial x_j}\right)+C_{1\varepsilon}G_k\frac{\varepsilon}{k}-C_{2\varepsilon}\rho\frac{\varepsilon^2}{k}-R_\varepsilon \tag{2-45}$$

其中，G_k是由于平均速度梯度引起的湍动能产生项，可由下式计算：

$$G_k=\mu_{\mathrm{e}}\frac{\partial u_i}{\partial x_j}\left(\frac{\partial u_i}{\partial u_j}+\frac{\partial u_j}{\partial u_i}\right) \tag{2-46}$$

$Y_{\mathrm{M}}=2\rho\varepsilon M_{\mathrm{t}}^2$，代表可压缩湍流中脉动扩张的贡献，其中 $M_{\mathrm{t}}=\sqrt{k/a^2}$ 为流动马赫数，a 为声速；R_ε由下式计算：

$$R_\varepsilon=\frac{\rho C_\mu\eta^3(1-\eta/\eta_0)}{1+\beta\eta^3}\frac{\varepsilon^2}{k} \tag{2-47}$$

其中，η_0=4.38，β=0.012，$\eta=Sk/\varepsilon$，$S=\sqrt{2S_{ij}S_{ij}}$，而 S_{ij} 可由下式求出：

$$S_{ij}=\frac{1}{2}\left(\frac{\partial u_i}{\partial x_j}+\frac{\partial u_j}{\partial x_i}\right) \tag{2-48}$$

湍流黏滞系数 μ_{t} 为

$$\mu_{\mathrm{t}}=\rho C_\mu\frac{k^2}{\varepsilon} \tag{2-49}$$

有效黏性系数 μ_{e} 为

$$\mu_{\mathrm{e}}=\mu_{\mathrm{t}}+\mu \tag{2-50}$$

根据实验验证及经验推算，模型常数 $C_{1\varepsilon}$、$C_{2\varepsilon}$、C_μ、α_k、α_ε的取值分别为

$$C_{1\varepsilon}=1.42,\ C_{2\varepsilon}=1.68,\ C_\mu=0.09,\ \alpha_k=\alpha_\varepsilon=1.393$$

相对于标准的 k-ε 模型，RNG k-ε 模型的主要变化为：通过修正湍动黏度，考虑了平均流动中旋转的情况；在ε方程中增加了一项，从而反映了主流的时均应变率 S_{ij} 的影响。

在等离子体合成射流中，并非所有的射流区域均发展成为充分的湍流。RNG k-ε 模型引入了一个微分方程：

$$\mathrm{d}\left(\frac{\rho^2 k}{\sqrt{\varepsilon\mu}}\right)=1.72\frac{\hat{v}}{\sqrt{\hat{v}^3-1+C_v}}\mathrm{d}\hat{v} \tag{2-51}$$

其中 $\hat{v}=\mu_e/\mu$ 、$C_v\approx 100$。通过方程(2-51)积分，可以得到湍流输运随雷诺数的变化，从而提高 RNG k-ε 模型对低雷诺数流动的模拟效果。

2.3.1.4　计算模型与边界条件

计算物理模型与文献[14]中的实验模型及其流场环境相同，以便进行数据结果比较，验证数值计算的正确性。计算物理模型如图 2-5(a)所示，计算区域及计算网格如图 2-5(b)所示。计算区域包括激励器腔体、出口喉道和外部流场三个部分，其中激励器腔体直径 D=4mm，高度 H=4mm，出口直径 d=1mm。由于计算流场的轴对称性，计算中仅选取 1/2 流场进行计算，以节约计算机时。考虑到高速、高温等离子体合成射流与外流场静止空气的相互作用，为消除边界设置对计算结果的影响，将外部计算流场半径设为 100mm，顶部边界距离激励器出口高度为 250mm，均定义为压力出口边界条件，其压力和温度分别为外界环境大气压力与温度。底部边界定义为物面无滑移条件，激励器腔体壁面设定为流固耦合面，材料为氮化硼陶瓷(导热系数 33W/(m · K))，腔体外表面与外部环境的热交换可表示为

$$\Phi = h(t_w - t_\infty) \tag{2-52}$$

式中，Φ 为有效传热热流密度；根据腔体材料属性及静止大气表面传热特性，取传热系数 h=8W/(m^2 · K)；t_w 为腔体壁面温度；t_∞ =300K 为环境大气温度。

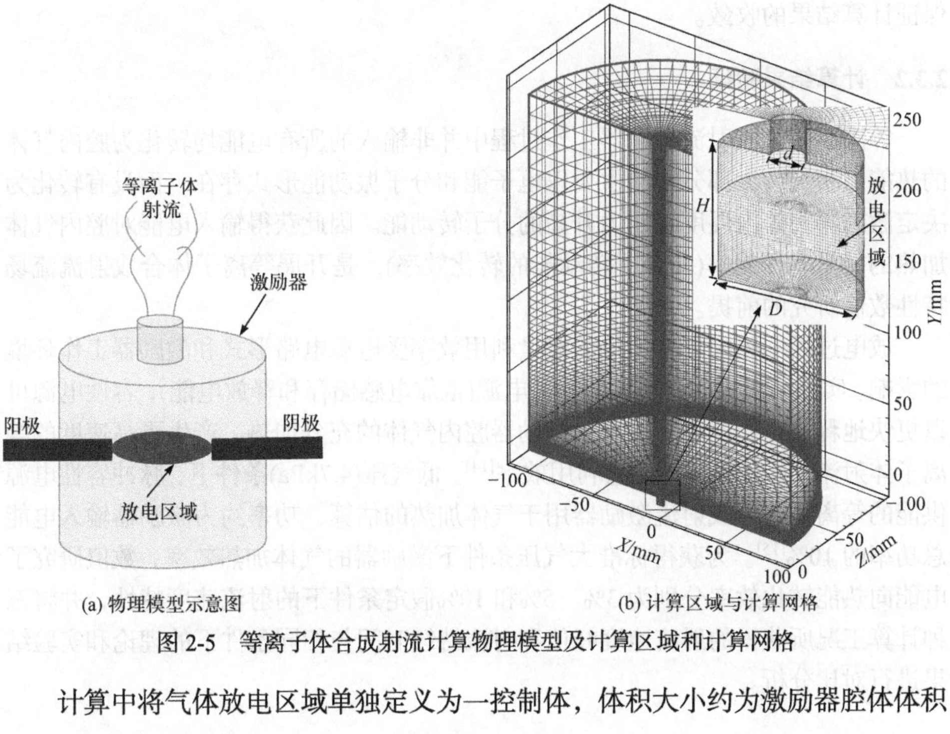

(a) 物理模型示意图　　(b) 计算区域与计算网格

图 2-5　等离子体合成射流计算物理模型及计算区域和计算网格

计算中将气体放电区域单独定义为一控制体，体积大小约为激励器腔体体积

的 25%，如图 2-5 所示，仅在该区域内添加能量源项。根据 Belinger 等[14]的实验结果，容性电源(依靠电容充放电实现能量的存储和释放)在高气压(1atm)小空间($50mm^3$)条件下单次气体放电能量 E>50mJ 时，放电持续时间基本保持为 8μs。进一步假设在放电持续时间和放电区域内能量均匀分布，则每次放电激励器腔体内放电区域的能量沉积表达式可以表示为

$$\dot{q}_{\mathrm{el}}=\begin{cases}Q, & t\leqslant 8\mu\mathrm{s}\\ 0, & t>8\mu\mathrm{s}\end{cases} \tag{2-53}$$

其中，Q 为放电能量中转化为气体热能的能量密度(W/m^3)；t 为时间。

为了考察网格对射流形成的影响，分别采用了 20 万、30 万和 50 万三种不同疏密的计算网格，结果表明对于中等密度网格和细网格，放电结束后 20μs 激励器出口附近密度场与实验结果吻合较好，因此本书所有计算均采用中等密度网格。另外，为了得到射流出口及近壁面的精细流场结构，对激励器出口附近网格进行加密，第一层网格的垂向高度 $y=2\times10^{-5}$m，以保证近壁面网格无量纲距离 $y^{+}<1$。对三维非定常控制方程采用有限体积法进行离散，空间项采用 Roe-FDS 格式离散，对流项为二阶迎风格式，黏性项为中心差分格式。采用“双时间步”方法求解非定常过程，时间离散格式为二阶精度的隐式格式。计算时间步长取为 2ns，每个时间步长内迭代 20 次，使得所有变量迭代计算的归一化误差之和小于 10^{-4}，以保证计算结果的收敛。

2.3.2　计算结果验证

等离子体合成射流激励器工作过程中并非输入的所有电能均转化为腔内气体的热能。相反，大部分能量主要以电子能和分子振动能形式存在，而没有转化为决定激励器腔体内温度和压力升高的分子转动能。因此获得输入电能对腔内气体加热的能量利用效率(向分子转动能的转化效率)，是开展等离子体合成射流流场特性数值研究的前提。

放电过程中腔内气体加热的能量利用效率受电源电路形式和激励器工作环境的影响。实验结果表明，相对于感性电源(依靠电感储存和释放电能)，容性电源可以更快地释放存储电能，实现对激励器腔内气体的充分加热，产生更高速度的等离子体射流，具有更高的能量利用效率[14]。低气压(4.7kPa)条件下，脉冲容性电源供能的等离子体合成射流激励器用于气体加热的估算，功率约为激励器输入电能总功率的 10%[15]。为获得标准大气压条件下激励器的气体加热效率，数值研究了电能向热能转化效率分别为 3%、5%和 10%假定条件下的射流速度特性，并将三种计算工况所获得的射流速度峰值和射流持续时间与相同条件下的理论和实验结果进行对比分析。

假设射流的喷出为等熵流动过程，则射流总压与静压关系满足：

$$\frac{P_t}{P_a}=\left(1+\frac{\gamma-1}{2}Ma^2\right)^{\frac{1}{\gamma-1}} \tag{2-54}$$

其中，

$$Ma=\frac{V}{\sqrt{\gamma\cdot R\cdot T}} \tag{2-55}$$

为马赫数，T 为射流温度；γ为气体比热比；P_t 为射流总压；P_a 为射流静压。腔体内气体由于放电而被加热，但在射流喷出过程中被冷却。精确测量喷出射流的温度不易于实现，在此我们假设射流温度为环境大气温度，即 T=293K，因此气体比热比选为γ=1.4，则射流最大速度理论表达式为

$$V_{max}=\sqrt{\frac{2\gamma RT}{\gamma-1}\left[\left(\frac{P_{tmax}}{P_a}\right)^{\frac{\gamma-1}{\gamma}}-1\right]} \tag{2-56}$$

其中，P_{tmax} 为不同能量沉积大小条件下激励器腔体内达到的最大压强[14]。

图 2-6 为射流速度峰值随放电能量大小变化的数值模拟、理论计算和实验测量[14]结果对比。由图 2-6 可见，随着放电能量的增加射流最大速度呈增大趋势，能量效率为利用 10%的数值结果远远偏离了理论和实验结果，而能量利用效率为 3%和 5%的数值模拟结果则与理论计算结果和文献[14]的实验结果均较为接近。

图 2-7 为不同能量利用效率射流喷出持续时间的数值模拟结果与实验结果对比。实验测得的射流喷出时间随放电能量增大而振荡增加，振荡的产生主要有两个方面的原因：一是测量误差引起，二是放电特性极易受电源电路参数和环境参

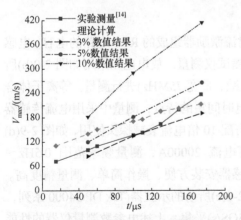

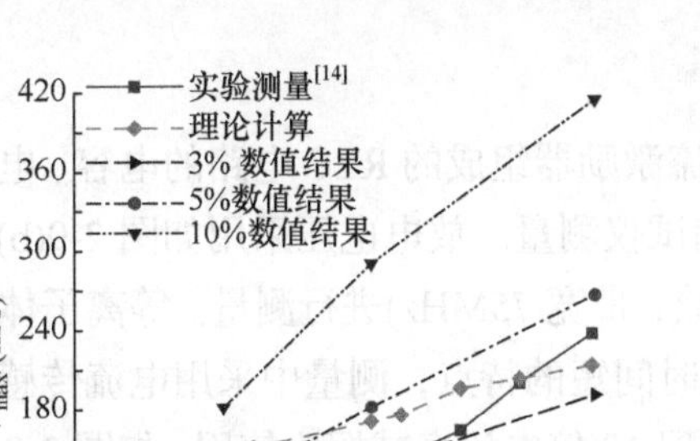

图 2-6　射流速度峰值随放电能量的变化

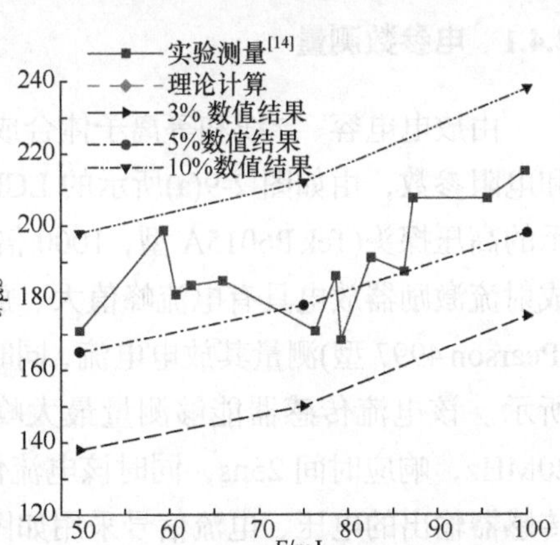

图 2-7　射流喷出持续时间随放电能量的变化

数的影响而不稳定所致[16]。图 2-7 的结果表明，能量利用效率为 5%的数值模拟结果在射流喷出时间上与实验结果更为吻合。

为进一步验证气体加热的能量利用效率，本书还对比研究了放电能量 50mJ、能量利用效率为 5%条件下放电结束 20μs 后，数值模拟和实验[17]获得的射流纹影流场结构，如图 2-8 所示。结果表明，数值方法很好地模拟了等离子体合成射流的流场结构，计算所得流场内的压缩波和射流锋面位置与实验结果基本一致。这进一步验证了标准大气压条件下，容性电源等离子体合成射流气体加热的电能利用效率约为 5%，低于 4.7kPa 条件下的理论结果。因此，可以认为气压的升高会降低等离子体合成射流激励器气体加热的能量利用效率。

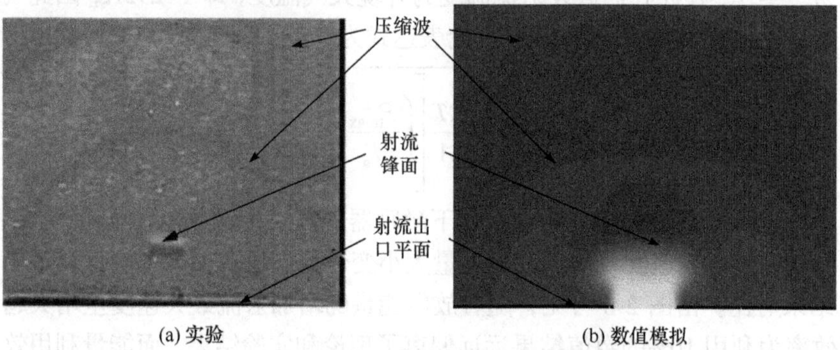

图 2-8　放电结束 20μs 后射流流场结构对比图

2.4　实验测量方法

2.4.1　电参数测量

由放电电容、导线和等离子体合成射流激励器组成的 RLC 电路的电容、电感和电阻参数，由如图 2-9(a)所示的 LCR 测试仪测量。放电电压采用如图 2-9(b)所示的高压探头(Tek P6015A 型，1000 倍衰减，带宽 75MHz)进行测量。等离子体合成射流激励器放电具有电流峰值大、放电时间短的特点，测量中采用电流传感器(Pearson 4997 型)测量其放电电流，同时搭配 10 倍电流衰减探头使用，如图 2-9(d)所示。该电流传感器能够测量最大峰值电流 20000A，测量频率范围 0.5Hz～20MHz，响应时间 25ns，同时该电流传感器安装方便、操作简单、测量精度高。传感器输出的电压、电流信号采用如图 2-9(c)所示的示波器(Tek DPO4000 系列，四通道，带宽 350MHz，单次采样速率 5GS/s)采集。上述电参数测量仪器的性能指标如表 2-3 所示。

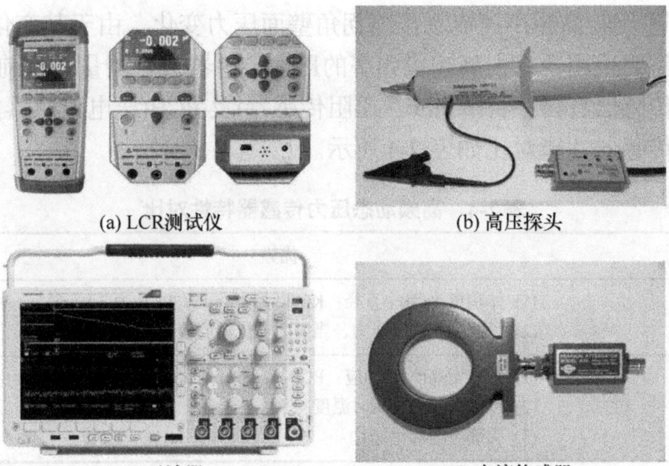

(a) LCR测试仪　(b) 高压探头

(c) 示波器　(d) 电流传感器

图 2-9　电参数测量仪器

表 2-3　电参数测量仪器性能指标汇总

仪器	参数指标
电流传感器	灵敏度 0.01V/A ±1% 输出阻抗 50Ω 峰值电流 20000A 最大均方根电流 150A 上升时间 25ns 信号衰减速率 0.3%/ms
高压探头	最大均方根电压 20kV 最大脉冲(脉宽 100ms)电压 40kV 直流带宽 75MHz 衰减倍数 1000 上升时间 4ns 负载 100MΩ/3pF
示波器	模拟带宽 350MHz 最大模拟采样率 5GS/s 采集通道数 4 个 记录长度(内存)20MB
数字电桥	测量精度 0.2% 采集频率 100Hz、1kHz、10kHz 可调 电感测量范围 0.01μH～9999H 电容测量范围 0.01pF～9999μF 电阻测量范围 0.0001Ω～99.99MΩ 输出阻抗 100Ω

2.4.2　腔体压力测量

对于等离子体合成射流激励器腔体内的压力变化，以及等离子体合成射流控制作用下的超声速/高超声速流场压缩拐角壁面压力变化，由于其变化速度极快、时间极短，需要采用具有很高响应频率的压力传感器进行测量。目前，常用的高频动态压力传感器有科莱特(Kulite，压阻传感器)及 PCB(压电传感器)两种品牌。两种品牌的传感器性能对比如表 2-4 所示。

表 2-4　高频动态压力传感器特性对比

品牌	优势
Kulite	(1) 体积更小(最小直径：Kulite 为 1.4mm，PCB 为 3.5mm) (2) 可以测量静态压力，当压力变化幅值较小时也可测量
PCB	(1) 频响更高(最快响应：PCB 小于 1μs，Kulite 为 10μs 左右) (2) 可承受较高的瞬时温度 (3) 头部可增加绝缘片

根据上述信息分析认为，在测量等离子体合成射流激励器腔体压力变化时，PCB 传感器更为合适，Kulite 传感器的耐温性较差，并且不能进行绝缘处理，在靠近电弧的地方有可能会损坏，因此可能不太适合测量放电腔体的压力。由于传感器价格较贵，没有进行尝试。在压缩拐角壁面压力的测量中，Kulite 传感器更为合适。Kulite 传感器尺寸较小，在压缩拐角中更容易放置。

本书腔体压力测量实验中采用的传感器型号为 PCB Model 113B27，传感器测压头直径 5.54mm，测压量程 0～689.4kPa，灵敏度 0.007kPa，响应时间小于 1μs，可承受的热冲击温度高达 1649℃。传感器需要配置专用的信号调制器进行供电和信号处理，信号调制器的型号为 PCB Model 482C05，可同时用于四路测量，采集频率超过 1MHz。

放电开始后，通过电子弹性碰撞、粒子弹性碰撞、分子的激发等过程，部分电能转化为激励器腔体内气体的内能，使得气体温度升高、压力增大，计算加热效率的关键就是求得这一过程中的气体内能增量。由于腔体体积较小，内部气体压力和温度可以近似为均匀分布。由理想气体状态方程及比热容的定义可知，气体内能增量 E_{G} 可以表示为如下关系式：

$$E_{\mathrm{G}}=m\int_{T_1}^{T_2}C_v(T)\mathrm{d}T=\rho V\int_{T_1}^{T_2}C_v(T)\mathrm{d}T=\rho V\int_{T_1}^{T_1\cdot P_2/P_1}C_v(T)\mathrm{d}T \tag{2-57}$$

其中，m 表示腔体内的气体质量；$C_v(T)$表示气体的定容比热容，由于气体受热之后达到的温度值相对较低，气体可以认为属于热完全气体，定容比热容仅为温度的函数；T_1 表示放电前气体的初始温度(288K)；P_1 表示放电前气体的初始压强(100kPa)；ρ表示放电前气体的初始密度(约 1.21kg/m^3)；T_2 表示放电后气体达到的峰值温度；P_2 表示放电后气体达到的峰值压强；V 表示腔体的体积(440mm^3)。根据 Capitelli 和 D'Angola 等[9,10,18]提供的处于局部热力学平衡状态空气等离子体的

平均摩尔质量 $\overline{M}$ 和定压比热容 C_p 随温度变化的拟合公式，可以采用下式计算得到腔体内空气等离子体的定容比热容：

$$C_v = C_p - \frac{R}{\overline{M}} \tag{2-58}$$

其中，R 为摩尔气体常数，约 8.31441J/(mol · K)。部分温度范围内(50～5000K)的计算结果如图 2-10 所示。由式(2-57)、式(2-58)可知，在其他参数已知条件下，为求得气体内能增量，仅需测得放电后气体达到的峰值压强 P_2 即可。

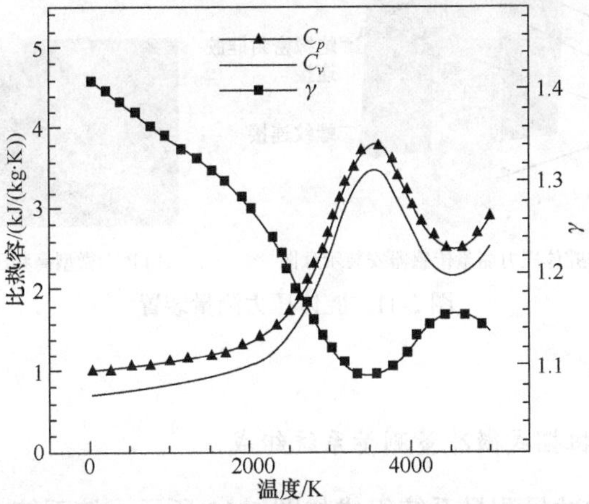

图 2-10　局部热力学平衡空气等离子体定压比热容、定容比热容、比热比随温度变化曲线 (温度范围 50～5000K)

实验中，采用 PCB 传感器对腔体压力进行测量，PCB 传感器及其安装方法如图 2-11 所示。PCB 传感器具有尺寸小、响应迅速、可承受温度高、抗电磁干扰能力强等优点，因此较为适合用于测量放电腔体的压力。如图 2-11(a)所示，在激励器腔体上加工一个直径 5.6mm 的测压孔，PCB 传感器的测压头正好可以通过此孔。PCB 传感器通过一个固定螺栓的夹紧螺母进行安装紧固，夹紧螺母所需要的咬合力矩(约 1.69N·m)超过了激励器腔体材料(氮化硼或树脂)的强度，因此未在激励器腔体材料上加工内螺纹，而是在激励器腔体下面连接了一个不锈钢的传感器安装座，通过安装座上的内螺纹与传感器夹紧螺母外螺纹配合。传感器与安装座之间放置了一个紫铜材料的环形密封圈进行密封，安装座与激励器腔体之间采用硅胶进行密封。为了避免激励器的正极与接地的传感器测压头之间发生放电，或者激励器正负极的放电火花对传感器测压头造成损害(如热冲击)，在传感器测压头与激励器腔体内气体之间放置了一个直径 5mm、厚度 3mm(等于测压孔的长度)的陶瓷绝缘垫片，绝缘垫片的底面与传感器测压头通过硅胶连接，前期实验结果显示，绝缘垫片的加入对测量结果影响较小，造成的测量误差在 3.4%以内[3]。

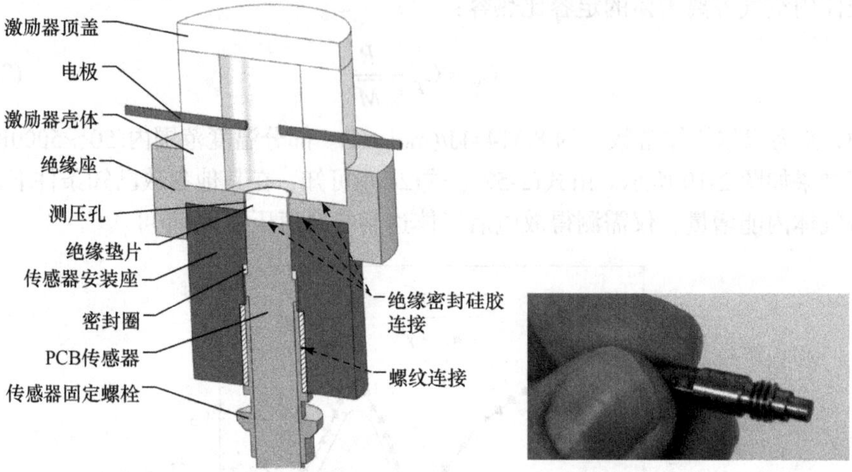

(a) 激励器与腔体压力测量传感器安装示意图　　(b) PCB微型高频压力传感器实物图

图 2-11　腔体压力测量装置

2.4.3　微冲量测量

2.4.3.1　单丝扭摆式微冲量测量系统组成

单丝扭摆式微冲量测量系统组成如图 2-12 所示。该系统由单丝扭摆装置、角位移测量系统、低压维持系统以及动态标定系统组成。系统结构图如图 2-13 所示。下面具体介绍其中两个装置(系统)的设计、工作原理及测量方法。

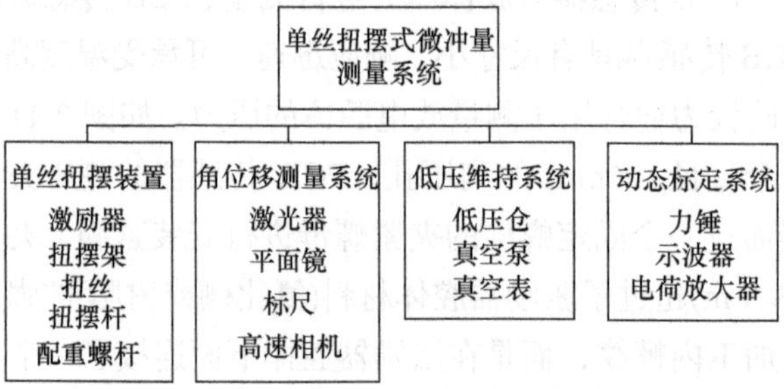

图 2-12　单丝扭摆式微冲量测量系统组成

2.4.3.2　单丝扭摆装置

单丝扭摆装置结构如图 2-14 所示，由扭摆架、夹具、扭丝、扭摆杆以及配重螺杆等组成。扭摆杆主体由铝合金加工制作而成。激励器外壁面粘于扭摆杆圆弧凹面，扭摆杆中部扭摆盖板用于固定扭摆杆与扭丝的位置，扭丝两端分别由夹具 1

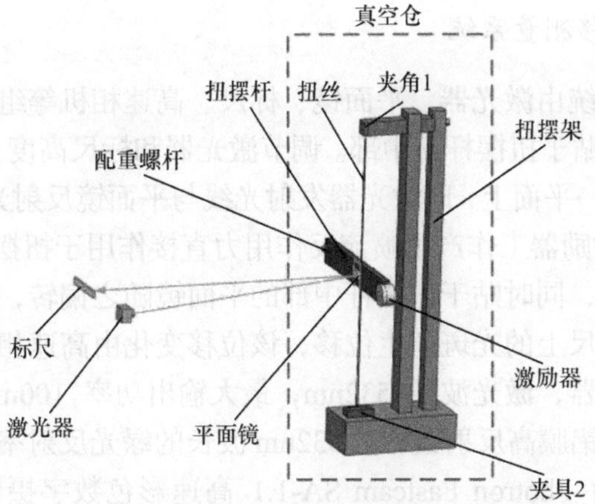

图 2-13　单丝扭摆式微冲量测量系统结构图

和夹具 2 固定连接于扭摆架。配重螺杆可依据激励器的质量旋进或旋出，以调节扭摆平衡。扭摆杆上各部分装配如图 2-15 所示。扭丝材料选用直径为 0.2mm 的高强度、高弹性 65Mn 弹簧钢。扭摆架由不锈钢材加工制作而成。

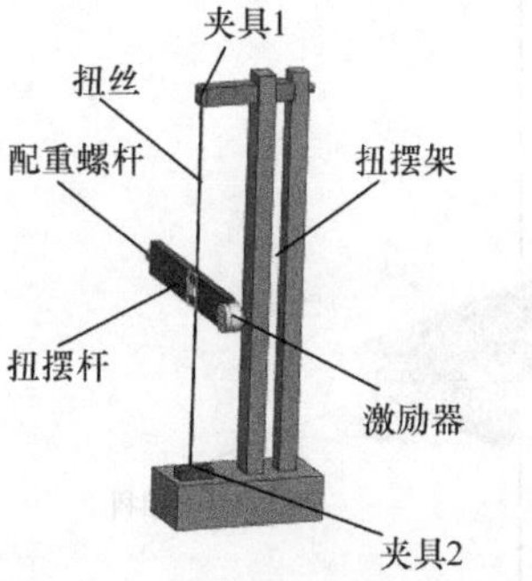

图 2-14　单丝扭摆装置结构图

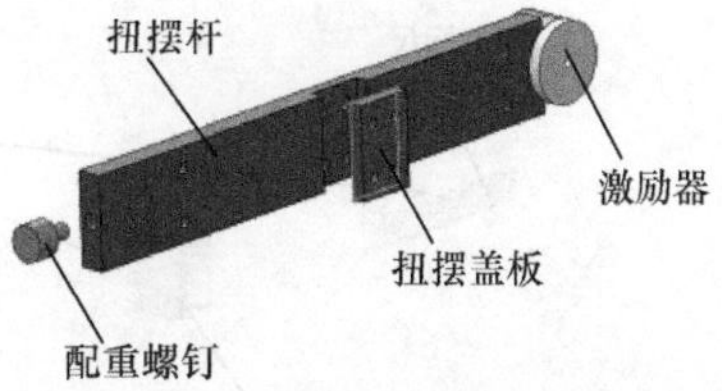

图 2-15　扭摆杆装配图

单丝扭摆装置的组装可分为以下几个步骤：①将激励器外表面粘于扭摆杆一端圆弧凹面。②通过扭摆中部扭摆盖板将扭丝固定于扭摆杆正中部；③扭丝一端固定于夹具 1，另一端悬空；④通过调节配重螺杆使扭摆杆水平，即扭摆杆上表面垂直于扭丝；⑤固定扭丝另一端于夹具 2。安装过程中可以通过拉伸扭丝来改变扭丝的扭转弹性系数，从而控制单丝扭摆的抗干扰性及其测量精度。扭丝拉伸越大，其扭转弹性系数越大，单丝扭摆系统受其他振动的影响越小，系统抗干扰性越强，但测量精度越低。故系统测量精度与抗干扰性是相互矛盾的，需依据具体实验要求对其进行调节。

2.4.3.3　角位移测量系统

角位移测量系统由激光器、平面镜、标尺、高速相机等组成。单丝扭摆装配完成后，将平面镜贴于扭摆杆正中部。调节激光器和标尺高度，使激光器出光孔、平面镜、标尺在同一平面上，即激光器发射光线与平面镜反射光线在同一平面内，如图 2-16 所示。激励器工作产生喷流反作用力直接作用于扭摆杆一端，致使扭摆杆绕扭丝发生偏转，同时贴于扭摆杆中部的平面镜随之偏转，激光器发射光线经平面镜反射后在标尺上的光斑产生位移，该位移变化由高速相机记录。其中激光器选用半导体激光器，激光波长 532nm，最大输出功率 100mW，光斑直径约为 1mm。平面镜为镀铝膜高反射镜，对 532nm 波长的绿光反射率高达 99%。系统中采用的高速相机为 Photron Fastcam SA-1.1 高速彩色数字摄影仪，拍摄帧频为 1000/T，即两幅光斑图像时间间隔为千分之一扭摆振动周期。

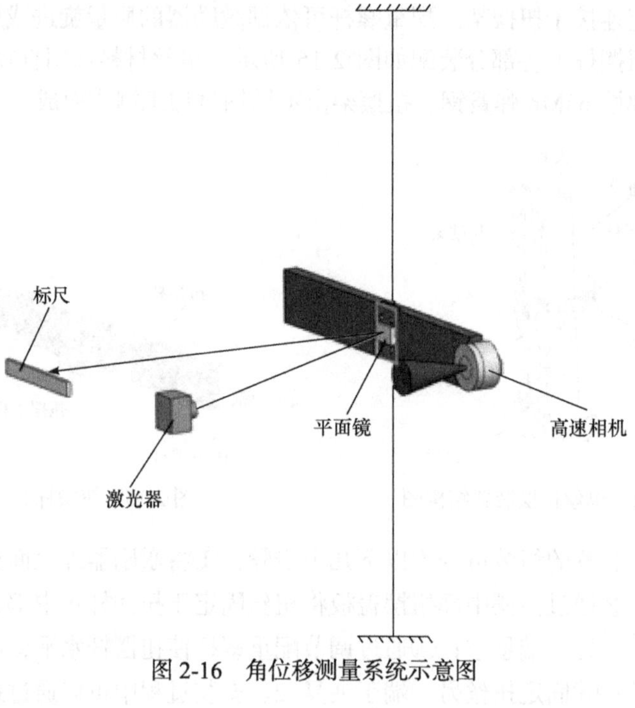

图 2-16　角位移测量系统示意图

2.4.4　高速纹影/阴影

利用高速纹影系统进行等离子体合成射流流场的拍摄，能够直观地了解等离子体合成射流的流场结构。纹影技术利用光线通过不同密度的气流而产生的角度偏转来显示其折射率，测量精度很高，是一种测量光线微小偏转角的技术。它将流场中密度梯度的变化转变为被测平面上相对光强的变化，可以使得流场中前驱激波、反射波等密度变化强烈的区域变为可观察与分辨的图像。纹影系统的简单结构图如图 2-17 所示。

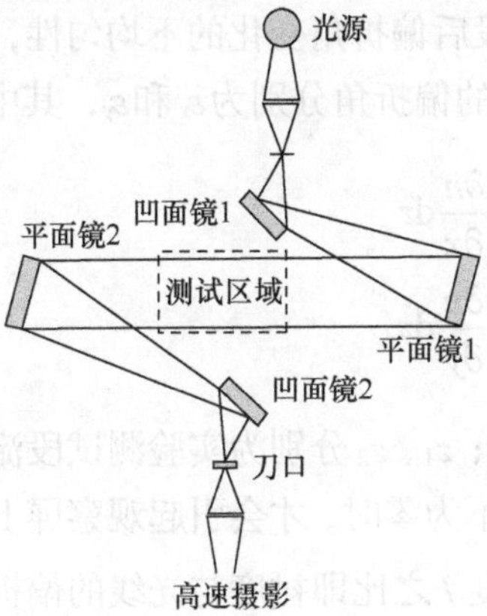

(a) 原理图

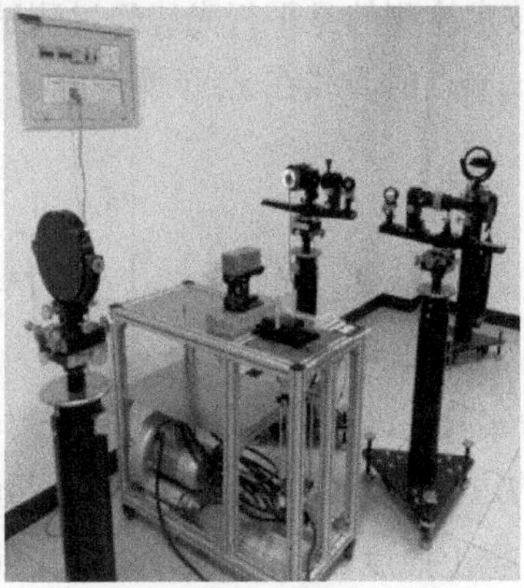

(b) 实物图

图 2-17　纹影系统

阴影技术是最简单的一种流场显示测试技术，它不需要复杂的光学系统，只要有一束平行光通过测试段，从而根据平行光线受扰动之后的线位移量即可分析测试段中流场的参数。阴影技术在可压缩流动、流体混合、对流传热和分层流动中有许多应用。尤其在超声速流动实验中，阴影技术常被用来确定激波的形状和位置、显示湍流和边界层特性等。

图 2-18 为阴影技术中的光路示意图，点光源 S 发出的光线经准直镜 L_1 后变为平行光，通过实验测试段，照在测试段之外的观察屏或成像底板 P 上，观察屏至实验段的距离为 l，流场中的某些不均匀区即被投影在观察屏上。从几何光学知识可知，像点的散斑直径为 $l\cdot d/f_1$，其中，d 为点光源直径；f_1 为准直镜焦距。因此，为提高影像的清晰度，应减小 l 和 d，加大 f_1。为保证整个光束有一定的光能量，f_1 值不能过大；另外基于下面描述的阴影技术原理可知，观察屏至实验测试段扰动区的距离也有一定的限制。所以减小像点弥散斑直径的唯一途径是减小光源的

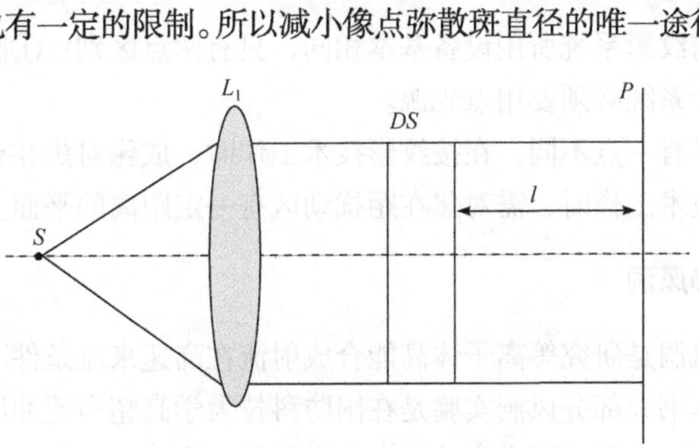

图 2-18　阴影技术光路原理图

尺寸，相对于其他都会有一定尺寸大小的光源，激光光源是提高阴影系统成像效果和成像清晰度的最佳选择。

阴影技术检测的是平行光线经过测试段后偏折角变化的不均匀性，假设照射在观察屏(x, y)点的光线在 x、y 两个方向上的偏折角分别为ε_x和ε_y，其中：

$$\begin{cases} \varepsilon_x = \int_{z_1}^{z_2} \frac{1}{n}\frac{\partial n}{\partial x}\mathrm{d}z \\ \varepsilon_y = \int_{z_1}^{z_2} \frac{1}{n}\frac{\partial n}{\partial y}\mathrm{d}z \end{cases} \tag{2-59}$$

式中，n 为实验测试段内媒质对光的折射率；z_1、z_2 分别为实验测试段流场扰动区在 z 方向的边界。只有当$\partial\varepsilon_x/\partial x$或$\partial\varepsilon_y/\partial y$不为零时，才会引起观察屏上阴影图照度的变化。屏上照度ΔI 和无扰动时屏上照度 I 之比即衬度与光线的偏折角变化关系为

$$\frac{\Delta I}{I} = -l\left(\frac{\partial \varepsilon_x}{\partial x} + \frac{\partial \varepsilon_y}{\partial y}\right) \tag{2-60}$$

由式(2-59)和式(2-60)可得到屏上衬度与折射率变化的关系：

$$\frac{\Delta I}{I} = -\int_{z_1}^{z_2}\left(\frac{\partial^2 n}{\partial x^2} + \frac{\partial^2 n}{\partial y^2}\right)\mathrm{d}z \tag{2-61}$$

由式(2-61)可知，阴影法只能显示折射率二阶导数不均匀的折射率场，如果测试段在 y 方向的折射率一阶导数为常数，那么所有光线在 y 方向的偏折角都是相同的，观察屏被均匀地照亮，阴影图像上无法确定折射率一阶导数的大小。如果实验测试段中折射率的二阶导数$\partial^2 n/\partial x^2$ 或$\partial^2 n/\partial y^2$ 是均匀分布的，则观察屏亦被均匀地照亮，只是强度增加或降低了。由此可见，阴影图像只能显示出折射率二阶导数的不均匀性。

阴影技术与纹影系统所用设备基本相同，只有两点区别：①阴影技术不需要用刀口；②阴影系统必须要用点光源。

在操作上只有一点不同，在按纹影技术工作时，成像对焦在要显示的扰动区上；而按阴影技术工作时，需对焦在距扰动区有一定距离的平面上。

2.4.5 超声速静风洞

超声速静风洞是研究等离子体高能合成射流在高速来流条件下工作特性的主要实验方法。本书大部分风洞实验是在国防科技大学高超声速冲压发动机技术重点实验室超声速流动机理研究实验平台上进行的。为实现喷管层流化，降低风洞

实验段噪声，提高来流品质，扩展实验段光学观测自由度，提高风洞实验能力，实验风洞为采用一体化设计的低湍流度超声速静风洞，其结构示意图及实物照片如图 2-19 所示。

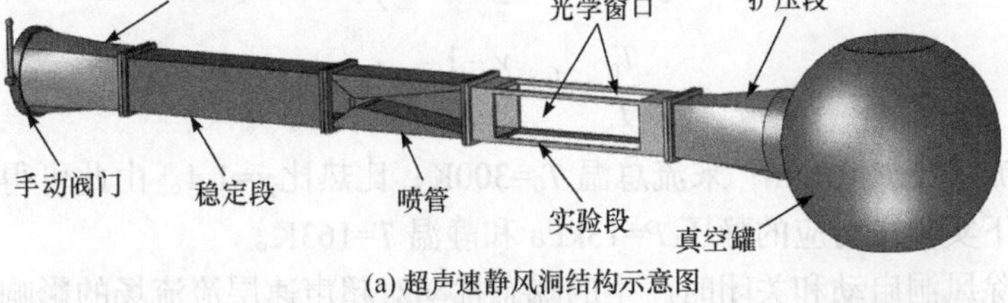

(a) 超声速静风洞结构示意图

(b) 超声速静风洞实物照片

图 2-19　超声速静风洞系统

超声速静风洞组成主要包括过渡段、稳定段、喷管、实验段、扩压段及真空罐等部分，如图 2-19(a)所示。静风洞结构采用直连式，这种结构方式相比于自由射流式风洞，可以消除喷管出口处的菱形区和波系结构，这样不仅可以避免菱形区尺寸对实验段有效区域的限制，同时又能够消除波系结构对实验段流场的干扰。风洞采用吸气方式运行，通过其上游口径较大的过渡段直接从大气中收集气体，从而有效避免了下吹式风洞所需的复杂供气系统，同时还可以提高来流均匀性，有效降低实验段来流湍流度。过渡段的作用就是使入口处的气流比较均匀地进入稳定段。通过稳定段进一步降低来流紊流度，气流进入喷管部分。喷管负责提供实验段所需的超声速均匀来流条件。该超声速风洞的喷管段是可更换的，从而可以满足不同流场马赫数的实验要求。风洞的喷管段是超声速风洞的核心部分，喷管型面设计的好坏直接影响实验段的流场品质。该风洞喷管的型面设计采用基于B 样条曲线的设计方法[19]，充分考虑了喷管和实验段的消波处理及非接触光学测量的实际需求，可以极大改善喷管出口的流场品质。风洞实验段尺寸为200mm(宽)×200mm(高)×400mm(长)，实验段四个方向均开有大尺寸观察窗，便于从各个方向对流场结构进行观测；实验段下游通过扩压段与真空罐相连。

实验过程中，静风洞运行马赫数为 2，气源为大气，下接真空罐。由来流总压和总温可得到喷管出口的气流参数为

$$\frac{P_0}{P}=\left(1+\frac{\gamma-1}{2}Ma^2\right)^{\frac{\gamma}{\gamma-1}} \tag{2-62}$$

$$\frac{T_0}{T}=1+\frac{\gamma-1}{2}Ma^2 \tag{2-63}$$

式中，来流总压 P_0=1atm；来流总温 T_0=300K；比热比γ=1.4。由此可得到在该设计马赫数下实验段对应的静压 P=13kPa 和静温 T=163K。

为消除风洞启动和关闭时产生的瞬态扰动对超声速层流流场的影响，吸气式超声速静风洞需要有足够长的运行时间。风洞运行时间 t 是真空罐容积 V、喷管喉部截面积 A_{cr}、马赫数及来流总温的函数：

$$t=\frac{V}{KA_{cr}R\sqrt{T_0}}\left(1+\frac{\gamma-1}{2}Ma^2\right)^{\frac{-\gamma}{\gamma-1}} \tag{2-64}$$

式中，真空罐容积 V=1000m^3；R 为摩尔气体常数；K 为与摩尔气体常数有关的常数，对于空气取为 K= 0.04042。静风洞喷管出口尺寸为 200mm×200mm。由式(2-64)算出该超声速静风洞的运行时间大于 10s，若考虑到扩压器内激波串的隔离作用，运行时间还可大大延长，实验表明其实际运行时间可达 20s 以上。超声速静风洞实验段流场基本参数如表 2-5 所示。

表 2-5　超声速静风洞实验段流场基本参数

参数	数值	参数	数值
马赫数 Ma	2	速度 U/(m/s)	512
来流总压 P_0/atm	1	密度ρ/(kg/m^3)	0.278
来流总温 T_0/K	300	黏性系数μ/(N·s/m^2)	11.6×10^{-6}
静压 P/kPa	13	单位雷诺数 Re/(1/m)	12.67×10^{-6}
静温 T/K	163	运行时间/s	>20
声速 a/(m/s)	222		

为验证风洞的流场品质，并确保实验的准确性，实验之前需要对风洞进行流场校测。流场校测采用纹影和压力测量实验相结合的方式进行，校测的具体过程可以参考文献[20]、[21]。校测结果表明，测量区域内流场保持有较好的层流状态，层流边界层上方流场速度分布波动很小，瞬态速度最大波动误差不超过 1%，喷管出口马赫数分布的绝对误差小于 2%，说明实验段流场品质较高，能够满足实验测量的要求。

为便于观测，实验中设计了安装于风洞均匀来流中的支架系统作为超声速流场中等离子体合成射流流动特性与应用特性研究的实验平台，实验支架系统构型图如图 2-20 所示。

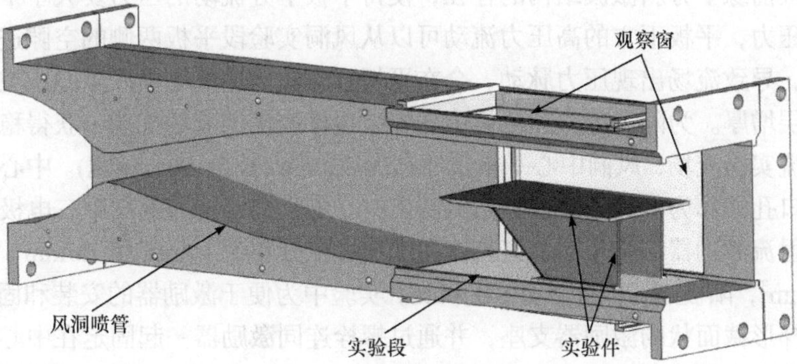

图 2-20　实验支架系统构型图

实验件的安装结构布局及坐标定义如图 2-21 所示。实验件组成主要包括前缘

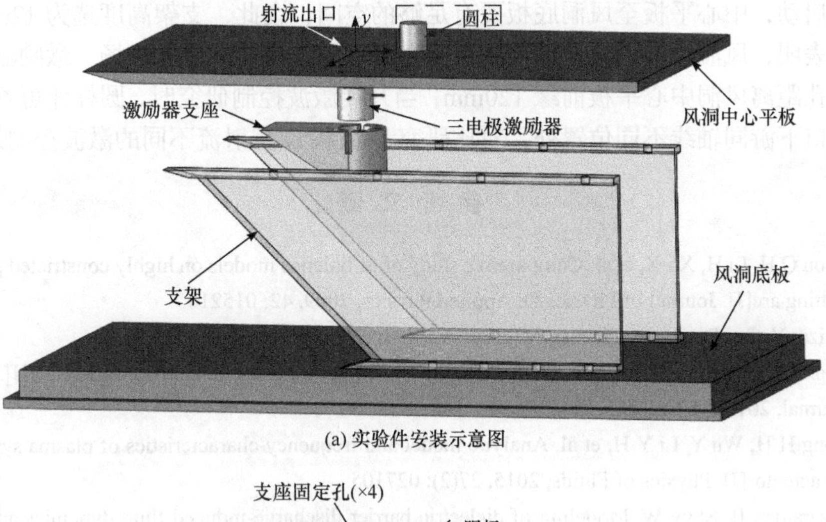

(a) 实验件安装示意图

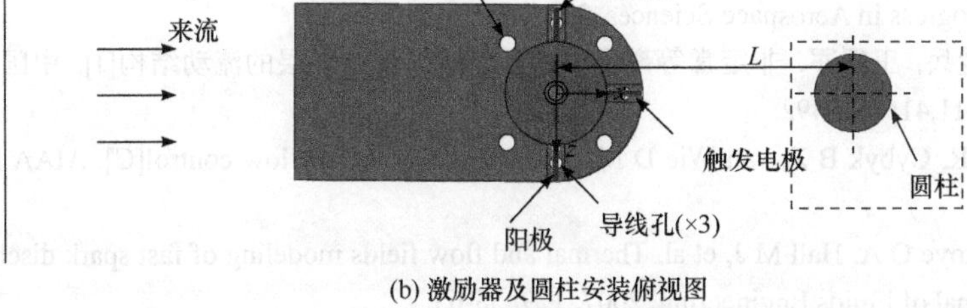

(b) 激励器及圆柱安装俯视图

图 2-21　实验件安装结构布局图及坐标定义

锐化的开有射流出口孔的风洞中心平板、三电极(等离子体高能合成射流)激励器、激励器支座、支架和风洞底板，当激励器用于激波控制时，还包括用于产生激波的直径为 15mm 的圆柱。

平板前缘下方斜激波结构的存在，使得平板下方流动的压力要大于平板上方流动的压力，平板下方的高压力流动可以从风洞实验段平板两侧的空隙进入平板的上方，导致流场出现压力脉动，会在平板上方超声速流场中产生弱激波，并导致边界层增厚。为隔离超声速流场中各安装组件产生的流场扰动，获得稳定的超声速层流实验流场，风洞中心平板尺寸选为 320mm(长)×196mm(宽)。中心平板上开的出口孔即作为等离子体合成射流的出口。激励器结构与前文中三电极等离子体合成射流激励器结构相同，其腔体高度和直径分别为 10mm 和 7.5mm，体积约为 450mm^3，阳极-阴极电极间距为 4mm。实验中为便于激励器的安装和固定，加工有呈梯形截面状的激励器支座，并通过螺栓连同激励器一起固定在中心平板下底面。支座上还开有导线孔，用于激励器电极与高压电源的连接。为保证实验的安全性，支座材料选用电绝缘性较好的聚四氟乙烯。中心平板通过一对不锈钢支架固定于风洞底板，为防止平板下方复杂的激波系结构引起实验段堵塞，导致风洞不启动，中心平板至风洞底板要有足够的空间，在此，支架高度选为 120mm。实验表明，风洞能够正常启动，平板上方可以建立稳定的层流流场。激励器射流出口孔距离风洞中心平板前缘 120mm，当开展激波控制研究时，圆柱体可置于射流出口下游同轴线不同位置处，对比研究 D 型和 U 型射流不同的激波控制效果。

参 考 文 献

[1] Zhou Q H, Li H, Xu X, et al. Comparative study of turbulence models on highly constricted plasma cutting arc[J]. Journal of Physics D: Applied Physics, 2009, 42: 015210.

[2] Raizer Y. Gas Discharge Physics[M]. New York: Springer Press, 1991.

[3] Popkin S H, Cybyk B Z, Foster C H, et al. Experimental estimation of sparkjet efficiency[J]. AIAA Journal, 2016, 54(6): 1831-1845.

[4] Zong H H, Wu Y, Li Y H, et al. Analytic model and frequency characteristics of plasma synthetic jet actuator[J]. Physics of Fluids, 2015, 27(2): 027105.

[5] Jayaraman B, Shyy W. Modeling of dielectric barrier discharge-induced fluid dynamics and heat transfer[J]. Progress in Aerospace Sciences, 2008, 44:139-191.

[6] 张攀峰, 刘爱兵, 王晋军. 非定常等离子激励器诱导平板边界层的流动结构[J]. 中国科学: 技术科学 2011,41: 482-492.

[7] Grossman K R, Cybyk B Z, van Wie D M. Sparkjet actuators for flow control[C]. AIAA Paper, 2003-57.

[8] Ekici O, Ezekoye O A, Hall M J, et al. Thermal and flow fields modeling of fast spark discharges in air[J]. Journal of Fluids Engineering, 2007, 129: 55-65.

[9] Naghizadeh-Kashani Y, Cressault Y, Gleizes A. Net emission coefficient of air thermal plasmas[J].

Journal of Physics D: Applied Physics, 2002, 35: 2925-2934.
[10] Capitelli M, Colonna G, Gorse C, et al. Transport properties of high temperature air in local thermodynamic equilibrium[J]. The European Physical Journal D: Atomic, Molecular, Optical and Plasma Physics, 2000, 11: 279-289.
[11] Anderson K V, Knight D D. Plasma jet for flight control[J]. AIAA Journal, 2012, 50(9): 1855-1872.
[12] Akram M. Two-dimensional model for spark discharge simulation in air[J]. AIAA Journal, 1996, 34: 1835-1842.
[13] Yakhot V, Orszag S A. Renormalization group analysis of turbulence: Ⅰ. Basic theory[J]. Journal of Scientific Computing, 1986, 1: 1-51.
[14] Belinger A, Hardy P, Barricau P, et al. Influence of the energy dissipation rate in the discharge of a plasma synthetic jet actuator[J]. Journal of Physics D: Applied Physics, 2011, 44: 365201.
[15] Narayanaswamy V, Raja L L, Clemens N T. Characterization of a high-frequency pulsed-plasma jet actuator for supersonic flow control[J]. AIAA Journal, 2010, 48(2): 297-305.
[16] Greason W D, Kucerovsky Z, Bulach S, et al. Investigation of the optical and electrical characteristics of a spark gap[J]. IEEE Transactions on Industry Applications, 1997, 33: 1519-1526.
[17] Belinger A, Hardy P, Gherardi N, et al. Influence of the spark discharge size on a plasma synthetic jet actuator[J]. IEEE Transactions on Plasma Science, 2011, 39: 2334.
[18] D'Angola A, Colonna G, Gorse C, et al. Thermodynamic and transport properties in equilibrium air plasmas in a wide pressure and temperature range[J]. The European Physical Journal D: Atomic, Molecular, Optical and Plasma Physics, 2008, 46: 129-150.
[19] 赵玉新. 超声速混合层时空结构的实验研究[D]. 长沙: 国防科技大学, 2008.
[20] 何霖. 超声速边界层及激波与边界层相互作用的实验研究[D]. 长沙: 国防科技大学, 2011.
[21] 王登攀. 超声速壁面涡流发生器流场精细结构与动力学特性研究[D]. 长沙: 国防科技大学, 2012.

第 3 章　等离子体高能合成射流放电及能量效率特性

3.1　引　　言

主动流动控制激励器需要引入额外辅助能量对流场施加扰动，在达到控制效果的前提下如何尽可能减小能量消耗是激励器需要解决的关键问题。等离子体合成射流激励器的应用对象主要为各类飞行器，由于载荷和空间的限制，飞行器所能携带的能源十分有限。因此，激励器的能量效率问题更加突出。

为了获得等离子体合成射流激励器能量效率变化规律、实现激励器能量效率优化提升，本章将开展等离子体合成射流激励器能量效率特性的研究。为便于分析，根据等离子体合成射流激励器的能量传递过程，可以将其总能量效率分解为三个部分，即放电效率、加热效率和喷射效率，如图 3-1 所示。激励器开启后，高压电源为放电电容充电，直至电容两端电压达到激励器正负电极之间气体间隙

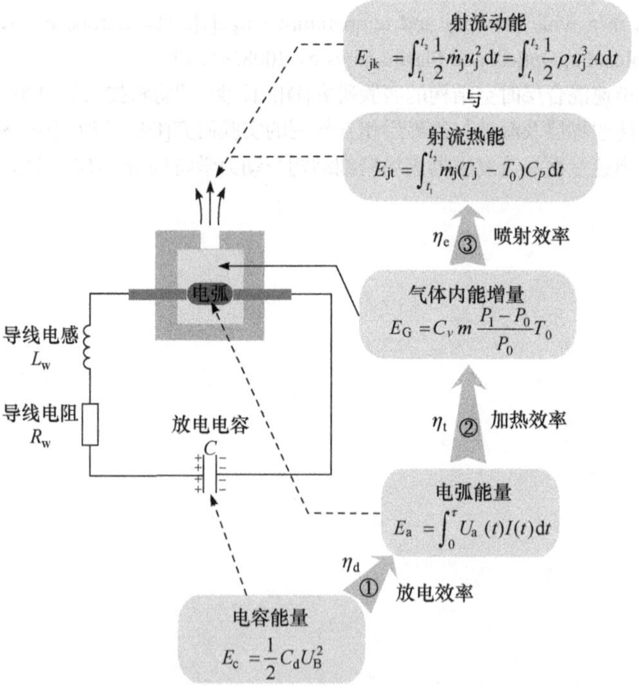

图 3-1　等离子体合成射流激励器能量传递过程及能量效率定义

的击穿电压，此时放电电容中所储存的能量达到最大值，这一部分能量称为电容能量，是单次放电过程中激励器消耗的总能量。空气击穿之后，激励器腔体内正负电极之间产生放电电弧，电弧所具有的能量称为电弧能量，由电容能量到电弧能量的转化效率称为放电效率。放电电弧的出现使得激励器腔体内产生大量由电子及正负离子组成的等离子体，正负带电粒子在电场的作用下被加速并发生相互碰撞，将一部分电能迅速转化为气体的内能，在宏观上表现为气体温度升高(焦耳加热效应)、压力增大，这一部分对于实现气体膨胀和射流产生有用的能量称为气体内能增量，由电弧能量到气体内能增量的转化效率称为加热效率。腔体内气体受热膨胀后从出口喷出，产生高温高速射流，射流所携带的热能及射流的动能之和称为射流能量，由气体内能增量到射流能量的转化效率称为喷射效率。

为了获得 PSJ 激励器能量效率变化规律、实现激励器能量效率优化提升，多个研究团队目前已经开展了有关激励器能量效率特性的大量研究工作。JHU-APL 最早开展了 PSJ 激励器能量效率的研究，通过测量激励器腔体压力估算的放电效率与加热效率之积约为 10%～35%[1]。UTA 详细分析了输入电能转化为气体热能的途径，结果显示，气体放电过程中电弧沉积的电能大部分用于电子焦耳加热，使得电子温度升高至 T_e，电子与中性粒子碰撞可以使其温度升高至振动激发温度 T_v；另有一部分用于重离子焦耳加热，使得离子温度达到 T_i；由于等离子体的非平衡性，电子温度 T_e 远大于宏观气体温度 T_g，而重离子温度 T_i 则约等于气体实际温度 T_g；重离子通过与中心粒子碰撞传递能量，高温电子通过弹性或非弹性碰撞(振动激发等)传递能量。UTA 分析指出，由于振动-平动弛豫时间较长，分子振动能无法转化为 PSJ 激励器可以有效利用的气体内能，在风洞实验较低静压(约 4.7kPa)情况下，分子振动能占比较高，电弧能量中仅有约 10%用于激励器腔体气体的加热，此时理论计算得到仅有约 0.06%的总能量转化为气体动能[2]。韩国蔚山大学 Shin[3]分析了腔体体积对加热效率的影响，指出由于放电直接加热体积有限，当腔体体积较大时加热形成腔内激波，激波会不断反射造成加热效率降低。ONERA 通过仿真研究了加热效率与气体喷射效率[4,5]，通过引入虚拟电阻模拟等离子体鞘层，研究了鞘层损失对效率的重要影响，仿真结果显示，鞘层损失能量约占电容储存能量的 60%，而辐射损失只有 2%；数值仿真计算的气体喷射效率约 40%，气体内能增量 39%转化为射流热能，只有约 1%转化为射流动能，60%仍然保留在激励器腔内。通过对比数值仿真与纹影实验可以得到射流速度。国防科技大学罗振兵和王林等[6,7]得到的放电效率与加热效率之积约为 5%，激励器总输入能量(即电容能量)到射流动能的转化效率约为 1.6%。新泽西州立大学 Golbabaei-As 等[8,9]设计了单摆装置进行激励器能量效率计算，比较了实验测试与理论计算的单摆角度，并计算了激励器的电能向腔内气体内能的转化效率，结果表明，转化效率低于 10%，而且效率随着激励器电容的增大而降低。

尽管前期研究已经取得了一些成果，但针对等离子体合成射流激励器完整工作周期能量效率的详细研究仍然比较匮乏。本章采用实验与数值计算相结合的方法对等离子体合成射流激励器的能量效率进行评估，并分析电极间距、放电电容等参数的影响。其中放电效率和加热效率可以通过放电波形、电路参数、腔体压力的实验测量进行评估。喷射效率的计算需要得到射流速度、温度和密度随时间的变化过程。射流持续时间很短(约几百微秒)，且参数变化剧烈，较难通过实验方法准确测量，因此采用数值方法进行计算。

3.2　放电特性及放电效率

3.2.1　电源系统

三电极等离子体高能合成射流电源系统包括直流电源和高压脉冲电源两个部分，如图 3-2 所示。其中直流电源用于稳定电弧放电的产生和大功率能量注入，是激励器工作的供能装置；高压脉冲电源输出的电压非常高，用于击穿气体通道，形成火花放电引燃电弧，火花放电持续时间极短，不足 0.1μs。这种火花放电引燃直流电弧稳定放电的电源设计，既可以减小电源功率和体积质量，又可以方便快捷地产生高能量的电弧放电。

(a) 直流电源

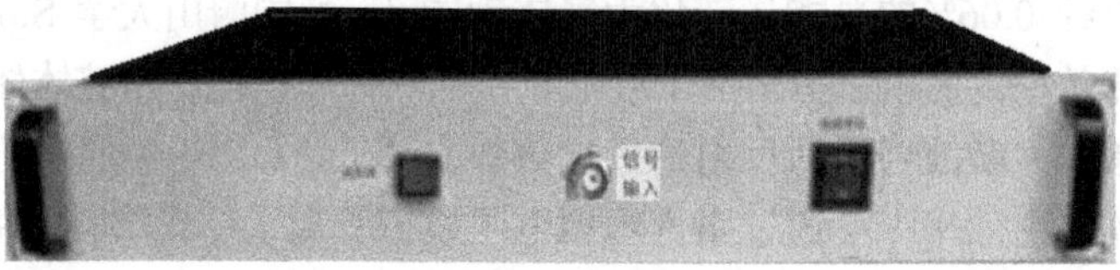

(b) 高压脉冲电源

图 3-2　三电极等离子体高能合成射流电源系统

3.2.1.1　直流电源

直流电源的组成一般包括四个部分[10]，即改变输入电压幅值的电源变压器、将交流电压变为单向脉动电压的整流电路、滤除波动信号保留直流信号的滤波电路和稳定直流输出电压的稳压部分，如图 3-3 所示。按输出直流电压相对于输入电压幅值的增大或减小，直流电源可以分为直流升压电源和直流减压电源。

直流升压电源的设计有各种不同的电压转换方法，传统的线性电源虽然电路结构简单、工作可靠，但它存在效率低、体积大、工作温度高及调整范围小等缺点。而开关式电源，效率可达 85%以上，变压范围宽、精度高，十分适用于等离子体合成射流容性电源的储能电容器充电。

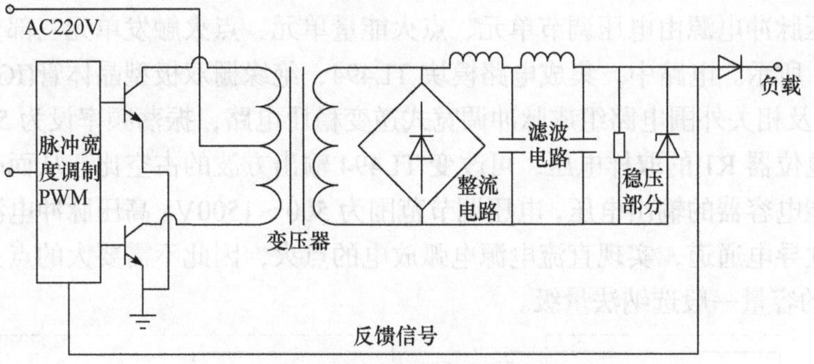

图 3-3　变压器推挽式直流开关电源电路

按照控制方式的不同，开关电源可分为调频式和调宽式两种。调频式开关电源具有静态功耗小的优点，但不能限流也无法连续工作。调宽式开关电源噪声低，满负载时效率较高，能在连续导电模式下工作，且技术成熟，是目前应用最多的一种开关电源控制方式[11]，适用于等离子体合成射流高压充电电源。按照拓扑结构的不同，调宽式开关电源又包括单端反激式、单端正激式、自激式、降压式、升压式、反转式和推挽式等[12]。对于等离子体合成射流激励器而言，最常用和有效的方法是采用变压器推挽式升压电路(如图 3-3 所示)。这种电路通过脉冲宽度调制器将直流信号转化高频方波，通过设置不同的变压器原副边，实现不同的升压比，再通过二极管和晶体管等元件整流滤波，将交流电在输出之前重新转换成直流。这种电源方案不仅因为采用了变压器，能起到电路隔离、降低电磁干扰的作用，同时具有输出纹波小、功率较大等优点。在进行电源设计时，为避免激励器电极放电时产生的反向电压对高压充电电源造成损害，在电源输出端增加了耐高压大功率二极管。

在电容器充电方式中，恒压充电方式主要优势体现在充电时间上，但充电初始电流过大，容易造成储能电容器损坏。同时，采用恒压充电电源，在重复充放电工作模式下，经过多次充放电周期后，储能电容上的电压会远远大于电源输出电压[13]，这会导致激励器电极放电能量的不稳定，增加电路负荷，降低激励器工作的可重复性。而采用恒流小电流充电方式，不仅能有效保护了储能电容器和充电电源，而且具有更高的充电效率。

依据以上技术基础，高压直流电源指标确定如下。

(1) 电源类型：变压器推挽式开关电源。

(2) 输入特性：220V，50Hz。

(3) 充电方式：恒流充电；充电电压：0～5000V；充电电流：0～200mA。

(4) 电源输出端设置保护和吸收电路，防止激励器电极放电时产生的反向电压对电源造成损害；同时，设置输出电压反馈电路，确保电容器不过充。

3.2.1.2 高压脉冲电源

高压脉冲电源由电压调节单元、点火能量单元、点火触发单元三部分组成，如图 3-4 所示。电路中，集成电路模块 TL494、绝缘栅双极型晶体管(IGBT)、变压器 T1 及相关外围电路组成脉冲调宽式逆变稳压电路，振荡频率设为 5kHz。通过调节电位器 R1 的取样电压，可改变 TL494 输出方波的占空比，从而改变点火电路储能电容器的输出电压，电压调节范围为 500～1500V。高压脉冲电源的作用只是建立导电通道，实现直流电源电弧放电的点火，因此不需要大的点火能量，电容 C 的容量一般选纳法量级。

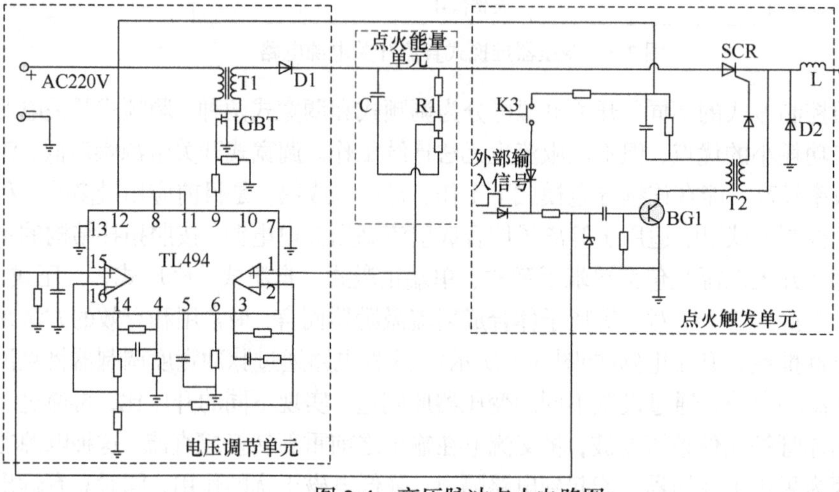

图 3-4 高压脉冲点火电路图

工作时，IGBT 在 TL494 输出方波的推动下，经升压变压器 T1，获得高压脉冲输出，经高压高频二极管 D1 整流后，对储能电容器 C 充电。可控硅 SCR 作为高压回路放电开关，与变压器 T2 和三极管 BG1 等组成点火触发单元。当外接触发信号为高电平(或手动触发开关 K3 闭合)时，BG1 导通，经 T2 输出高电平脉冲，触发 SCR，使得点火储能电容器上所储电能经触发电极放电，形成点火火花放电，其点火电压可以高达 20kV，点火频率可以通过外触发信号调整。为减小点火电流控制点火能量，电路中加入电感 L，起限流保护的作用。

3.2.2 放电特性分析

三电极等离子体合成射流激励器放电图像如图 3-5 所示，其中图 3-5(a)为相机帧频 100kHz 获得的放电电容为 1.6μF 时激励器不同放电阶段图像，图 3-5(b)为 Golbabaei-Asl 等[8]采集到的三电极激励器放电电弧结构图像。由图 3-5(a)可知，三电极激励器的放电过程经历触发、放电增强、放电衰减和电弧熄灭四个阶段。高压脉冲电源首先在激励器负极和触发电极间建立强度较弱的放电通道，起到引燃电弧的作用。随后由储能电容两端高压建立并维持大功率的电弧放电，实现激励器腔内能量注入，此时腔体内放电呈亮白色。随着电容内能量的释放，放电强度减弱，放电也逐渐变为黄白色。进入放电结束阶段，放电强度进一步减弱，腔体内已没有明显的电弧结构存在，电弧熄灭，一次放电过程结束。

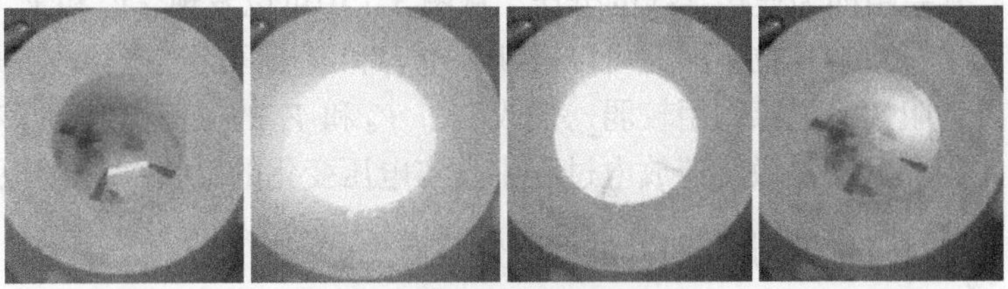

触发　放电增强　放电衰减　电弧熄灭

(a) 三电极激励器放电发展过程

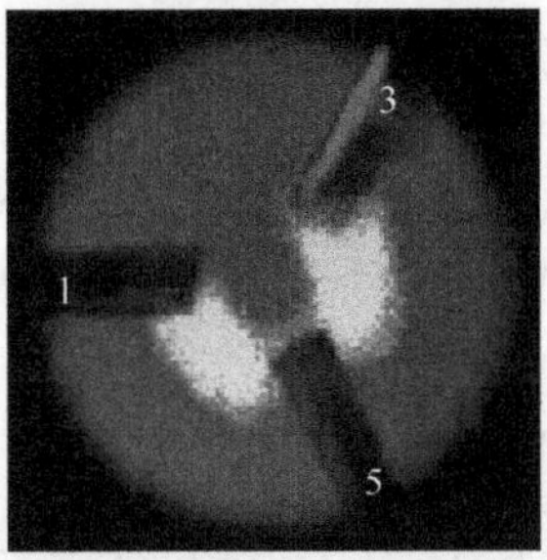

(b) 三电极激励器放电电弧结构[8] 1. 阳极；3. 阴极；5. 触发电极

图 3-5　三电极等离子体合成射流激励器放电图像

图 3-5(b)获得了清晰的三电极激励器放电电弧结构图像，其结果表明，三电极激励器放电过程中，将会在阳极-触发电极-阴极间建立两段主放电电弧，相对于两电极激励器，可以增大电弧间距，实现激励器腔内气体的充分加热，提高电弧能量利用效率，改善激励器工作性能，具体对比如图 3-6 所示。

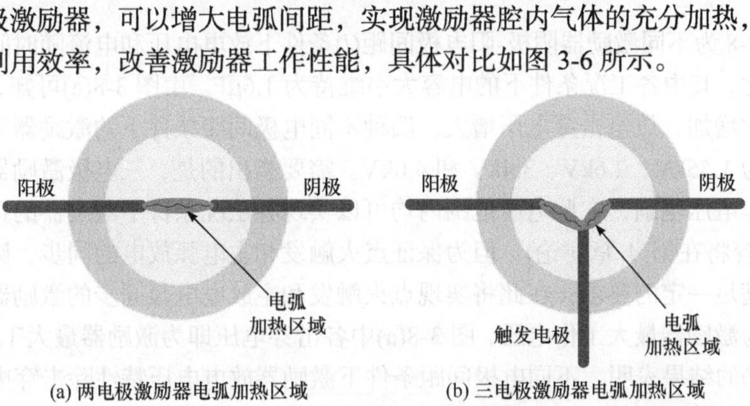

(a) 两电极激励器电弧加热区域　(b) 三电极激励器电弧加热区域

图 3-6　两电极和三电极等离子体激励器放电电弧加热区域对比

图 3-7 为三电极等离子体合成射流激励器工作过程中放电电压与电流随时间的变化过程，其中 V_c 为电容端电压，V_e 为激励器正极端电压，I_e 为放电电流。激励器工作条件为：阴极-阳极间距 4mm，放电电容 1.6μF。由图可知，激励器工作击穿电压约为 3.4kV，放电峰值电流约为 3.65kA，放电时间约为 35μs。根据放电特性分类，三电极激励器放电仍为火花电弧放电，放电时间与图 3-5(a)的放电图像变化也基本相符。由于电容与激励器正极间连接导线的电阻作用，V_e 和 V_c 振荡幅值不同，其差距即为连接导线的分压。从图 3-7 中可以发现，V_e 和 V_c 在变化过程中具有几乎一致的相位，因此可以推断，电容和电极间的连接导线在放电过程中主要表现为阻性，电感作用较弱，仅改变了 V_e 和 V_c 的振荡幅值而没有引起明显的相位差异。V_e 才是激励器放电过程中真实电压变化的反映，放电电弧能量通过式 $E_a = \int_0^{\tau} U_a(t)I(t)\mathrm{d}t$ 对 V_e 和 I_e 进行积分获得。

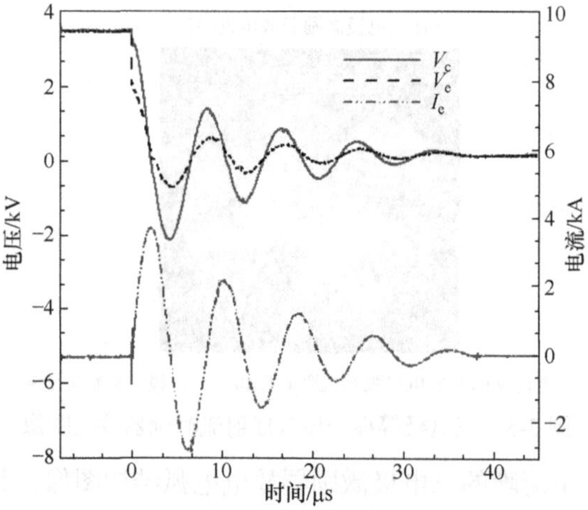

图 3-7　三电极激励器放电电压与电流变化

图 3-8 为不同激励器阴极-阳电极间距(l)条件下放电电压和电流随时间的变化结果对比，其中各工况条件下的电容大小维持为 1.6μF。由图 3-8(a)可知，随着电极间距的增加，放电击穿电压增大，四种不同电极间距条件下的激励器工作电压分别约为 1.55kV、2.6kV、3.4kV 和 4.0kV。需要指出的是，三电极激励器具有一定的工作电压范围，在此电压范围内均可以实现各工况条件下激励器的正常工作(具体内容将在第 4 章讨论)，但为保证点火触发和主电弧放电的同步，则工作电压需要满足一定的要求，在此将实现点火触发和主放电电弧同步的激励器工作电压定义为激励器最大工作电压，图 3-8(a)中各击穿电压即为激励器最大工作电压。图 3-8(a)的结果表明，不同电极间距条件下激励器放电电压特性除击穿电压及伴随的振荡幅值不同外，放电时间和振荡频率基本一致。由图 3-8(a)中击穿电压随

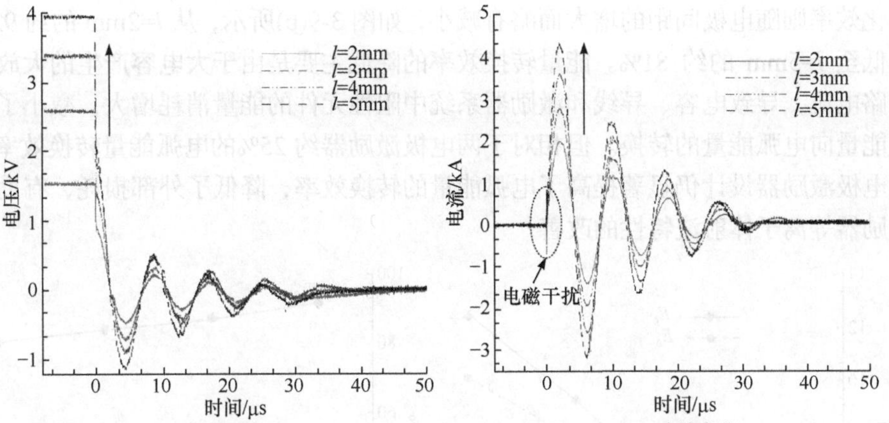

(a) 电压变化　　(b) 电流变化

图 3-8　三电极激励器不同电极间距放电特性对比

电极间距变化关系，可以推算三电极激励器工作击穿电压约为 0.8kV/mm。均匀场强中，两电极激励器气体击穿电压可以表示为

$$U_{\mathrm{b}} = 3d + 1.35 \tag{3-1}$$

其中，U_{b} 和电极间距 d 的单位分别为 kV 和 mm。对于直径 1mm 的两电极激励器，由于电极电场的非均匀性，3mm 电极间距条件下的击穿电压约为 7.2kV。根据图 3-8(a)，同为 3mm 电极间距，三电极激励器工作击穿电压仅约为两电极激励器 1/3。因此，三电极激励器具有降低激励器工作击穿电压的优势，同时具有减小电源体积和质量，实现激励器系统小型化设计的潜能。

图 3-8(b)表明，放电电流具有随电极间距的增加而增大的变化趋势，这是由于在电容大小固定条件下，根据 RLC 电路峰值电流计算公式

$$I_{\max} = V_{\mathrm{BD}} \cdot \sqrt{\frac{C}{L}} \mathrm{e}^{-\frac{\pi R}{4}\sqrt{\frac{C}{L}}}$$

工作击穿电压的升高伴随着放电电流的增大，四种电极间距条件下的放电峰值电流分别约为 2.0kA、2.8kA、3.6kA 和 4.3kA。由于放电过程中的电磁干扰作用，放电开始阶段电流变化受到一定的影响，表现出高频波动性。相对于两电极激励器放电电流变化，三电极激励器放电过程中的电磁干扰作用明显减弱。

击穿电压及放电电流的增大，将同时增大电路中电容能量和放电电弧能量。图 3-9 为不同电极间距条件下三电极激励器能量大小及转换特性对比。由图 3-9(a)可知，随着电极间距的增大，电容能量 E_{c} 和电弧能量 E_{a} 均增大，分别从电极间距 2mm 的 2.1J 和 1.9J 增大至 5mm 电极间距条件下的 12.5J 和 10.1J。电极间距增大 1.5 倍，使得电容能量和电弧能量均增大了 4～5 倍。电容能量向电弧能量的

转化效率则随电极间距的增大而略有减小，如图 3-9(b)所示，从 l=2mm 的约 92%降低至 l=5mm 的约 81%。能量转换效率的降低主要是由于大电容产生的大放电回路电流，导致电容、导线和激励器系统中阻性元件的能量消耗增大，减小了电容能量向电弧能量的转换。但相对于两电极激励器约 25%的电弧能量转换效率，三电极激励器设计仍显著提高了电弧能量的转换效率，降低了外部损耗，有助于激励器等离子体射流特性的改善。

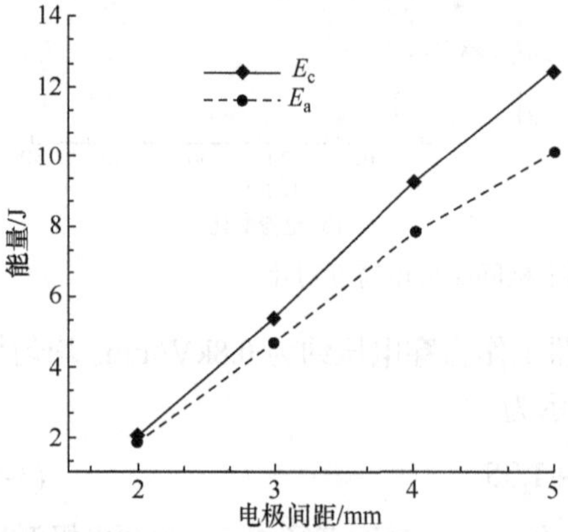

(a) 电容能量与电弧能量

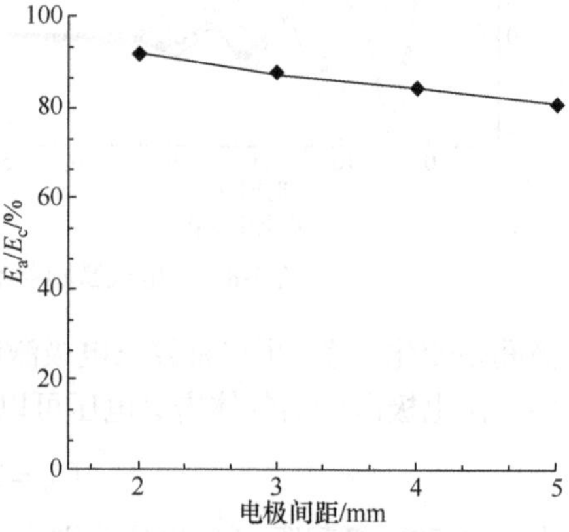

(b) 能量转换效率

图 3-9 三电极激励器不同电极间距条件下能量特性

电容大小是影响激励器放电特性与能量特性的另一个重要因素，不同电容条件下激励器放电电压与电流变化对比如图 3-10 所示。由图 3-10(a)可知，电容的增大对激励器工作击穿电压和电压振荡幅值的影响不大，但可以明显增加放电持续时间和放电振荡周期。0.16μF 和 3μF 条件下的放电时间、振荡周期分别约为 15μs、2.8μs 和 35μs、11.2μs。放电时间的增加，可以实现激励器腔体更长时间的加热，有助于激励器工作性能的提高。振荡周期的增加，主要是由于放电电容的增大，导致激励器放电等效 RLC 电路的放电特征时间τ($\tau=RC$)增大，使得放电衰减变缓，周期增大。图 3-10(b)表明，大放电电容可以产生大放电电流，电容从 0.16μF 增加到 3μF，放电峰值电流从 1.4kA 增加到 4.9kA，这也与大电容产生更大放电电流的关系一致。

电容的增大可以产生更大的放电电流，在工作击穿电压不变的条件下，也可以同时增大电容能量和电弧能量，具体能量大小和转换特性随不同电容的变化情况如图 3-11 所示。根据式(2-1)，电容能量随电容的增大呈正比增大，如图 3-11(a)所示。而电弧能量的增加则随着电容的增大，增速逐渐变缓，表现在图 3-11(a)中即为 E_c 和 E_a 间的差距越来越大，表现在能量转换效率上则如图 3-11(b)所示，随着电容的增加，电容能量向电弧能量转换效率逐渐减小，由 0.16μF 时的 96%降至 3μF 时的 80%。

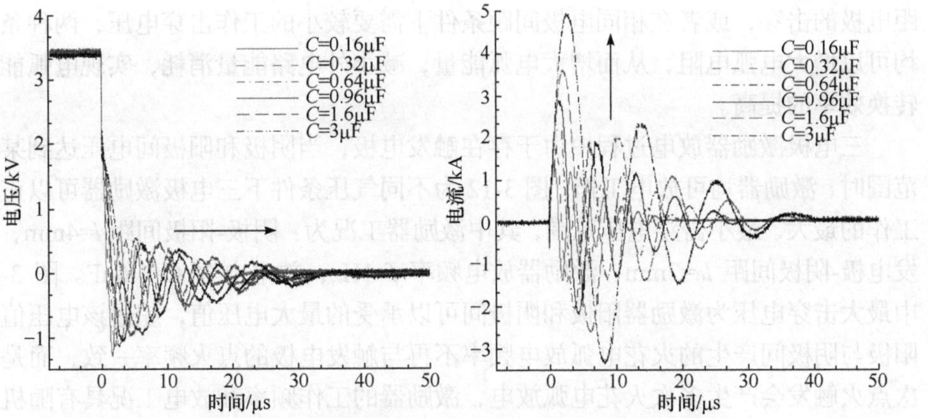

(a) 电压变化　(b) 电流变化

图 3-10　三电极激励器不同电容条件下放电特性对比

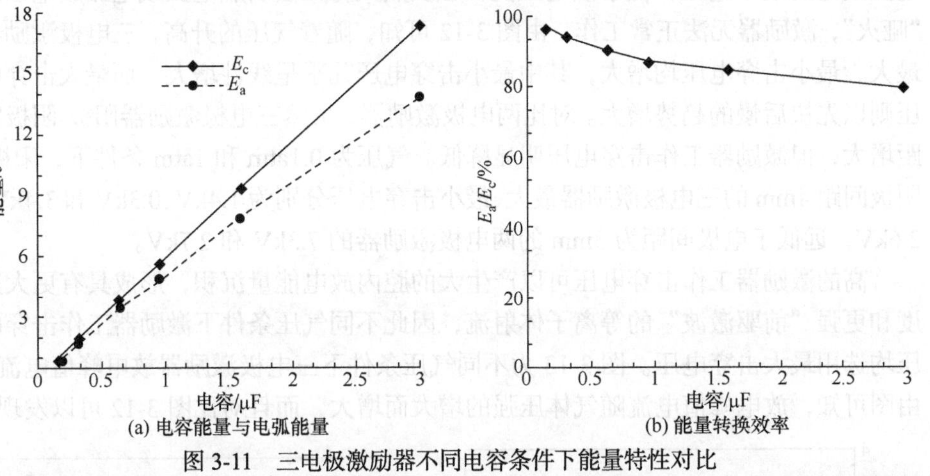

(a) 电容能量与电弧能量　(b) 能量转换效率

图 3-11　三电极激励器不同电容条件下能量特性对比

综合不同电极间距和不同电容条件下激励器放电电压与电流及能量转换特性可以发现，虽然电极间距和电容的增大会导致电弧能量效率的降低，但各实验工况的能量转换效率仍维持在较高水平(≥80%)，相对于两电极激励器均有较大提高。三电极激励器能量转换效率的提高由其特殊的结构设计产生。根据欧姆定律，电弧能量还可以表示为

$$E_a = \int_0^{t_f} u(t) i(t) \mathrm{d}t = \int_0^{t_f} i(t)^2 r(t) \mathrm{d}t \tag{3-2}$$

其中，$u(t)$、$i(t)$、$r(t)$分别为电弧电压、电流、电阻。电弧电阻与电极间电场强度E_E的关系为

$$r \propto \frac{1}{E_E} = \frac{l}{V_e} \tag{3-3}$$

相对于两电极激励器，三电极激励器可以在相同击穿电压条件下实现更大间

距电极的击穿，或者在相同电极间距条件下需要较小的工作击穿电压，两种条件均可以增大电弧电阻，从而增大电弧能量，减小外电路能量消耗，实现电弧能量转换效率的提高。

三电极激励器放电过程中由于存在触发电极，当阴极和阳极间电压达到某一范围时，激励器均可放电工作。图 3-12 为不同气压条件下三电极激励器可以正常工作的最大、最小击穿电压范围，其中激励器工况为：阴极-阳极间距 l=4mm，触发电极-阴极间距 l_0=2mm，激励器放电频率 f=1Hz，放电电容 C=1.6μF。图 3-12 中最大击穿电压为激励器阳极和阴极间可以承受的最大电压值，超过该电压值，阳极与阴极间产生的火花电弧放电频率不再与触发电极的点火频率一致，而是一次点火触发会产生多次火花电弧放电，激励器的工作频率和放电工况具有随机性而不可控。最小击穿电压为当触发电极点火时，阳极与阴极间可以正常建立火花电弧放电的最小电压，低于该电压值，触发点火将无法引燃电弧或电弧放电出现“哑火”，激励器无法正常工作。由图 3-12 可知，随着气压的升高，三电极激励器最大、最小击穿电压均增大，其中最小击穿电压几乎呈线性增大，而最大击穿电压则以先快后慢的趋势增大。对比两电极激励器，虽然三电极激励器阳极-阴极间距增大，但激励器工作击穿电压明显降低。气压为 0.1atm 和 1atm 条件下，阳极-阴极间距 4mm 的三电极激励器最大、最小击穿电压分别为 1.4kV、0.3kV 和 3.4kV、2.6kV，远低于电极间距为 3mm 的两电极激励器的 7.3kV 和 2.7kV。

高的激励器工作击穿电压可以产生大的腔内放电能量沉积，形成具有更大速度和更强“前驱激波”的等离子体射流，因此不同气压条件下激励器工作击穿电压均选用最大击穿电压。图 3-13 为不同气压条件下三电极激励器放电峰值电流。由图可知，放电峰值电流随气体压强的增大而增大，而且对比图 3-12 可以发现，

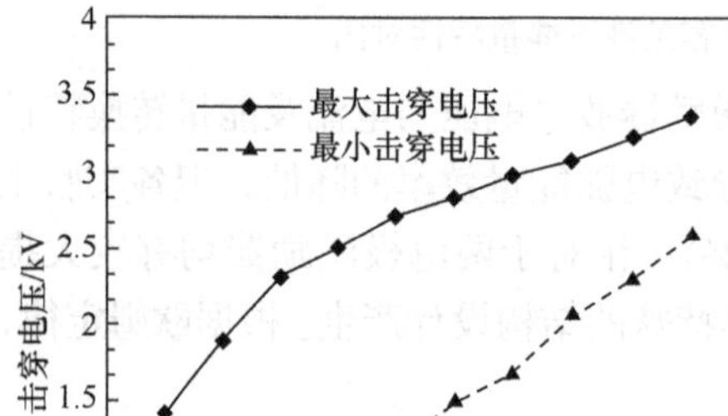

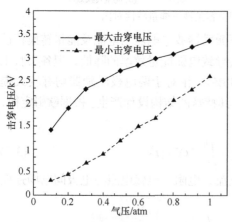

图 3-12　三电极激励器最大、最小工作击穿电压随气体压强的变化

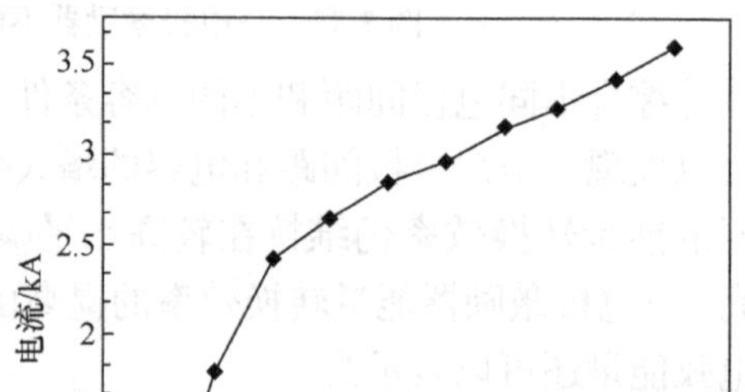

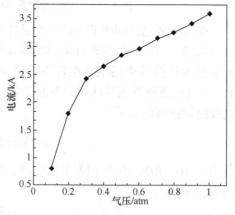

图 3-13　不同气压条件下三电极激励器放电峰值电流

峰值电流随气压的变化具有与最大击穿电压随气压相同的变化趋势，即不同气压条件下三电极激励器放电特性仍满足 RLC 电路电压-电流关系。

低的工作击穿电压和大的放电峰值电流对三电极激励器不同气压条件下能量特性的影响如图 3-14 所示。由图 3-14(a)可知，随着气压的升高电容器储能及放电电弧能量均快速增大，分别从 0.1atm 条件下的 1.62J 和 1.48J 增加至 1.0atm 条件下的 9.1J 和 7.8J，均增加了 4 倍多。三电极激励器工作过程中电容器可以向火花电弧传递更多的能量，具体传递效率如图 3-14(b)所示。图 3-14(b)表明，由直流电源和高压脉冲电源供能的三电极激励器系统，其电容器能量传递效率可以高达 85%，而且不同气压条件下能量传递效率基本不变。相对于两电极激励器结构及供给电源系统，三电极激励器系统具有更高的能量传递和利用效率。电弧能量沉积的增加，对于实现激励器腔内气体的充分加热，提高射流速度和前驱激波强度具有重要作用。

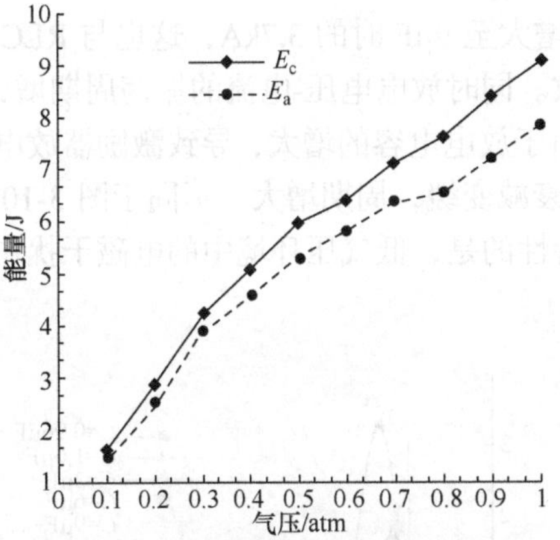

(a)电容能量与电弧能量

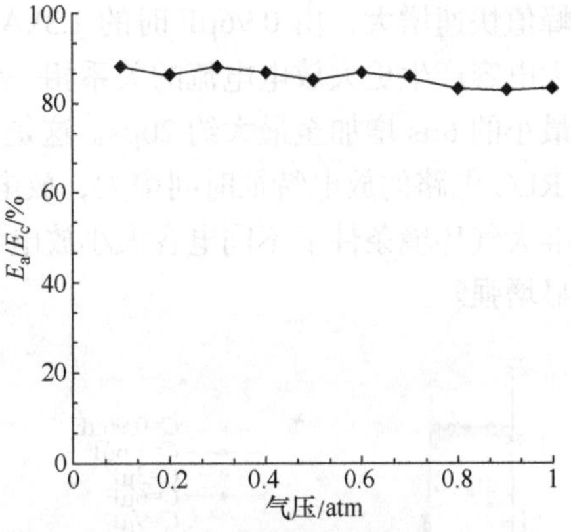

(b) 能量传递效率

图 3-14　不同气压条件下三电极激励器能量特性

由图 3-15 可知，三电极激励器火花电弧放电产生的沉积能量(Q)与腔内初始能量(E)之比(Q/E)随着气压的升高整体上呈减小趋势。Q/E 在气压为 0.1atm 时达到最大值 56，相对于两电极激励器增大了约 3.8 倍。与两电极激励器不同气压条件下的 Q/E 相比，三电极激励器明显增大。因此，三电极激励器将可以实现腔内气体更大的相对温升和压升，产生控制能力更强的等离子体射流。

图 3-16 为气压为 0.13atm 时不同放电电容条件下测得的以最大工作击穿电压的激励器放电电压及电流波形，图中测量结果为 5 次测量结果的平均值。由图 3-16(a)可知，激励器最大工作击穿电压约为 1.6kV，而且不同电容大小的击穿电压基本恒定，这也表明在给定实验工况条件下，气体放电击穿电压仅是气体压强和电极间隙乘积的函数。图 3-16(b)的结果表明，随着放电电容的增大，放电电

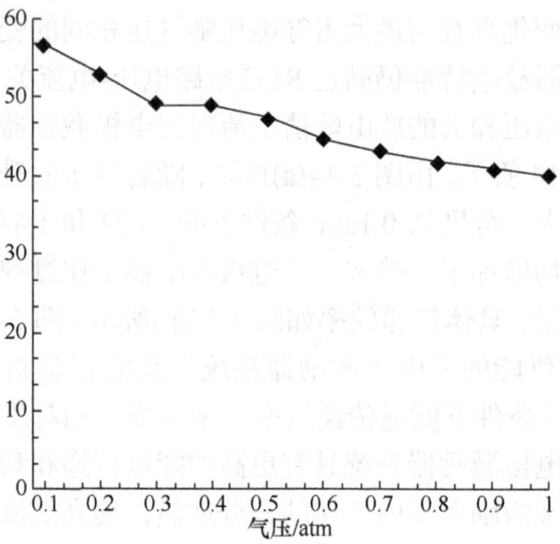

图 3-15　三电极激励器电弧沉积能量与腔内初始能量之比随气压的变化

流峰值快速增大，由 0.96μF 时的 1.3kA 增大至 9μF 时的 3.7kA，这也与 RLC 电路大电容产生更大放电电流的关系相一致。同时放电电压-电流的振荡周期增大，从最小的 6μs 增加至最大约 20μs。这是由于放电电容的增大，导致激励器放电等效 RLC 电路的放电特征时间增大，放电衰减变缓，周期增大。不同于图 3-10 中标准大气环境条件下不同电容大小放电特性的是，低气压环境中的电磁干扰作用明显增强。

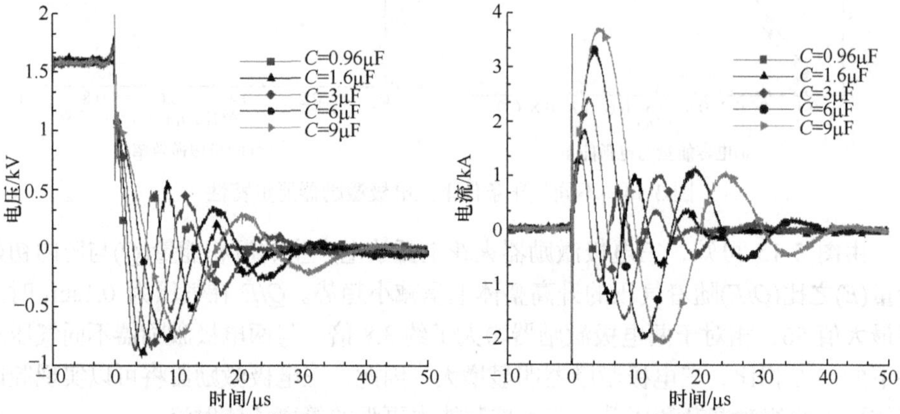

(a) 放电电压波形　　　　(b) 放电电流波形

图 3-16　p=0.13atm 时不同电容条件下激励器放电特性

在固定工作击穿电压条件下，放电电流随着放电电容的增大而增大，因此电容的增大可以同时增大电容能量及电弧沉积能量，图 3-17 给出了不同电容条件下的激励器能量特性。根据电容能量计算式(2-1)，当放电电压给定时，电容能量随电容按正比关系增大，如图 3-17(a)所示。由图 3-16 知，电容从 0.96μF 到 9μF 增大了约 8 倍，而峰值电流仅增加了约 2 倍，即放电电弧能量随电容的增大其增大幅度变小，在图 3-17(a)表现为能量 E_a 与 E_c 差距随电容的增大逐渐增大。电容能量向电弧能量的具体传递效率如图 3-17(b)所示。由图可知，当电容较小时(如 C=0.96μF 或 1.6μF)，能量传递维持较高的效率，约为 90%。随着放电电容的增大，能量传递效率开始减小，当 C=9μF 时，效率降低至约为 70%，更多的能量消耗在外电路中，不利于激励器工作性能的提升。

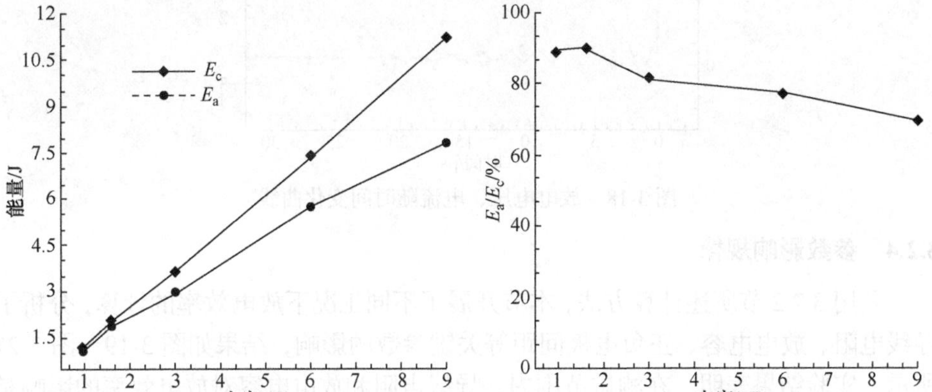

(a) 电容能量与电弧能量　　(b) 能量传递效率

图 3-17　不同电容条件下激励器能量特性

3.2.3　放电效率计算方法

采用高压探头对正负电极两端的电压波形进行了测量，采用 Pearson 电流线圈对放电回路的电流波形进行了测量，测量结果如图 3-18 所示。电源开启后为放电电容不断充电，在 0μs 时刻，放电电容两端的电压达到了正负电极之间气体间隙的击穿电压 U_b，使得正负电极之间发生火花电弧放电，此时电容中储存的能量即电容能量 E_c，其计算方法见式(2-1)。

本工况下的放电电容 C 为 83.42nF，由图 3-18 可知击穿电压 U_b 约为 5.47kV，因此可以求得电容能量为 1254.8mJ。电弧能量 E_a 的计算方法为

$$E_a = \int_0^{\tau} U_a I \mathrm{d}t \tag{3-4}$$

其中，U_a 表示电弧两端的电压，可以近似认为等于图 3-18 中测得的正负电极两端的电压；I 表示放电回路的电流；τ 表示放电时间，本工况中在放电 25μs 后电压与电流已基本接近零值，因此在计算中 τ 的取值设为 25μs。利用式(3-4)计算可得电弧能量约为 502.2mJ，放电效率 $\eta_d(E_a/E_c)$等于 40%。

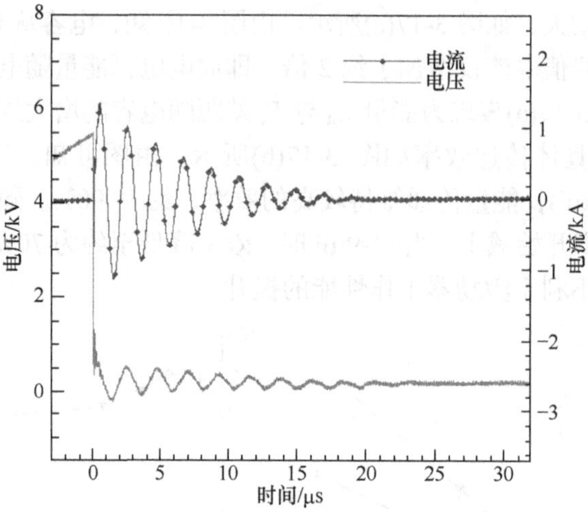

图 3-18　放电电压、电流随时间变化曲线

3.2.4　参数影响规律

利用 3.2.2 节所述计算方法，本节开展了不同工况下放电效率的计算，分析了导线电阻、放电电容、正负电极间距等关键参数的影响，结果如图 3-19～图 3-21 所示。实验结果表明，在测试范围内，导线电阻和放电电容对放电效率的影响是单调的，而且影响显著。增加导线电阻或放电电容将导致放电效率下降，特别是当导线电阻相对较小时，放电效率受到显著影响。例如，当导线电阻从 82.8mΩ增加到 797.5mΩ时，放电效率的降低高达 44%。但是，当导线电阻从 1413mΩ增加到 9909mΩ时，放电效率仅降低 7%左右。放电效率的下降也随着放电电容的增加而减慢，但并不显著。相比之下，正负电极间距对放电效率的影响相对较小。如图 3-21 所示，在四个电极距离条件下，放电效率保持为 39%～43%。

此外，不同工作方式(两电极或三电极)条件下放电效率对比如表 3-1 所示。对比工况 3-1 与 3-2 可知，除工作方式外，两者的放电电容、电极间距、导线电阻完全相同，三电极工作方式可以通过点火电极放电产生的等离子体通道降低正负电极之间的击穿电压，因此在电极间距完全相同的情况下，工况 3-1 的击穿电压高达 5.7 kV，电容能量为 1250 mJ，而工况 3-2 的击穿电压仅为 2.3 kV，电容能量为 210 mJ，相当于三电极采用了更小的电容，电容较小、放电能量较低时的放电效率较高，因此在此条件下三电极的放电效率要远高于两电极放电。为了排除放电能量的影响，工况 3-3 与 3-4 中通过调整参数使得两电极与三电极放电的能量基本相同，其中工况 3-3 中相比三电极放电采用了较小的电容，而工况 3-4 中采用了较窄的电极间距(降低了击穿电压)，结果显示，采用小电容、大电极间距形式的两电极放电效率基本接近三电极放电，而采用大电容、小电极间距形式的两电极放电效率虽然相比工况 3-1 有提高，但是放电效率仍然比三电极放电降低较多。

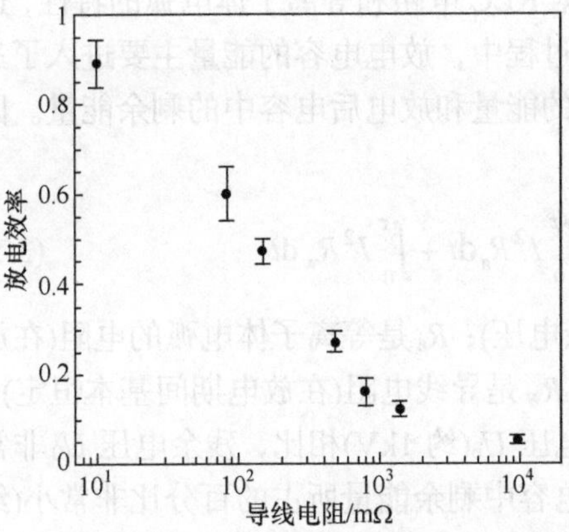

图 3-19　不同导线电阻条件下放电效率对比

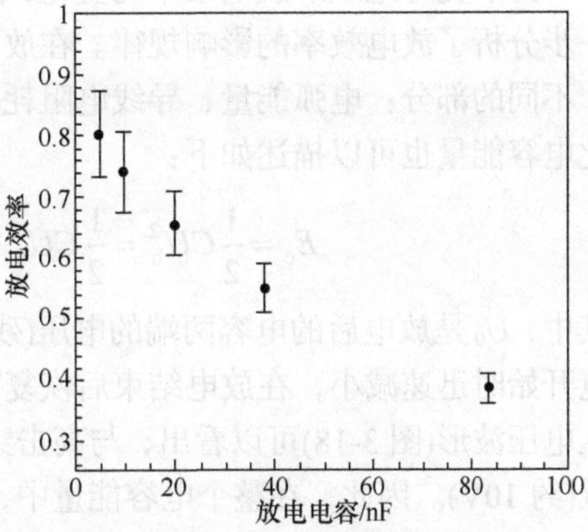

图 3-20　不同放电电容条件下放电效率对比

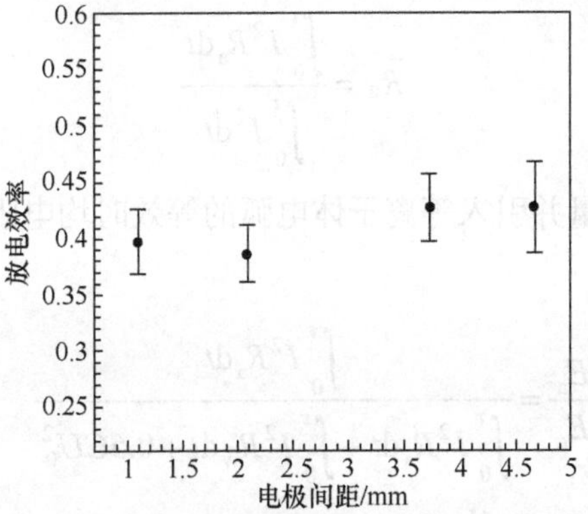

图 3-21　不同电极间距条件下放电效率对比

表 3-1　两电极、三电极激励器放电效率对比

参数	工况			
	3-1	3-2	3-3	3-4
工作方式	两电极	三电极	两电极	两电极
导线电阻/mΩ	185	185	185	185
放电电容/nF	83.42	83.42	15.21	83.42
电极间距/mm	2.36	2.36	2.36	0.56
击穿电压/kV	5.7	2.3	5.7	2.3
电容能量/mJ	1250	210	230	210
放电效率/%	32	69	67	50

为了更好地理解放电效率的变化，根据 RLC 电路和等离子体电弧的特性，进一步分析了放电效率的影响规律。在放电过程中，放电电容的能量主要进入了三个不同的部分：电弧能量、导线电阻耗散的能量和放电后电容中的剩余能量。因此电容能量也可以描述如下：

$$E_{\mathrm{c}}=\frac{1}{2}CU_{\mathrm{b}}^{2}=\frac{1}{2}CU_{0}^{2}+\int_{0}^{\tau}I^{2}R_{\mathrm{a}}\mathrm{d}t+\int_{0}^{\tau}I^{2}R_{\mathrm{w}}\mathrm{d}t \tag{3-5}$$

其中，U_0是放电后的电容两端的电压(残余电压)；R_{a}是等离子体电弧的电阻(在放电开始时迅速减小，在放电结束后恢复)；R_{w}是导线电阻(在放电期间基本恒定)。从电压波形(图 3-18)可以看出，与高击穿电压 U_{b}(约 1kV)相比，残余电压 U_0 非常低(约 10V)。因此，在整个电容能量中，电容中剩余能量所占的百分比非常小(约 0.01%)，在计算中可以忽略。此外，为了便于分析，定义等离子体电弧的等效时均电阻如下：

$$\overline{R}_{\mathrm{a}}=\frac{\int_{0}^{\tau}I^{2}R_{\mathrm{a}}\mathrm{d}t}{\int_{0}^{\tau}I^{2}\mathrm{d}t} \tag{3-6}$$

忽略电容剩余能量并引入等离子体电弧的等效时均电阻后，放电效率可以简化如下：

$$\begin{aligned}\eta_{\mathrm{d}}&=\frac{E_{\mathrm{a}}}{E_{\mathrm{c}}}=\frac{\int_{0}^{\tau}I^{2}R_{\mathrm{a}}\mathrm{d}t}{\int_{0}^{\tau}I^{2}R_{\mathrm{a}}\mathrm{d}t+\int_{0}^{\tau}I^{2}R_{\mathrm{w}}\mathrm{d}t+0.5CU_{0}^{2}}\\&\approx\frac{\int_{0}^{\tau}I^{2}\overline{R}_{\mathrm{a}}\mathrm{d}t}{\int_{0}^{\tau}I^{2}\overline{R}_{\mathrm{a}}\mathrm{d}t+\int_{0}^{\tau}I^{2}R_{\mathrm{w}}\mathrm{d}t}=\frac{\overline{R}_{\mathrm{a}}}{\overline{R}_{\mathrm{a}}+R_{\mathrm{w}}}=\frac{1}{1+R_{\mathrm{w}}/\overline{R}_{\mathrm{a}}}\end{aligned} \tag{3-7}$$

可以看出，放电效率基本上由 RLC 回路的电阻比($R_{\mathrm{w}}/\overline{R}_{\mathrm{a}}$)决定。放电效率随导线电阻或电弧电阻的变化曲线如图 3-22 所示，当两者相等时放电效率为 50%，随着电阻比的增大，放电效率呈减速递减趋势。在实验中，可以通过电桥测量导线电阻。然而，等离子体电弧的电阻相对难以确定，一般来说，它有以下关系：

$$\overline{R}_{\mathrm{a}}\propto\frac{L_{\mathrm{a}}}{\sigma_{\mathrm{p}}} \tag{3-8}$$

其中，L_{a}是电弧的长度；σ_{p}是等离子体的平均电导率。不同气压条件下等离子体电导率随温度的变化曲线如图 3-23 所示，由图可知，在 50～26000K，等离子体的电导率基本随温度升高而增大。

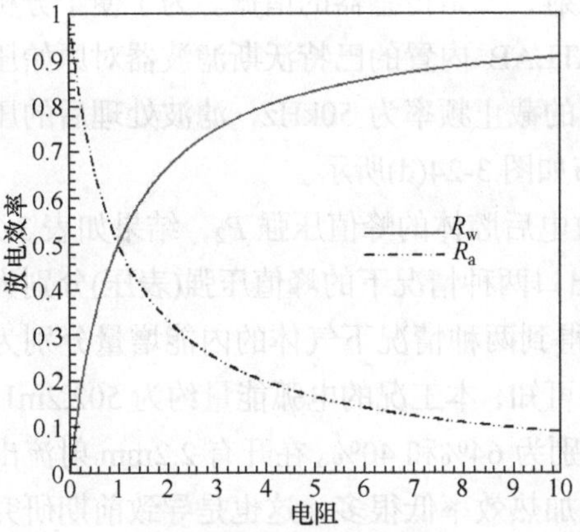

图 3-22　放电效率随导线电阻或电弧电阻变化曲线

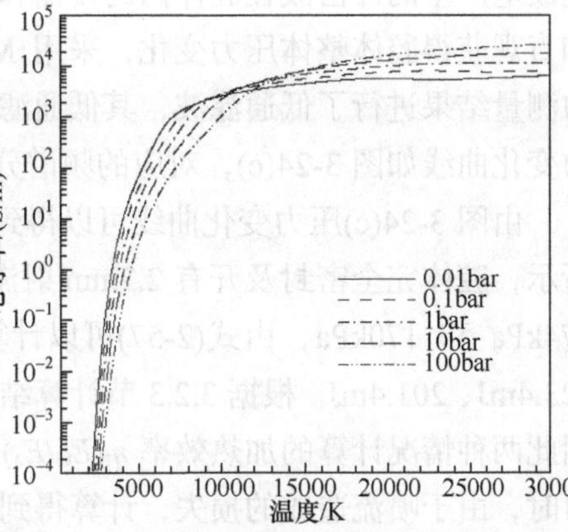

图 3-23　不同气压条件下等离子体电导率随温度变化曲线

基于式(3-7)、式(3-8)，可以定性地解释放电效率的变化。当其他参数固定时，放电电容大小的影响很容易理解：随着放电电容的增加，放电的输入能量变大，放电变得更加剧烈，等离子体电弧的温度和电导率上升(即等离子体电弧的电阻降低)，因此，放电效率单调下降。当阳极到阴极的距离增加时，由于击穿电压变大，输入能量增加，但是电弧的长度也同时增加，等离子体电弧电阻和放电效率呈现不规则变化。当增加导线电阻时，导线中的能量耗散增加，电弧放电减弱，虽然等离子体通道的电阻也会增加，但是对于大气压电弧放电，电弧电阻的增加量非常有限，电弧电阻的增长率小于导线电阻的增长率，因此，电阻比($R_w / \overline{R_a}$)仍然增加，放电效率下降。

3.3 加热效率

3.3.1 加热效率计算方法

采用 2.4.3 节所述方法测量激励器腔体压力。前期实验中，在测量激励器腔体内气体受热膨胀后的峰值压力时，激励器的射流出口并未封闭，这时会有部分气体受热膨胀后喷出，会导致测量得到的峰值压力偏低。为了对结果进行对比，本书中分别开展了激励器腔体完全密封(如图 2-11(a)所示)，以及激励器腔体顶部开有 2.2mm 射流出口(图中未画出)两种情况下的实验。两种情况下测量得到的腔体压力变化曲线如图 3-24(a)所示，腔体压力测量结果的频谱分布如图 3-24(b)所示。由图可知，压力变化曲线振荡比较剧烈，压力的振荡主要由两方面造成，一是快速放电产生的冲击波在腔体内的传播和反射，二是传感器的谐振。为了便于分析和直观获得腔体整体压力变化，采用 MATLAB 内置的巴特沃斯滤波器对原始压力测量结果进行了低通滤波，其低通滤波的截止频率为 50kHz，滤波处理后的压力变化曲线如图 3-24(c)，对应的频谱分布如图 3-24(d)所示。

由图 3-24(c)压力变化曲线可以得到放电后腔体的峰值压强 P_2，结果如表 3-2 所示，腔体完全密封及开有 2.2mm 射流出口两种情况下的峰值压强(表压)分别为 274kPa 和 170kPa，由式(2-57)可以计算得到两种情况下气体的内能增量分别为 323.4mJ、201.4mJ。根据 3.2.3 节计算结果可知，本工况的电弧能量约为 502.2mJ，因此两种情况计算的加热效率 $\eta_t(E_G/E_a)$分别为 64%和 40%。在开有 2.2mm 射流出口时，由于喷流造成的损失，计算得到的加热效率低很多，这也是导致前期研究中计算得到的激励器整体效率偏低的原因之一。

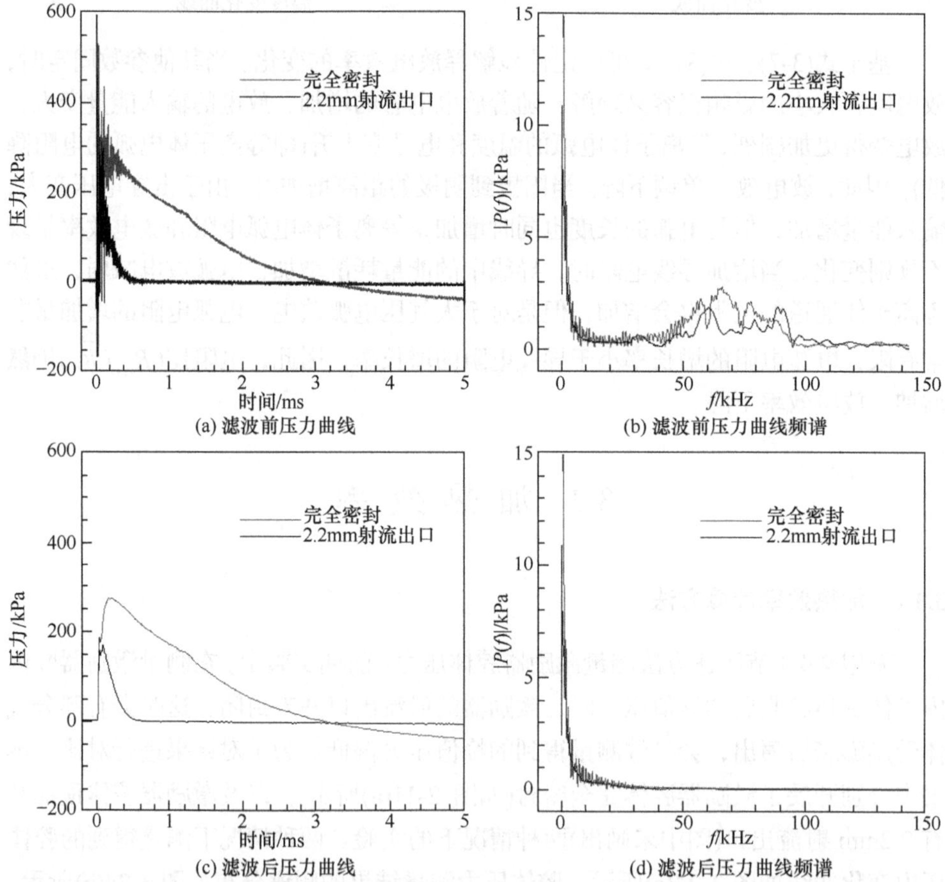

(a) 滤波前压力曲线　(b) 滤波前压力曲线频谱

(c) 滤波后压力曲线　(d) 滤波后压力曲线频谱

图 3-24　腔体压力测量结果

表 3-2　典型工况加热效率计算结果

参数	完全密封	2.2mm 射流出口
电弧能量/mJ	502.2	502.2
峰值表压/kPa	274	170
内能增量/mJ	323.4	201.4
加热效率/%	64	40

3.3.2　参数影响规律

在研究加热效率的影响规律之前，首先对电弧能量到有效气体内能的能量传递路径以及能量损失的主要来源进行了分析。如图 3-25 所示，输入电弧能量首先传递到两个部分：离子能量(通过离子焦耳加热过程)和电子能量(通过电子焦耳加热过程)。离子能量可以通过有效的离子-中性粒子碰撞过程迅速转化为气体内能。然而，由于电子的质量与重粒子相比非常小，只有小部分电子能量可以通过电子弹性碰撞直接转化为气体内能，大多数电子能量通过电子非弹性碰撞过程(在此过程中分子被高动能电子激发)传递到分子的振动激发或其他激发(如转动激发)的能量，并最终通过振动-平移弛豫等过程传递到气体内能。

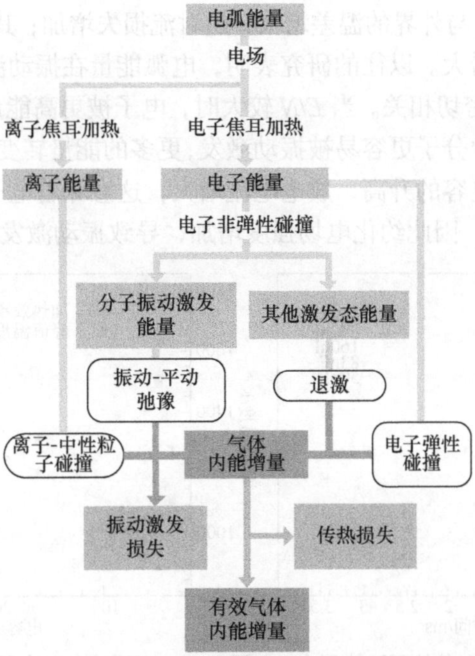

图 3-25　电弧能量到气体内能的传递路径与损失来源

其他类型激发(如转动激发)的气体分子可以通过能量弛豫过程将能量快速转

化为气体内能，然而，振动-平移弛豫过程却非常缓慢(特征时间尺度为毫秒量级)，相比之下，等离子体合成射流激励器的增压和喷流过程要快得多。这意味着对于等离子体合成射流激励器所需的快速加热过程而言，流向气体分子振动激发的那部分能量无法及时发挥作用，由此带来的能量损失被定义为振动激发损失。值得注意的是，对于本书研究的等离子体合成射流激励器工作的气体成分(氮气 80%，氧气 20%)和压力(约 1atm)，通过离子-中性粒子碰撞和电子弹性碰撞传递的能量非常小，可以忽略不计[2]。大多数电弧能量将通过电子非弹性碰撞过程传递到气体内能。在这种情况下，分子振动激发或其他激发能量的比例将直接决定加热效率。此外，在气体内能的升高导致腔体内气压增大从而形成射流之前，部分气体内能将由于对流和辐射损失而损失，这也构成了一部分能量损失。

利用 3.3.1 节的计算方法，本节研究了输入电弧能量、腔体体积等因素对加热效率的影响。首先对不同输入电弧能量(通过改变放电电容)的影响进行分析，图 3-26 所示为不同放电电容(50nF、83nF、160nF、250nF 和 320nF)条件下腔体压力变化曲线，图 3-27 所示为不同放电电容条件下的峰值温度和加热效率，腔体容积、阳极-阴极间距和击穿电压保持不变，分别为 440mm^3、2.5mm 和 5.85kV。结果表明，随着放电电容的增加，加热效率降低，最大降幅约为 10%。加热效率降低有两个可能的原因：首先随着放电电容增大，放电变得越来越剧烈，因此腔体内气体的温度上升，与外界的温差增大，热对流损失增加；其次，当电容较大时，振动激发的损耗也增大。以往的研究表明，电弧能量在振动激发中所占的比例与约化电场强度(E/N)密切相关。当 E/N 较大时，电子被更高能量的电场加速，因此在电子非弹性碰撞中分子更容易被振动激发，更多的能量转变为分子振动激发能。在本研究中，随着电容的升高，放电电流增大，这意味着电子数密度增加，中性粒子数密度(N)降低，因此约化电场强度增加，导致振动激发损失增加。

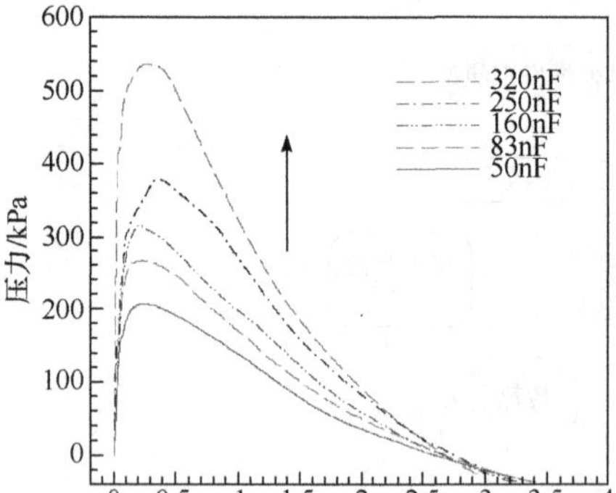

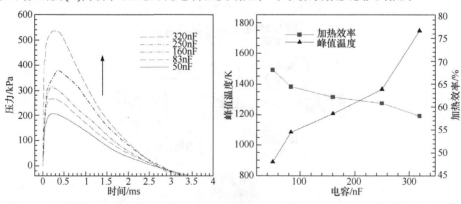

图 3-26　不同放电电容条件下腔体压力变化曲线

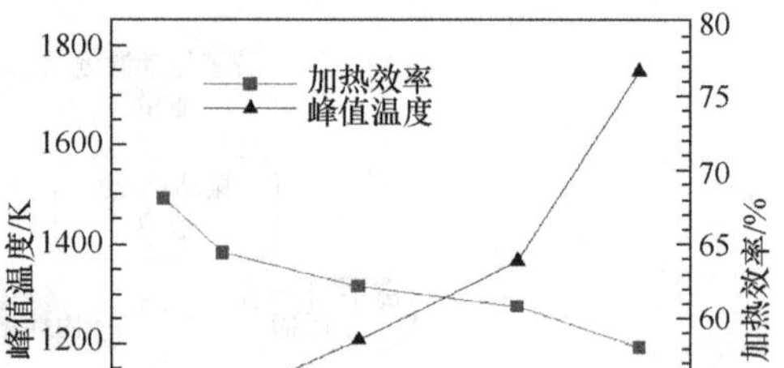

图 3-27　不同放电电容条件下加热效率、峰值温度对比

与电容能量类似，为了获得同样的电弧能量，在设计中可以采取两种相反的参数匹配，即“大电容+小阳极-阴极间距”或“小电容+大阳极-阴极间距”。为了分析两种参数匹配的差异，开展了表 3-3 中所示四组工况的实验。工况 3-5、3-6 构成具有相近电弧能量(分别为 320mJ 和 359mJ)的一个对比组，工况 3-7、3-8 是另外一个对照组(电弧能量分别为 1023mJ 和 915mJ)。可以看出，当电弧能量接近时，“小电容+大阳极-阴极间距”(工况 3-6 和 3-8)的激励器具有较高的加热效率。分析认为，加热效率的差异可能来自于能量沉积速率的不同，尽管具有相似的电弧能量，但是工况 3-6(或工况 3-8)中具有较小放电电容的激励器的放电时间更短，因此能量沉积速率更快。如图 3-28 所示，相比工况 3-5，工况 3-6 的腔体压力和温度在更短的时间内达到峰值，在对流传热温差相似的条件下，工况 3-6 的热对流损失较小。此外，与阳极-阴极间距的延长相比，击穿电压的上升不明显，因此对于工况 3-6(或工况 3-8)的激励器，其 U_b/l 之比更小，电场强度(E)更小，考虑到输入电弧能量和放电强度相近，中子数密度(N)相差很小，工况 3-6(或工况 3-8)的约化电场强度 E/N 较小，因而振动激发损失更低。

表 3-3　电弧能量相近时加热效率对比

参数	工况			
	3-5	3-6	3-7	3-8
放电电容/nF	167	50	320	83
电极间距/mm	1.5	2.5	2.5	4.5
击穿电压/kV	4.02	5.85	5.85	7.60
单位击穿电压/(kV/mm)	2.68	2.34	2.34	1.69
电弧能量/mJ	320	359	1023	915
峰值温度/K	800.4	890.3	1748.7	1751.6
加热效率/%	64.9	68.1	58.0	65.0

此外，比较工况 3-5 和 3-8 可见，电弧能量的上升并不总是导致加热效率的降低。虽然工况 3-8 的电弧能量较大，导致气体温度较高，但较小的放电时间使热对流的时间变短，因此热对流损失并不显著。此外，尽管工况 3-8 更高的电弧能量导致中性粒子数密度降低，但是其电场强度也同时降低，因此振动激发损失也未显著增加。在上述两方面原因作用下，工况 3-8 与 3-5 的加热效率基本保持不变。

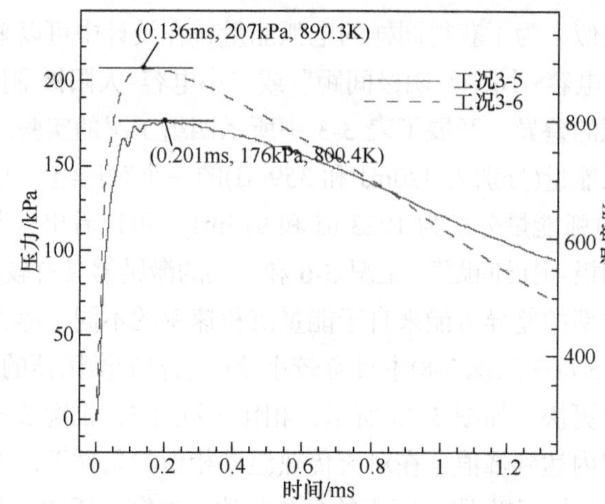

图 3-28　工况 3-5、3-6 腔体内气体压力、温度变化曲线

当放电参数相同时，不同腔体体积条件下腔体压力变化曲线如图 3-29 所示，加热效率、峰值温度的对比如图 3-30 所示。在相同的阳极-阴极间距(2.5mm)、放电电容(83.4nF)和电弧能量(502mJ)条件下，测试了三种腔体体积(V=248mm^3、440mm^3 和 720mm^3)的激励器。结果表明，随着腔体体积的减小，加热效率略有下降。原因可能是随着腔体体积的减小，腔体内空气温度的增加速率(当输入能量和气体比热容恒定时等于空气质量的减小速率)比对流换热面积(等于腔体和电极的表面积)的减小速率更快，因此热对流损失增加，加热效率降低。

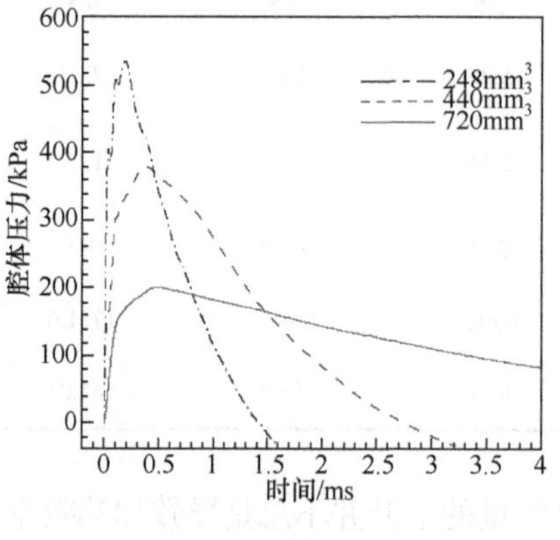

图 3-29　不同腔体体积条件下腔体压力变化曲线

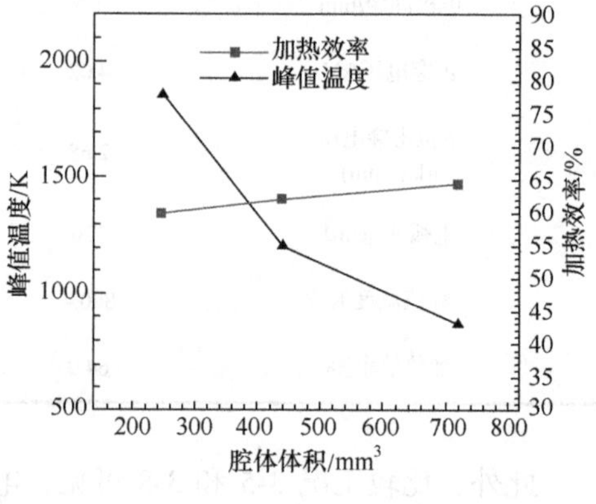

图 3-30　不同腔体体积条件下加热效率、峰值温度对比

3.4 喷射效率

3.4.1 喷射效率计算方法

随着腔体内气体的受热膨胀，腔体内气体的压力升高，与激励器出口外的环境气体出现较大压差，在压差作用下腔体内气体喷出。在喷流过程中，尽管腔体内气体会通过与腔体壁面及钨电极之间的对流换热将一部分热量散失，但相比于喷流过程而言，对流换热过程进行得较为缓慢，因此腔体内气体保持较高温度，产生的射流为高温高速射流。在流动控制中，等离子体合成射流的作用机制主要由动量效应、热效应两部分组成。动量效应包括高速射流及其前驱激波对来流的偏转，射流与来流相互干扰形成的流向涡结构对边界层速度型的改变等。热效应包括射流对局部区域温度及当地声速的改变，以及在流场中形成的“虚拟气动外形”等。因此，射流的能量 E_{j} 也由两部分组成，即射流动能 E_{jk} 和射流热能 E_{jt}，其表达式如下：

$$E_{\mathrm{jk}}=\int_{t_1}^{t_2}\frac{1}{2}\dot{m}_{\mathrm{j}}u_{\mathrm{j}}^2\mathrm{d}t=\int_{t_1}^{t_2}\frac{1}{2}\rho_{\mathrm{j}}u_{\mathrm{j}}^3A\mathrm{d}t \tag{3-9}$$

$$E_{\mathrm{jt}}=\int_{t_1}^{t_2}\dot{m}_{\mathrm{j}}(T_{\mathrm{j}}-T_1)C_p\mathrm{d}t=\int_{t_1}^{t_2}\rho_{\mathrm{j}}u_{\mathrm{j}}A(T_{\mathrm{j}}-T_1)C_p\mathrm{d}t \tag{3-10}$$

$$E_{\mathrm{j}}=E_{\mathrm{jk}}+E_{\mathrm{jt}} \tag{3-11}$$

其中，t_1、t_2 分别表示射流喷射的开始时刻和结束时刻；$\dot{m}_{\mathrm{j}}$ 表示射流的质量流率；u_{j} 表示射流的速度；ρ_{j} 表示射流的密度；T_{j} 表示射流的温度；A 表示激励器出口截面积；C_p 表示气体的定压比热容。

如前所述，射流的速度、密度、温度等状态参数较难通过实验方法测量，因此采用了等离子体合成射流激励器零维简化模型计算获得，计算结果如图 3-31 所示，其中射流的密度等于腔体内气体密度，射流的总温即腔体内气体的温度。在简化模型中，气体的加热和膨胀近似为在瞬间完成，因此，在 0 时刻腔体内气体为高温高压气体，腔体压力约为 370kPa，基本等于 3.3.1 节完全密封工况腔体压力变化曲线中的峰值压力。喷射过程中，单位计算时间步长内射流动能、射流热能(即动能、热能的变化率或功率，单位为 W)随时间的变化曲线如图 3-32 所示，由图可知，整体而言射流的热能比动能要高出很多。

在积分计算总的射流动能和射流热能时仅考虑主射流喷射时间段，忽略腔体回填及之后的过程，喷射初始时刻 t_1 为 0 时刻，喷射结束时刻 t_2 设置为主射流喷射完成、腔体开始回填的时刻，在图 3-31 中为腔体气体密度达到最低值的时刻(约 590μs)。经过积分计算，本工况中的射流热能为 128.9mJ，射流动能为 13mJ，射流总能量为 141.9mJ。由 3.3.1 节可知，喷射阶段的初始输入能量(即气体内能增量)为 323.4mJ，因此喷射效率约为 44.2%。

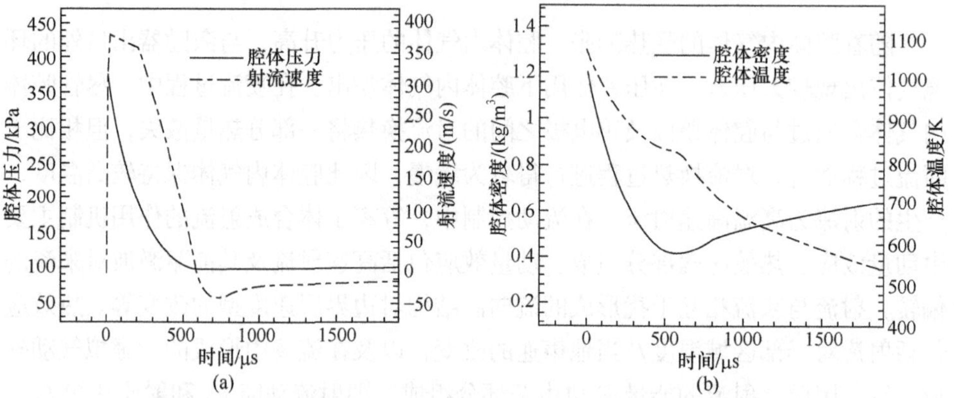

图 3-31 喷射阶段腔体状态参数、射流速度随时间变化曲线

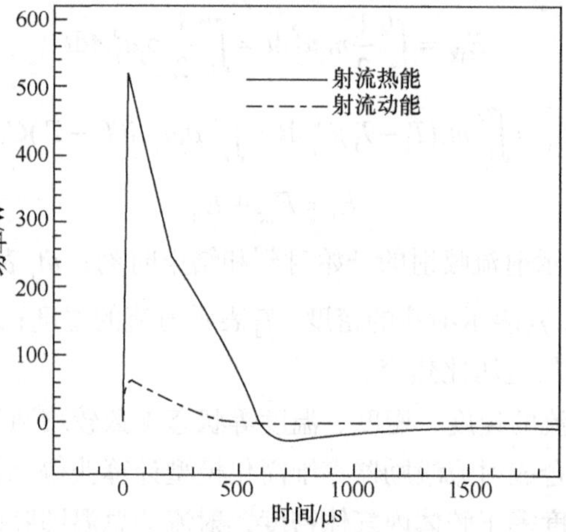

图 3-32 喷射阶段射流热能、射流动能随时间变化曲线

3.4.2 参数影响规律

本节主要研究激励器射流出口直径、气体内能增量(即喷射过程的初始输入能量)两个参数对喷射效率的影响。图 3-33 所示为喷射效率随出口直径的变化曲线，图中所示工况除出口直径外，其他参数与 3.4.1 节中保持一致。由图可知，随着出口直径的增大，喷射效率不断提高，但提高的速率减缓。为了分析喷射效率变化的原因，选取了出口直径 1.5mm、2.5mm 和 3.5mm 三个工况，对其腔体

气体压力、气体密度、射流热能、射流动能等参数随时间的变化进行了对比，如图 3-34 所示。由图可知，随着出口直径的增大，主射流的喷射时间缩短，三种工况下主射流喷射时间分别为 980μs、390μs 和 205μs。由于腔体尺寸、材料等相同，三种工况下腔体内高温气体与壁面和电极的对流换热速率相似，对于出口直径较大的激励器，其喷射过程完成得较快，因此通过壁面和电极对流换热带来的能量损失减小。此外，随着出口直径的增大，主射流喷射完成时腔体内的气体密度降低，三种工况下分别为 0.44kg/m^3、0.41kg/m^3 和 0.39kg/m^3，这表明主射流喷射出来的气体更多(因此射流的能量更大)，腔体内剩余的气体质量减小。这是因为各个工况主射流喷射完成时刻都是腔体压力基本恢复到外界压力的时刻，而大出口直径的激励器喷射过程较快，腔体内高温气体对流换热的热损失较小，喷射完成时气体温度较高，在腔体内压力基本相同的条件下，气体密度较低。此外还可以观察到，在出口直径较小(1.5mm)时，喷射完成后腔体的回填过程较缓慢，回填带来的过充现象不明显，因此腔体气体压力、密度的振荡不明显；在出口直径较大(3.5mm)时，主射流喷射完成后可以观察到较明显的腔体气体压力、密度以及射流热能的振荡。

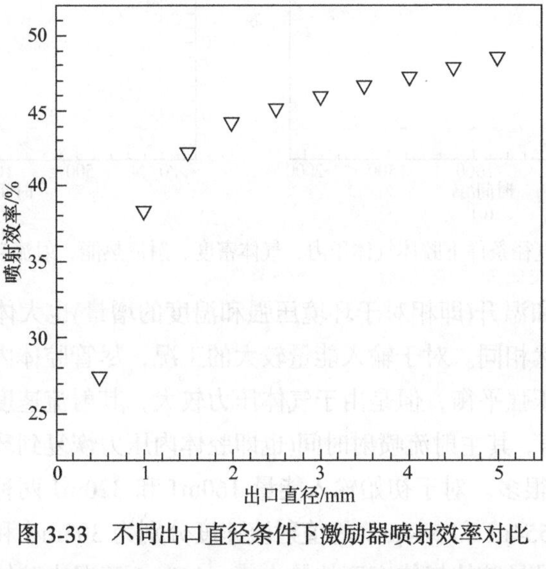

图 3-33　不同出口直径条件下激励器喷射效率对比

在激励器出口直径均为 2.0mm 的情况下，喷射效率随气体内能增量(即喷射过程的初始输入能量)的变化如图 3-35 所示，与出口直径的影响十分类似，随着内能增量的增大，喷射效率不断提高，但提高的速率减缓。其中两个典型工况(初始输入能量分别为 160mJ 和 320mJ)的腔体气体压力、气体密度变化等参数曲线如图 3-36 所示。由图可知，随着初始输入能量由 160mJ 到 320mJ 增加一倍，初始

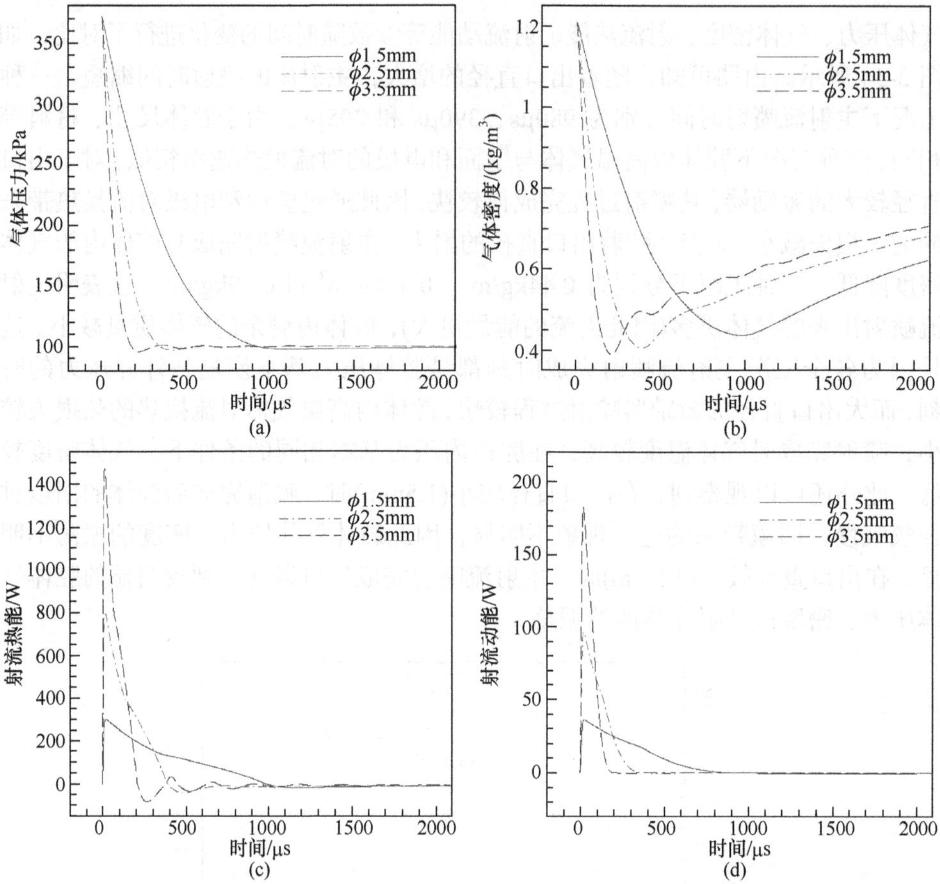

图 3-34　不同出口直径条件下腔体气体压力、气体密度、射流热能、射流动能随时间变化曲线

腔体气体的压升和温升(即相对于环境压强和温度的增量)也大体增加一倍，初始腔体气体密度仍然相同。对于输入能量较大的工况，尽管腔体内气体压力要降低很多才能与环境压强平衡，但是由于气体压力较大，其射流速度和质量流量也较大。因此综合而言，其主射流喷射时间(也即腔体内压力恢复到环境压力所需要的时间)并不会增加很多。对于初始输入能量 160mJ 和 320mJ 两种工况，其主射流喷射时间分别为 554μs 和 584μs，峰值射流速度分别为 303m/s 和 381m/s。两种工况比较关键的差异是腔体气体密度的最小值，160mJ 工况中腔体气体密度最小值为 0.6kg/m^3，腔体气体密度减小比例(代表了喷射出的气体质量占初始气体质量的比例)为 50.4%，而 320mJ 工况最小值为 0.42kg/m^3，减小比例为 65.3%，在腔体内初始气体质量相同的条件下，320mJ 工况喷射出的气体比 160mJ 工况大幅提高，从而带来了喷射效率的提高。

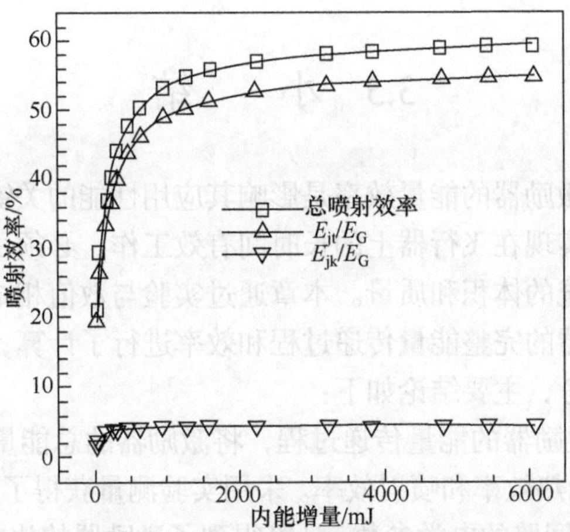

图 3-35　不同输入气体内能增量条件下激励器喷射效率对比

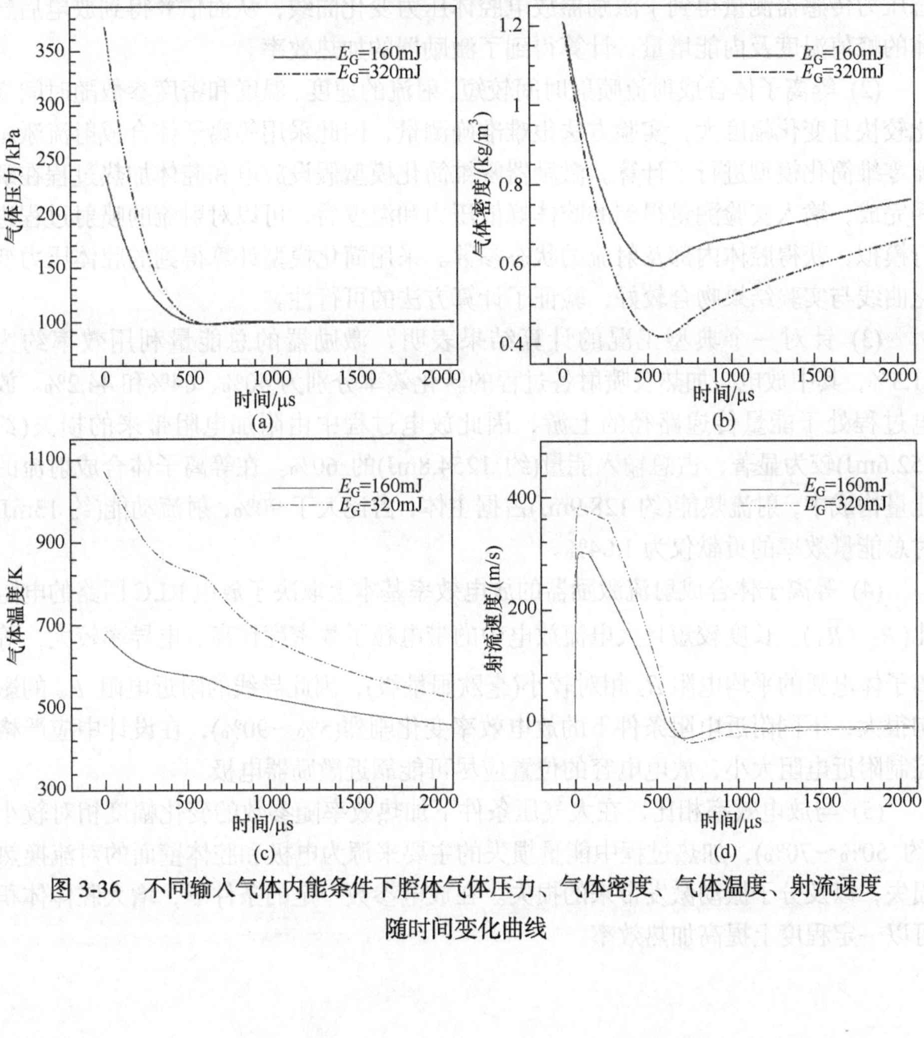

图 3-36　不同输入气体内能条件下腔体气体压力、气体密度、气体温度、射流速度随时间变化曲线

3.5 小　结

主动流动控制激励器的能量效率是影响其应用性能的关键因素，等离子体合成射流激励器想要实现在飞行器上的长时间有效工作，必须尽可能优化能量利用效率，降低电源系统的体积和质量。本章通过实验与数值相结合的方法，对等离子体合成射流激励器的完整能量传递过程和效率进行了计算，为激励器结构和参数的优化提供了参考，主要结论如下：

(1) 通过分析激励器的能量传递过程，将激励器的总能量效率分解为三个部分，即放电效率、加热效率和喷射效率。采用实验测量获得了激励器的放电电压、电流波形以及 RLC 回路的电学参数，计算得到了激励器的放电效率。采用高频动态压力传感器测量得到了激励器放电腔体压力变化曲线，从而估算得到放电后气体的峰值温度及内能增量，计算得到了激励器的加热效率。

(2) 等离子体合成射流喷射时间较短，射流的速度、温度和密度参数随时间变化较快且变化幅度大，实验方法很难准确测量，因此采用等离子体合成射流激励器零维简化模型进行了计算。激励器零维简化模型假设放电和腔体加热过程在瞬间完成，输入实验测量得到的腔体峰值压力和温度后，可以对射流的喷射过程进行模拟，获得腔体内部及射流的状态参数。采用简化模型计算得到的腔体压力变化曲线与实验结果吻合较好，验证了计算方法的可行性。

(3) 针对一个典型工况的计算结果表明，激励器的总能量利用效率约为 11.3%，其中放电、加热及喷射各过程的转化效率分别为 40%、64%和 44.2%。放电过程处于能量传递路径的上游，因此放电过程中由附加电阻带来的损失(约 752.6mJ)较为显著，占总输入能量(约 1254.8mJ)的 60%。在等离子体合成射流的能量构成中，射流热能(约 128.9mJ)占据主体，占比大于 90%，射流动能(约 13mJ)对总能量效率的贡献仅为 1.04%。

(4) 等离子体合成射流激励器的放电效率基本上取决于放电 RLC 回路的电阻比($R_w/\overline{R}_a$)。长度较短且大电流放电中的带电粒子数密度较高、电导率较大，等离子体电弧的平均电阻 $\overline{R}_a$ 相对较小(毫欧姆量级)，因此导线的附近电阻 R_w 的影响很大，不同附近电阻条件下的放电效率变化剧烈(5%～90%)，在设计中应严格控制附近电阻大小，放电电容的位置应尽可能靠近激励器电极。

(5) 与放电效率相比，在大气压条件下加热效率随参数的变化幅度相对较小(约 50%～70%)，加热过程中能量损失的主要来源为电极和腔体壁面的对流换热损失，以及分子振动激发带来的损失。在放电参数一定的条件下，增大腔体体积可以一定程度上提高加热效率。

(6) 阳极-阴极电极间距(影响击穿电压)和放电电容容量是决定单次放电能量大小的两个主要参数，实验结果表明，在放电能量一定的条件下，相比“大电容+小阳极-阴极间距”的方式，“小电容+大阳极-阴极间距”的参数匹配对于提高放电效率和加热效率均有帮助。

(7) 对流换热损失及腔体内剩余气体质量多少是决定喷射效率大小的两个关键因素。仿真结果表明，随着出口直径的增大，主射流喷射时间缩短，对流换热损失减少，且腔体内剩余气体较少，因此喷射效率递增。随着输入气体内能增量的加大，尽管主射流喷射时间及对流换热损失略有增加，但喷射出的气体质量大幅提高，因此喷射效率同样随之提高。

参 考 文 献

[1] Haack S J, Taylor T, Emhoff J, et al. Development of an analytical sparkjet model[C]. AIAA Paper 2010-4979.

[2] Narayanaswamy V, Raja L L, Clemens N T. Characterization of a high-frequency pulsed-plasma jet actuator for supersonic flow control[J]. AIAA Journal, 2010, 48(2): 297-305.

[3] Shin J. Characteristics of high speed electro-thermal jet activated by pulsed DC discharge[J]. Chinese Journal of Aeronautics, 2010, 23: 518-522.

[4] Quit G, Rogier F, Dufour G. Numerical modelling of the electric arc created inside the cavity of the PSJ actuator[C]. AIAA Paper 2011-3394.

[5] Dufour G, Hardy P, Quint G, Rogier F. Physics and models for plasma synthetic jets[J]. International Journal of Aerodynamics, 2013, 3(1/2/3): 47-70.

[6] 罗振兵，夏智勋，王林．新概念等离子体高能合成射流快响应直接力技术[C]．中国力学大会 2013，西安，2013.

[7] 王林，罗振兵，夏智勋，等．等离子体合成射流能量效率及工作特性研究[J]．物理学报，2013, 62(12),125207.

[8] Golbabaei-As M, Knighty D, Anderson K, et al. Sparkjet efficiency[C]. AIAA Paper 2013-0928.

[9] Golbabaei-As M, Knighty D, Wilkinson S. Novel technique to determine sparkjet efficiency[J]. AIAA Journal, 2015, 53: 501-504.

[10] 李自然．脉冲等离子体推力器设计与性能的理论与实验研究[D]．长沙：国防科技大学，2008.

[11] 邹怀安，张锐，胡荣强．开关电源的 PWM-PFM 控制电路[J]．电子质量, 2004, (3): 21-22.

[12] 张占松，蔡宣三．开关电源的原理与设计[M]．北京：电子工业出版社, 1998.

[13] 胡晓云．重复充放电的 RLC 回路特性研究[J]．温州大学学报, 2000, (3): 42-45.

第 4 章　等离子体高能合成射流流场特性

4.1　引　　言

等离子体合成射流激励器作为一种高速脉冲射流产生方式，其工作过程中无需外部气源和管道，而且具有极快(10μs)的射流响应速度，是适用于超声速/高超声速流场控制的一种极具发展潜力的新型作动装置。气体放电及射流形成是等离子体高能合成射流激励器两个重要的工作过程，放电特性的测量及流场结构显示是开展等离子体合成射流基础研究、获得等离子体合成射流工作机理的重要手段；此外，等离子体合成射流流场也会与飞行器的主流流场产生复杂的干扰，尤其在中低空，干扰作用更加严重，干扰导致的复杂流场变化对飞行器气动性能以及激励器控制效率都有重要影响，因此亟须开展等离子体合成射流与主流流场的相互干扰特性的基础研究。

放电特性测量主要是获得激励器工作过程中电压和电流的变化，研究放电的能量传递过程及能量效率，这部分内容在第 3 章中进行了介绍。流场显示则主要是研究等离子体合成射流的形成、发展和演变过程。虽然粒子图像测速技术(PIV)已经开始应用在等离子体合成射流流动显示中，但考虑到它带来的较大的测量误差，纹影/阴影技术仍然是等离子体合成射流流动显示最主要的研究方法。

本章采用高速阴影技术对等离子体合成射流激励器的流场进行测量，并对其工作过程和流场特征进行研究。4.2 节首先介绍等离子体高能合成射流在静止环境中的流场特性，分析射流的形成和演化过程，并介绍激励器结构参数、高压电源放电参数、环境压强对流场特性的影响。4.3 节介绍超声速流动条件下等离子体合成射流的干扰特性，研究等离子体合成射流与超声速主流的相互作用过程，获得激励器不同工作参数对超声速主流流场结构的影响规律，为等离子体合成射流激励器在高速流场中的应用奠定基础。

4.2　静止流场环境

4.2.1　典型流场特征

采用数值模拟与实验测量方法，王林等分别获得了等离子体高能合成射流在静止流场环境中的流场特性。首先选取放电能量 50mJ 的激励器工况为研究对象，采用数值模拟方法获得了等离子体合成射流的流场结构及发展演变过程。图 4-1 为等离子体合成射流激励器在一次能量沉积后不同时刻射流的速度矢量和涡量云图，选择的各流场为射流周期中流动发生显著变化的时刻。总体而言，图 4-1 表明等离子体合成射流能量沉积完成后的工作过程，具有类似于体积压缩型合成射流一个周期内的流动变化特征，即按出口中心处流向速度的正负分为“吹程”和“吸程”[1,2]。

由图 4-1(a)可知，当 t=8μs，即能量沉积过程刚刚结束时，激励器出口平面已有明显的射流出现，并呈放射状离开出口，喉道处存在有强烈的流动剪切作用，整个喉道内涡量增大，并在出口处开始形成涡对。这表明激励器腔体内电加热作用引起的气体流动的响应时间为微秒量级，等离子体合成射流建立时间约为 8μs，这一时间与 Narayanaswamy 等[3]所获得的激励器 10μs 响应时间的实验结果相一致。同时也表明前期数值模拟中忽略放电过程，认为放电结束时腔体内流动静止的瞬时能量沉积假设会导致计算结果的偏差。当 t=35μs 时，射流速度达到最大，激励器出口两侧及喉道内的涡量也达到最大。随着射流流场的发展，出口处涡环在自身诱导作用下向下游运动，同时由于与周围静止气体的摩擦和卷吸作用而耗散，强度减弱，射流速度降低，如图 4-1(c)所示。当 t=165μs 时，射流喷出已基本结束，旋涡强度和射流速度进一步降低，并且涡环已脱离激励器出口，在自身速度作用下继续向下游运动。

射流喷出完成后，高速射流的引射作用导致腔内气体质量的减小及激励器的散热，激励器腔体内压力和温度相对下降，外部气体开始回填腔体，激励器工作进入“吸程”。该阶段的流动特点是激励器出口射流速度开始为负，并且在 t=200μs 时，激励器出口负向速度达到最大，激励器腔体的回填效果最强。在此阶段流场中出现了合成射流特有的流动特征——在出口下游形成流动“鞍点”。鞍点以上为向下游迁移的流动区域，鞍点以下为激励器腔体的回填流动区域。在 200μs 以后激励器出口处，负向速度开始减小，流动鞍点逐渐消失，在向下游运动中涡环基本耗散在环境中，涡量持续减小。当 t=265μs 时，气体回流速度为零，腔体回填基本结束，激励器完成一个吹吸工作周期。

在激励器一个吹吸周期结束之后、新的能量沉积开始之前，由于腔体回填的惯性作用，激励器出口处仍会有流动的产生。图 4-2 即为激励器出口平均速度(面积平均)随更长时间尺度的变化曲线。由图可知，激励器出口平面射流平均速度存在明显振荡，并且速度越大振荡越明显。当 t>265μs 即激励器完成一个吹吸周期后，激励器出口流向速度又开始呈正负交替，即又有新的射流喷出和腔体回填过程出现，这表明当仅进行一次能量沉积放电时，激励器会建立一个自维持的周期性工作过程，而且其工作周期和射流速度峰值减小，若无下一次能量沉积，射流

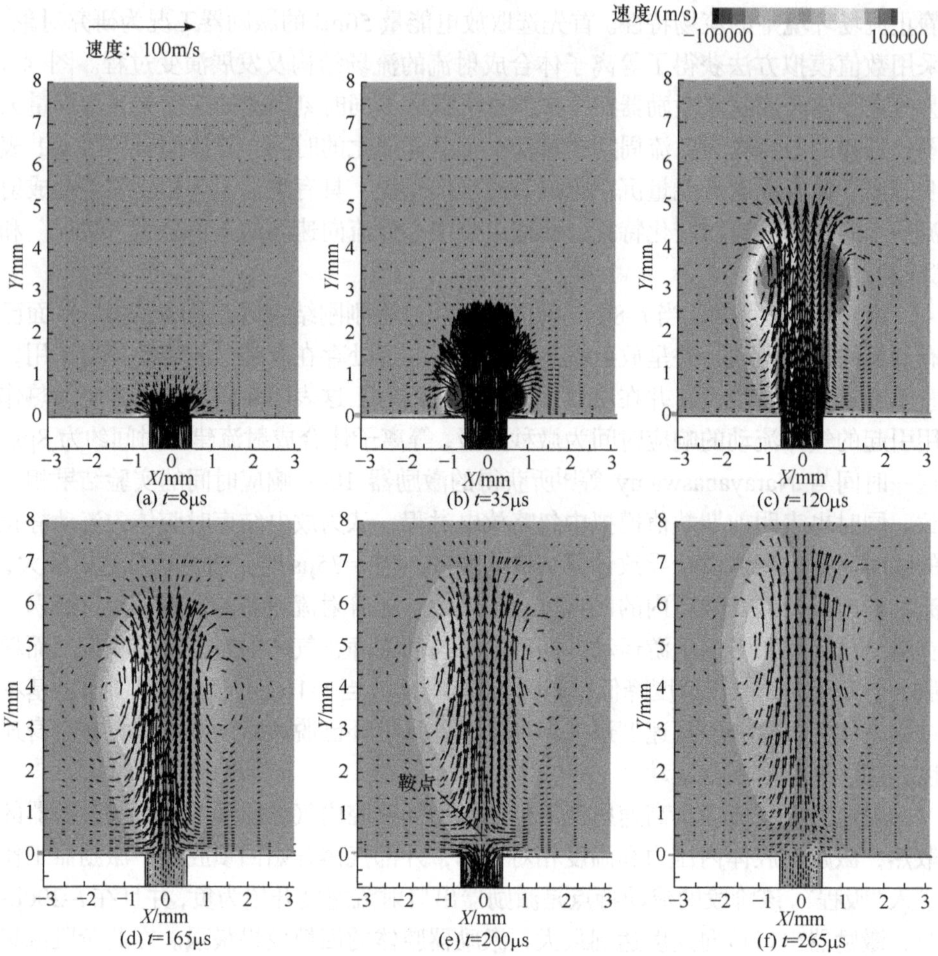

图 4-1　一个吹吸周期内射流速度矢量和涡量演变过程

速度将会逐渐振荡衰减至零。为保证激励器腔体内有足够的气体工质，优化连续脉冲工作的射流特性，需要根据激励器吹吸周期合理选择激励器脉冲放电频率，以实现激励器腔体的充分回填。为此，定义能够实现腔体充分回填的激励器最大工作频率为等离子体合成射流饱和频率 f_{sat}，对应的主射流工作周期为饱和周期 T_{sat}。据此推算，放电能量大小 50mJ、激励器腔体体积 50mm^3 的等离子体合成射流饱和频率 $f_{sat}=1/T_{sat}=1/265\mu s\approx3.77kHz$。激励器工作过程中放电频率不应大于饱和频率，否则会导致两相邻周期的重叠，降低上一吹吸周期中吸气复原阶段腔体回填的气体质量，导致腔内气体密度过小而出现放电“哑火”。当以小于饱和频率工作时，也应以后续自维持周期结束点为新的放电起始时刻，以避开自维持射流喷出阶段，提高腔体复原进气质量，增强形成射流强度。

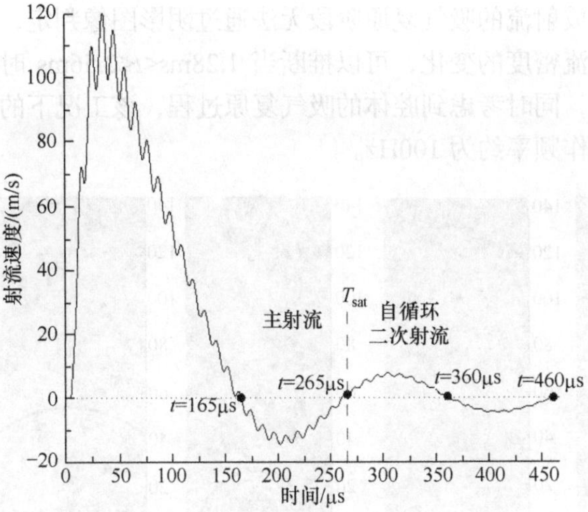

图 4-2　激励器出口平面平均速度变化

采用实验测量获得的一次放电建立的三电极等离子体高能合成射流完整工作周期过程如图 4-3 所示，图中还给出了对应流场时刻为 t=0.16ms 时的典型流场结构。实验工况为激励器腔体体积 V=1750mm^3(腔体直径和高度分别为 15mm 和 10mm)，阳极-阴极间距 l=4mm，激励器出口直径 d=3mm。由图可见，三电极等离子体射流具有与两电极射流相同的流场结构，主要包括前驱激波、等离子体射流和流场发展前期阶段的复杂反射波系。但不同于两电极射流流场的是，三电极等离子体射流流场中的反射波强度较弱，而且耗散速度更快。相对于反射波，前驱激波结构更为明显，强度更大。

当 t=0.02ms 时，激励器出口处形成有一道明显的前驱激波和呈涡环结构的等离子体射流，这表明三电极等离子体合成射流激励器同样具有快速的流场响应能力。当 t=0.04ms 时，射流的涡环结构消失，开始呈典型的“蘑菇状”等离子体射流结构。由图可知，t=0.02ms 和 0.04ms 时的前驱激波与射流锋面间距很小，这表明两者具有较小的速度差。随着流场结构的发展，在前驱激波和射流向下游运动的过程中，二者距离开始增大，前驱激波强度增强，射流以湍流结构向下游传播。当 t=0.32ms 时，射流流场内反射波已经变得非常微弱，仅有一道远离激励器出口的前驱激波，而射流锋面和前驱激波距离进一步扩大。当 t=0.64ms 时，前驱激波已经脱离观察区域，但此时的三电极等离子体射流并没有像两电极射流一样重新出现涡环结构(如图 4-4 所示)，而是仍以连续湍流射流向下游传播，并且由于与周围静止气体的卷吸作用，射流强度逐渐耗散，下游宽度明显增大，而且射流向下游的运动速度逐渐减低。当 t=5.12ms 时，射流已经变得非常微弱，此时射流的影响区域已经超过 120mm(40d)。

等离子体合成射流的吸气复原阶段无法通过阴影图像判定，但根据不同时刻激励器出口处射流密度的变化，可以推断当 1.28ms<t<2.56ms 时，射流的喷出阶段已经基本结束，同时考虑到腔体的吸气复原过程，该工况下的等离子体合成射流激励器饱和工作频率约为 100Hz。

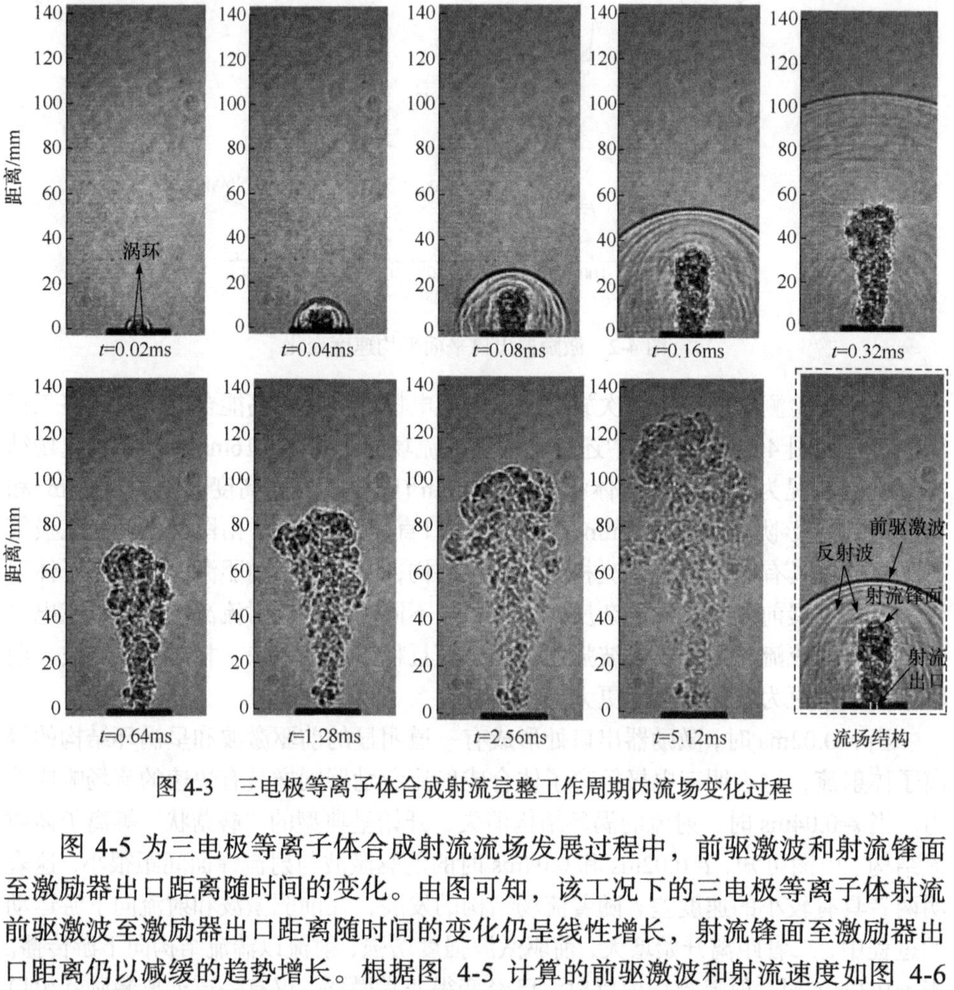

图 4-3　三电极等离子体合成射流完整工作周期内流场变化过程

图 4-5 为三电极等离子体合成射流流场发展过程中，前驱激波和射流锋面至激励器出口距离随时间的变化。由图可知，该工况下的三电极等离子体射流前驱激波至激励器出口距离随时间的变化仍呈线性增长，射流锋面至激励器出口距离仍以减缓的趋势增长。根据图 4-5 计算的前驱激波和射流速度如图 4-6 所示。由图可知，前驱激波仍以约 350m/s 的当地声速稳定传播，射流速度则随着时间的增加逐渐减小。对两电极射流前驱激波及射流速度变化可以发现，三电极激励器前驱激波和射流速度变化振荡幅度减小，射流速度几乎按单调递减的趋势变化。这主要是由于三电极等离子体射流流场中波系结构较为简单，反射波的加速作用相对较弱，不会引起射流发展过程中前驱激波和射流速度的明显变化。

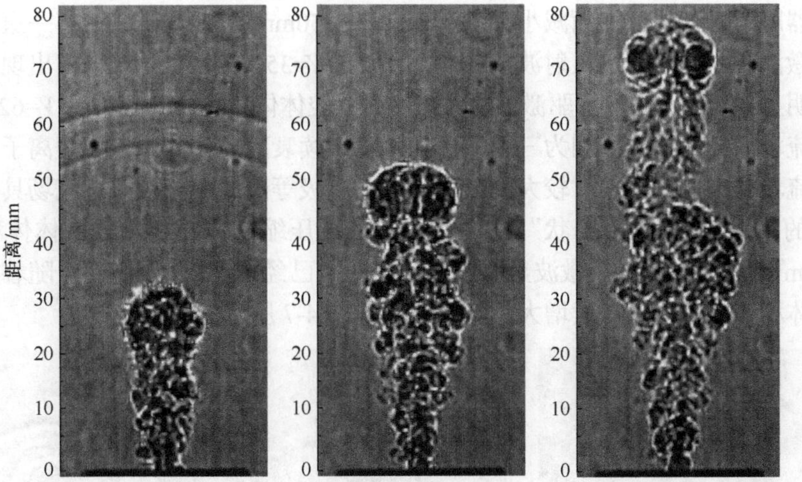

(a) t=200μs　(b) t=500μs　(c) t=1000μs

图 4-4　等离子体合成射流不同时刻流场

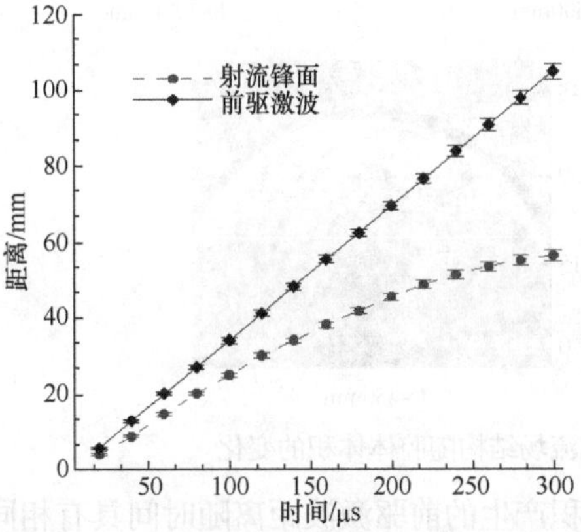

图 4-5　三电极等离子体合成射流锋面及前驱激波距离随时间的变化

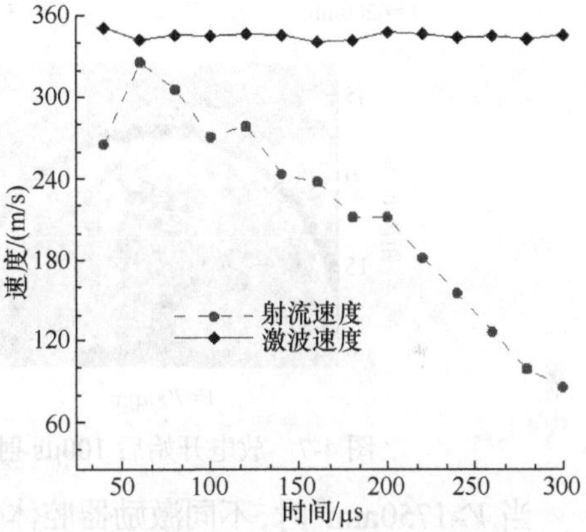

图 4-6　三电极等离子体射流锋面及前驱激波速度随时间的变化

4.2.2　腔体体积影响

图 4-7 为激励器出口直径 d=3mm，电容大小 C=1.6μF 时，不同激励器腔体体积条件下，放电开始后 100μs 的射流流场结构对比。由图可知，不同激励器腔体体积内输入相同电弧能量时，所形成的等离子体射流虽然向下游的发展运动速度不同，但流场具有基本相似的典型“蘑菇状”射流结构，前驱激波结构则随激励器腔体体积的不同表现出较大差异。首先当激励器腔体体积 $V \geqslant 1750mm^3$ 时，前驱激波至激励器出口距离基本相同，约为 35mm，但前驱激波强度和结构则随着

激励器腔体体积的增加而减小并复杂化。V=1750mm^3 时，流场内仅有一道较强的前驱激波和一系列弱的反射波。当体积增加到 V=3500mm^3 时，流场内出现有两道较为明显的压缩波，但前驱激波的强度变弱。腔体体积进一步增加到 V=6200mm^3 时，流场内的压缩波增加为三道，而且强度继续衰减。对比两电极等离子体合成射流流场结构可以发现，较大腔体体积的三电极等离子体合成射流流场具有与之相似的流场结构：“蘑菇状”射流和多道流场压缩波。当激励器腔体体积 $V\leqslant$ 700mm^3 时，流场内前驱激波至激励器出口距离已经大于 35mm，而且随着激励器腔体体积的减小距离持续增大。具体结果如图 4-7 所示。

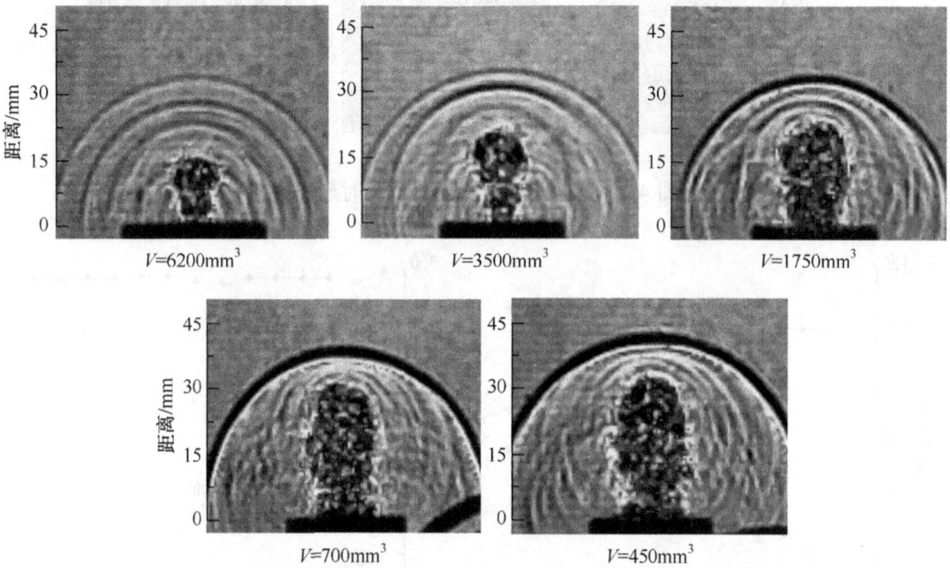

图 4-7　放电开始后 100μs 射流流场结构随腔体体积的变化

当 $V\geqslant$1750mm^3 时，不同激励器腔体体积产生的前驱激波距离随时间具有相同的变化趋势，如图 4-5 所示，因此图 4-8 中仅给出了 V=700mm^3 和 450mm^3 时流场前驱激波随时间的变化，并给出了 345m/s 的当地声速线。图 4-8 的结果表明，前驱激波的发展过程经过了两个阶段：当 $t\leqslant$80μs 时，前驱激波距离偏离了声速线，具有更大的位移变化率，即前驱激波以大于当地声速的速度传播；当 t>80μs 后，前驱激波距离开始呈线性变化，并且与声速线基本平行，前驱激波又以当地声速传播。因此，对于具有较小腔体体积的三电极激励器射流流场，在射流建立初期阶段，前驱激波具有大于当地声速的传播速度，随着向下游的运动，由于耗散作用，会逐渐衰减为声速运动。图 4-8 同时还表明，前驱激波至激励器出口距离随着激励器腔体体积的减小而增大，即相同能量沉积时，小的激励器腔体体积可以产生更大速度的前驱激波。

不同激励器腔体体积条件下，三电极等离子体合成射流流场发展过程中，可以达到的射流及前驱激波速度峰值如图 4-9 所示。相同放电能量对激励器腔内气体的加热效果随着激励器腔体体积的增大而减弱，因此射流速度峰值随着腔体体积的增大逐渐减小。从图 4-9 还可以看出，射流速度峰值的减小速率随着激励器腔体体积的增大而变小。前驱激波的速度峰值可分为两个部分：大于当地声速和等于当地声速的传播速度。当激励器腔体体积小于某临界值时，前驱激波以大于当地声速的速度传播，而且随着腔体体积的进一步减小，前驱激波速度增速变大。当腔体体积大于该临界值时，前驱激波则以当地声速恒速传播，但由图 4-7 可知，较大的腔体体积会导致前驱激波强度的减弱和“波数”的增加。

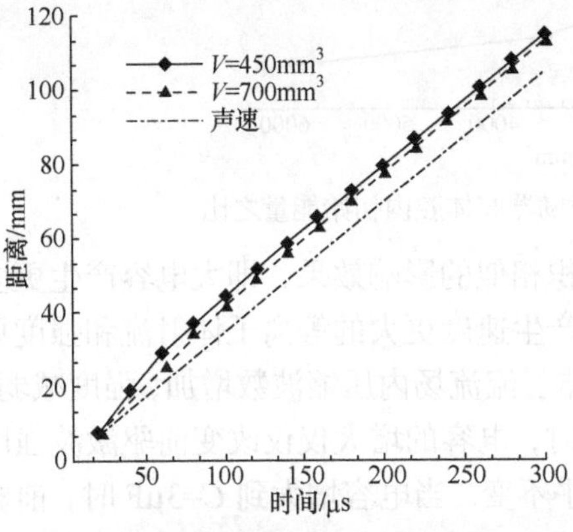

图 4-8　不同腔体体积三电极等离子体射流前驱激波至激励器出口距离

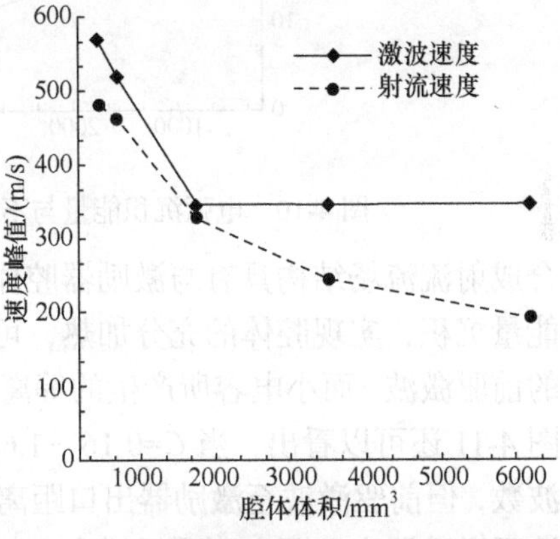

图 4-9　不同激励器腔体体积三电极等离子体射流及前驱激波速度峰值

综合图 4-7、图 4-8 和图 4-9 的分析可知，相同电容能量条件下(两电极 $E_c\approx$10.1J，三电极 $E_c\approx$9.3J)，三电极激励器可以产生更高速度的等离子体合成射流和强度更大的前驱激波，也将具有更强的高速流场控制能力。射流速度的提高和前驱激波强度的增大，主要是由于腔体内气体加热充分，可以在腔体内外建立较大的压强差。不同激励器腔体体积受热程度的评价可以以电弧能量和腔内初始气体能量之比表现，如图 4-10 所示。相同电弧能量条件下，腔体体积的减小会导致 Q/E 的快速增大，当 V=6200mm^3 和 450mm^3 时，Q/E 分别约为 4.5 和 62。因此，小的激励器腔体体积可以实现腔体更充分的加热，产生速度更大的射流和强度更大的前驱激波。

4.2.3　放电电容影响

图 4-11 为激励器腔体体积 V=1750mm^3，出口直径 d=3mm 时，不同电容大小条件下，放电开始后 100μs 的射流流场结构对比。由图可知，电容大小对等离子

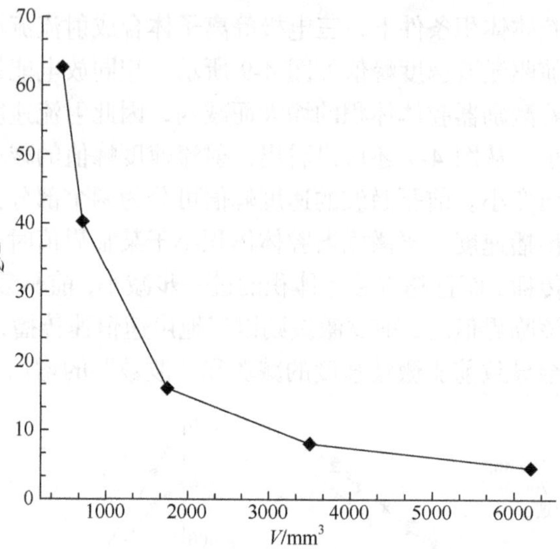

图 4-10　电弧沉积能量与不同激励器腔体腔内初始能量之比

体合成射流流场结构具有与激励器腔体体积相似的影响效果，即大电容产生更多的能量沉积，实现腔体的充分加热，可以产生速度更大的等离子体射流和强度更大的前驱激波，而小电容所产生的等离子体射流流场内压缩波数增加，强度减弱。从图 4-11 还可以看出，当 C=0.16～1.6μF 时，电容的增大仅仅改变前驱激波强度和波数，但前驱激波至激励器出口距离几乎不变。当电容增大到 C=3μF 时，前驱激波至激励器出口距离则明显增大。

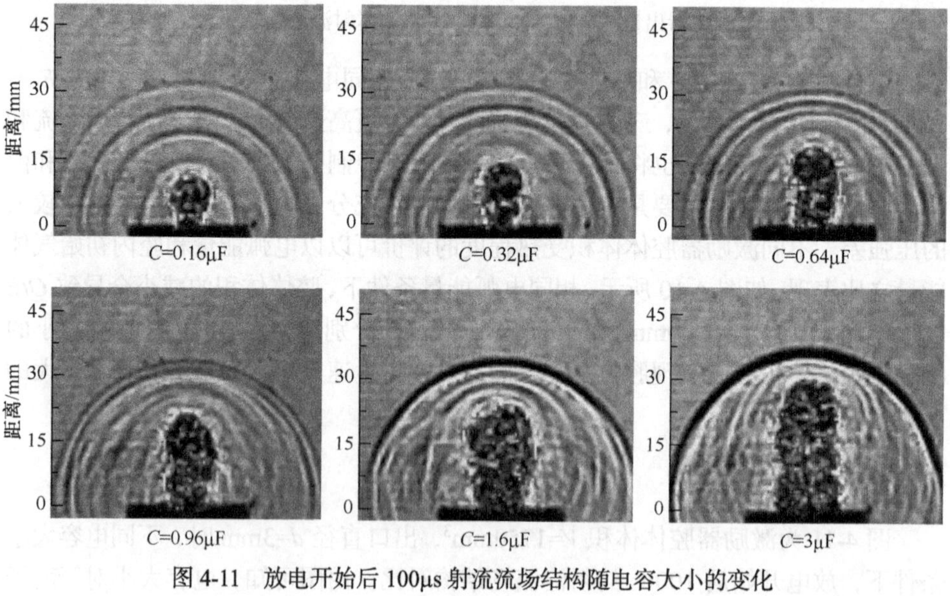

图 4-11　放电开始后 100μs 射流流场结构随电容大小的变化

由图 4-11 可知，相同激励器结构参数条件下，大的放电电容可以提高等离子体射流速度和前驱激波强度，但对前驱激波速度的改变只有当 C>1.6μF 时才开始作用。C⩽1.6μF 时，前驱激波以恒定的当地声速(345m/s)传播，C=3μF 的前驱激波最大速度达到约 440m/s。不同电容大小对等离子体合成射流速度峰值的具体影响如图 4-12 所示。由图可知，随着电容的增大，激励器腔体内能量沉积增加，所产生射流速度峰值同时增大，从 C=0.16μF 时的约 120m/s 增大至 C=3μF 时的约 400m/s。图 4-12 的结果同时还表明，随着电容的增大，射流速度峰值的增速递减，电容大小增加了近 18 倍(电弧沉积能量增加了约 14 倍)，产生的射流速度峰值增大了约 2.3 倍。因此可以推断，在等离子体合成射流激励器工作过程中，腔体内输入电能向射流动能的转换效率同样随着电容能量的增加而减小。这在如图 4-13 电弧沉积能量与激励器腔内初始能量之比随电容大小的变化中也可以反映：Q/E 随着电容的增加而线性增大，射流速度峰值却增速减缓，即最终转化为射流动能的能量随着 Q 的增加而减小。

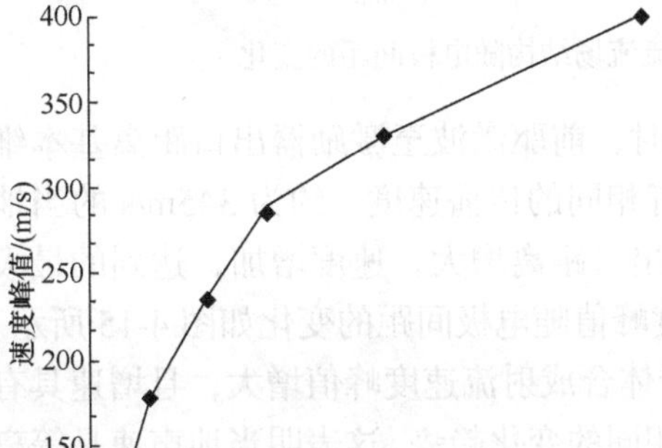

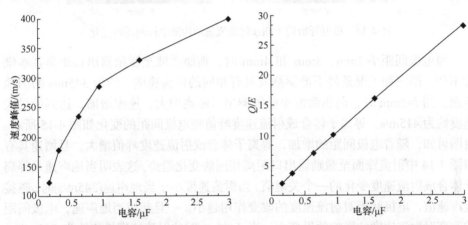

图 4-12　不同电容条件下三电极等离子体射流速度峰值

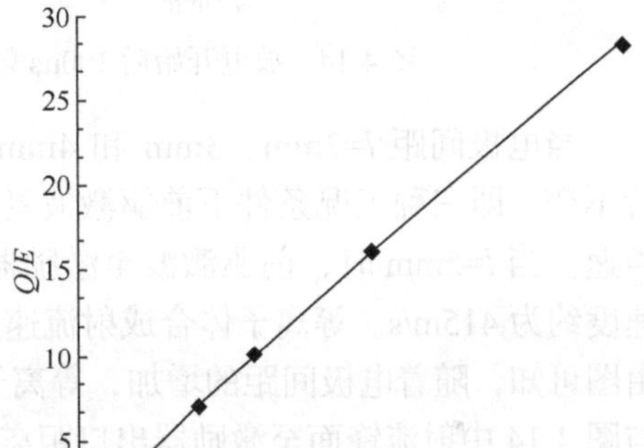

图 4-13　不同电容大小条件下电弧沉积能量与激励器腔内初始能量之比

4.2.4　电极间距影响

电极间距的增加会导致击穿电压的升高，并引起放电电流的增大，从而使得电路电容能量和放电电弧能量增加，而对等离子体合成射流流场特性的具体影响如图 4-14 所示。其中激励器腔体体积 V=1750mm^3，出口直径 d=3mm。由图 4-14 可知，电极间距的不同对等离子体合成射流流场特性的改变仍表现为射流速度、前驱激波强度和流场内波数的差异。在 t=100μs 时刻，随着电极间距的增加，射流锋面至激励器出口距离增加，但增加速度具有先快后慢又快的变化趋势，前驱激波至激励器出口距离则只有 l=5mm 时发生了明显变化。

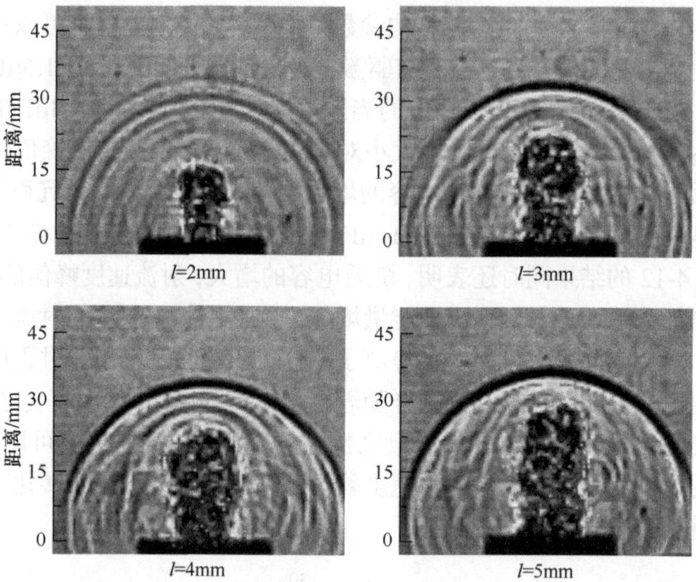

图 4-14　放电开始后 100μs 射流流场结构随电极间距的变化

当电极间距 l=2mm、3mm 和 4mm 时，前驱激波至激励器出口距离基本维持不变，即三种工况条件下前驱激波具有相同的传播速度，约为 345m/s 的当地声速。当 l=5mm 时，前驱激波至激励器出口距离增大，速度增加，达到的最大速度约为 415m/s。等离子体合成射流速度峰值随电极间距的变化如图 4-15 所示。由图可知，随着电极间距的增加，等离子体合成射流速度峰值增大，且增速具有与图 4-14 中射流锋面至激励器出口距离相同的变化趋势。这表明当地声速是等离子体合成射流速度变化的一个关键值，当射流速度小于当地声速(345m/s)时，越接近声速值，电极间距对射流速度的改变作用越小，一旦超过当地声速，电极间距的改变对射流速度的影响效果变大。当 l=5mm 时的射流速度峰值约为 390m/s。由图 4-16 可见，Q/E 随电极间距基本呈线性增长趋势。

综合以上不同工况条件下等离子体合成射流流场特性参数影响规律可以发现，放电能量沉积对腔体加热效果决定了等离子体合成射流的流场特性，即 Q/E 是等离子体射流流场结构的重要影响参数。当激励器以不同腔体体积、电容大小和电极间距工作时，只要电弧沉积能量和腔内初始能量之比满足一定要求时，即可产生具有相似流场特性的等离子体合成射流，这一参数对于优化激励器结构设计、改善激励器工作性能具有重要意义。

4.2.5　出口直径影响

激励器出口构型是等离子体合成射流流场特性的另一重要影响参数，虽然出

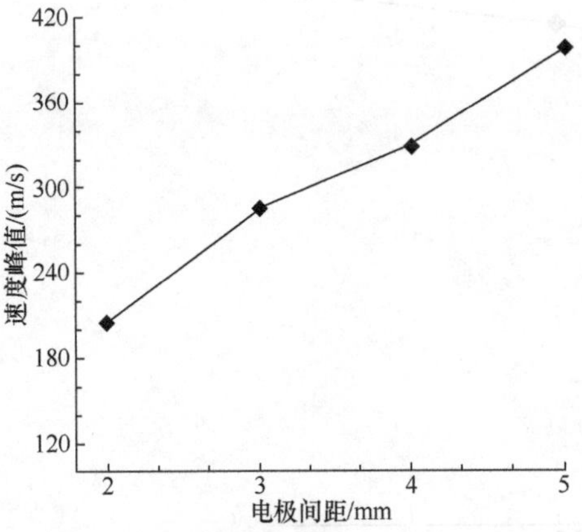

图 4-15　不同电极间距条件下三电极等离子体射流速度峰值

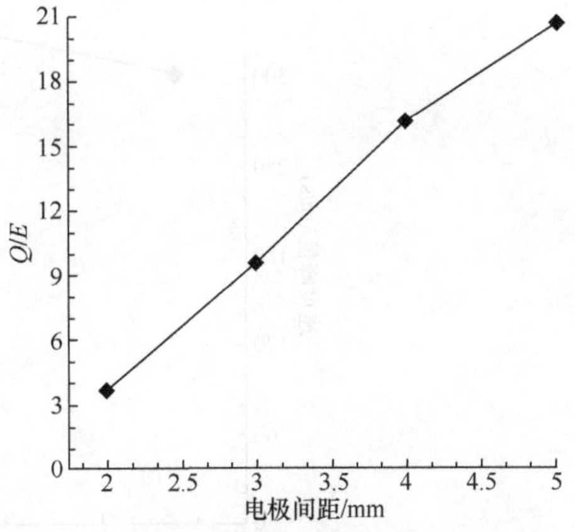

图 4-16　不同电极间距条件下电弧沉积能量与激励器腔内初始能量之比

口构型不会影响 Q/E，但可以改变腔内高压气体喷出时的膨胀效果，从而影响等离子体射流及前驱激波特性。图 4-17 为激励器腔体体积 V=1750mm^3，电极间距 l=4mm 时，放电开始后 100μs，不同激励器出口直径射流流场结构对比。由图可知，激励器出口直径的增加同样可以增大射流锋面至激励器出口的距离和前驱激波强度，但各出口直径条件下的射流流场中均只有一道明显的压缩波——前驱激波，即出口直径的变化并不改变前驱激波结构。

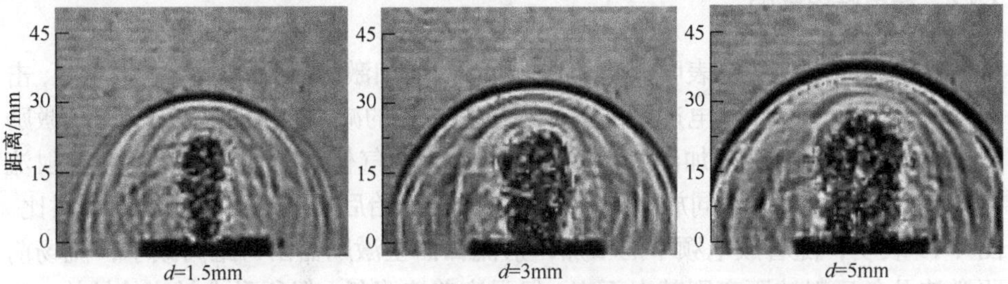

图 4-17　放电开始后 100μs 射流流场结构随激励器出口直径的变化

当 d=1.5mm 和 3mm 时，前驱激波以 345m/s 的当地声速传播，d=5mm 时的前驱激波在射流流场建立的起始阶段会以大于当地声速的速度传播。实验测得 d=5mm 时的前驱激波最大速度约为 395m/s，而射流速度峰值随激励器出口直径的变化如图 4-18 所示。由图可知，激励器出口直径的增加会增大射流速度，但对速度的改变作用相对较小，速度峰值从 d=1.5mm 时的约 300m/s 增大至 d=5mm 时的约 360m/s，增幅约为 20%。

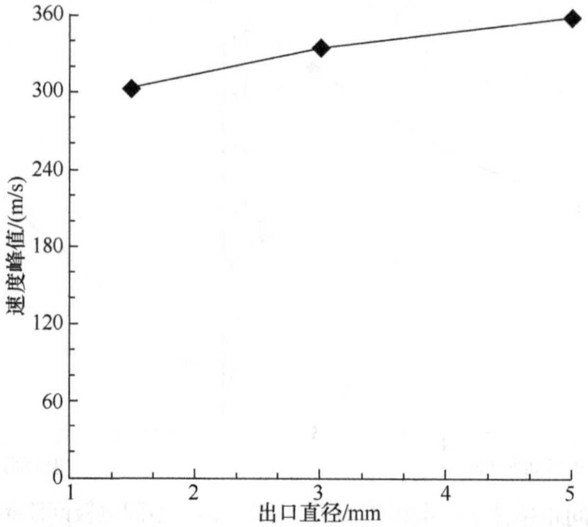

图 4-18　不同激励器出口直径条件下三电极等离子体射流速度峰值

由前文的结果可知，即使当激励器工作条件可以产生大于当地声速的等离子体射流时，射流流场结构中并无明显的马赫盘结构存在，射流仍以亚声速湍流结构向下游传播。其原因在于激励器喷出的高速射流为电弧放电加热产生的高温等离子体气体[4]，气体温度的升高增大了射流局部声速，所以虽然腔体体积 V=450mm^3 的激励器形成的等离子体射流速度峰值高达 480m/s，但仍低于射流局部声速，属亚声速射流。

4.2.6　放电频率影响

放电特性实验结果表明，随着放电频率的增加激励器工作击穿电压降低，击穿电压的降低会导致放电产生的腔体内沉积能量的减小，并且频率提高后，激励器腔体温度的升高会增加激励器腔体内吸气复原气体初始能量，从而影响射流流场特性。图 4-19 为不同放电频率条件下放电开始后 100μs 射流流场结构对比。图 4-19 表明，随着放电频率的增加，射流锋面至激励器出口距离减小，流场前驱激波及各反射波距离则基本不变，但强度普遍降低。但所形成射流的结构、流场发展形势基本一致。综合放电与流场特性可以发现，虽然 f=50Hz，V=1750mm^3 激励器工况的 Q/E 小于 f=1Hz，V=3500mm^3 激励器工况，但高频条件下的射流仍以连续湍流射流结构传播，这表明小的 Q/E 并不会必然引起射流流场结构的改变，只有在一定的激励器腔体体积条件下才可以改变射流结构。

图 4-20 和图 4-21 为不同放电频率条件下射流锋面至激励器出口距离随时间的变化及可以达到的最大射流速度。由图 4-20 可知，当激励器频率较小时(f=1Hz 和 5Hz)，射流锋面至激励器出口距离相差不大。随着频率的增加，射流锋面距离差开始变大，但当频率增加到 30Hz 及以上时，射流锋面距离差开始变小。其原

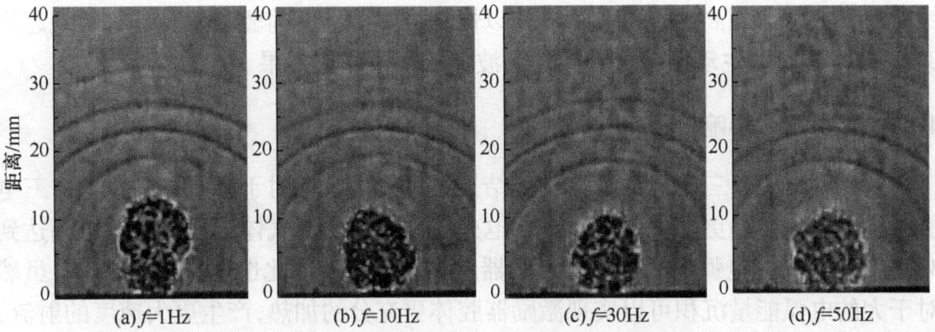

图 4-19　不同放电频率下放电开始后 100μs 射流流场对比

因在于：一是放电频率的增加降低了击穿电压和沉积能量，使得射流速度降低；二是当激励器放电频率增加时，腔体的加热作用变得明显，腔内气体初始温度的增加使得电加热产生的腔内气体相对温差及增压效果降低，从而降低形成的射流速度。当频率较高时，激励器工作稳定以后对腔体的加热达到了热力平衡，加热效果对射流速度的影响作用也开始降低。放电特性实验结果也表明，随着放电频率的增加，腔内能量沉积减小幅度变缓。上述因素反映在射流速度上，即为图 4-21 所示的速度峰值以先快后慢的趋势减小。这表明，提高激励器工作频率虽然会降低射流的速度，但在较宽频率范围内射流仍可以维持在一个相对较高的速度水平(约为 175m/s)。

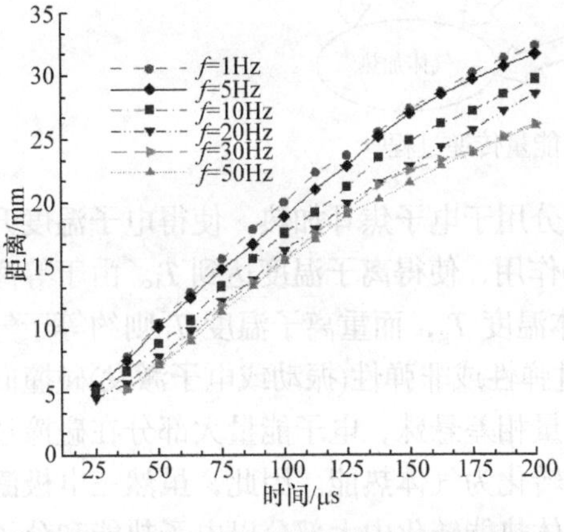

图 4-20　不同放电频率射流锋面至激励器出口距离

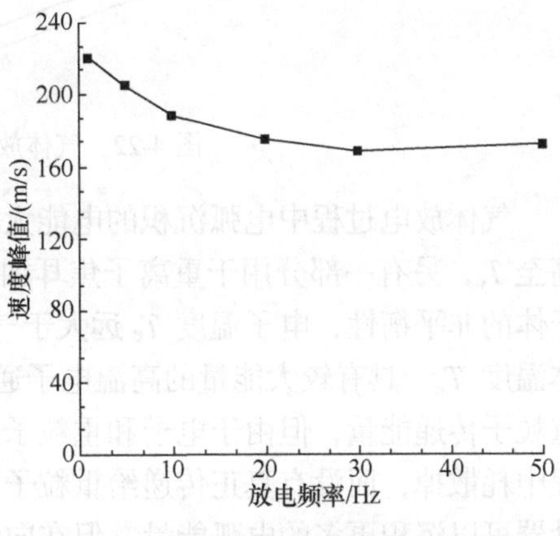

图 4-21　不同放电频率射流速度峰值

综上，激励器出口直径、腔体体积和放电频率的改变都会影响激励器射流速度、前驱激波强度和流场结构等特性，虽然激励器结构及电源设计有待进一步改进，但实验结果也验证了在较宽的工况条件下，等离子体合成射流激励器都可以维持所形成射流的高速特性和流场内以恒定声速传播的前驱激波，具有实现超声速/高超声速流场主动流动控制涡控和波控的双重作用效果。

4.2.7　环境压力影响

对比两电极、三电极激励器实验结果可以发现，相对于两电极激励器，三电极激励器可以传递更多电容能量至放电火花电弧，不同气体压强条件下增幅达到3～5倍，而火花电弧沉积能量与激励器腔内初始能量之比也增加了约5倍。虽然对于大的电弧能量沉积可以实现激励器腔体更充分的加热，产生更大速度的射流，但三电极等离子体合成射流速度相对于两电极激励器仅从345m/s增至460m/s，增幅约为30%，即三电极激励器沉积的更多电弧能量并没有完全转化为射流的动能，而是在能量传递过程中以其他各种形式消耗了，如图4-22所示。

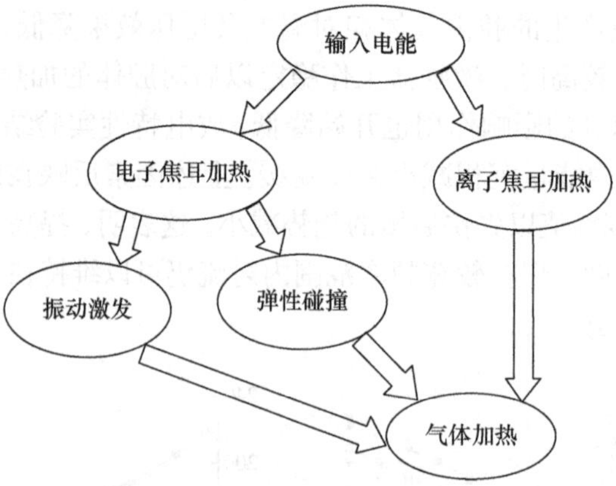

图4-22　气体放电能量传递过程[3]

气体放电过程中电弧沉积的电能大部分用于电子焦耳加热，使得电子温度升高至T_e，另有一部分用于重离子焦耳加热作用，使得离子温度达到T_i。由于等离子体的非平衡性，电子温度T_e远大于气体温度T_g，而重离子温度T_i则约等于气体温度T_g。具有较大能量的高温电子通过弹性或非弹性(振动或电子激发)碰撞向重粒子传递能量，但由于电子和重粒子质量相差悬殊，电子能量大部分在碰撞过程中耗散掉，而没有真正传递给重粒子，转化为气体热能。因此，虽然三电极激励器可以沉积更多的电弧能量，但在向气体热能转化中大部分以电子热能和分子振动能形式存在，没有有效用于气体加热，即气体加热的能量利用效率降低，所以射流速度并没有按能量增加的比例增大。当激励器能量沉积较小时，例如对于两电极激励器$Q/E\approx7\sim12$，大的能量沉积还可以改善腔内气体加热效果，射流强度(衰减速度)及速度峰值随能量沉积的增加增大。但对于三电极激励器$Q/E>40$，由于气体加热效率的降低，转化为腔内气体热能的总的能量已经饱和，腔内加热效果相同，不同 Q/E 条件下可以实现的腔体内外压比变化不大，射流喷出后的膨胀过程基本一致，所产生的射流速度峰值基本一致。但 p=0.6atm 时可以获得具有更大射流和前驱激波强度的射流，其原因还需要开展更深层次的机理研究，尤其是激励器工作过程中的能量转换过程、等离子体中各粒子温度测量的研究。

图 4-23 为低气压条件下不同电容大小在放电开始后 100μs 的射流流场结构对比。大的电容产生大的能量沉积，可以实现激励器腔内气体更充分的加热，有助于射流流场特性的改善，在图 4-23 中表现为随着电容的增加，前驱激波及射流锋面至激励器出口距离逐渐增大，射流及前驱激波密度梯度增大。同时图 4-23 还表明，随着电容的增加，前驱激波及射流锋面距离的增幅减小(具体结果见图 4-24 和图 4-25)，但在腔体体积 V=700mm^3，射流出口直径 d=3mm 的相同条件下，所形成的射流宽度明显变大。这表明随着电容的增加，射流形成过程中喷出的气体质量增加。当电容达到 C=9μF 时，射流结构也发生了改变，由典型的“蘑菇状”结构变为“金字塔状”。

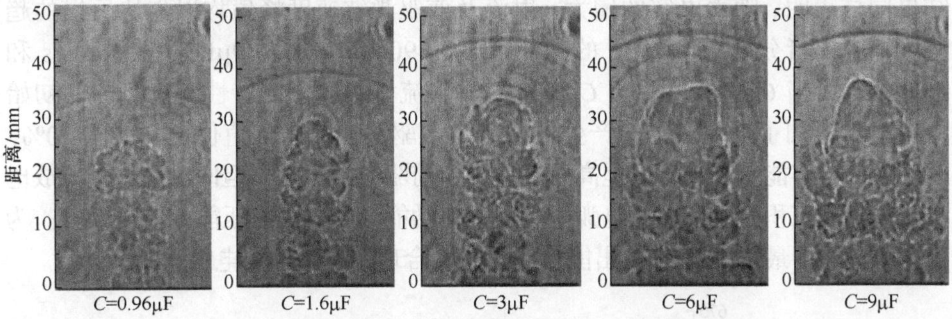

图 4-23　不同电容大小放电开始后 100μs 射流流场结构

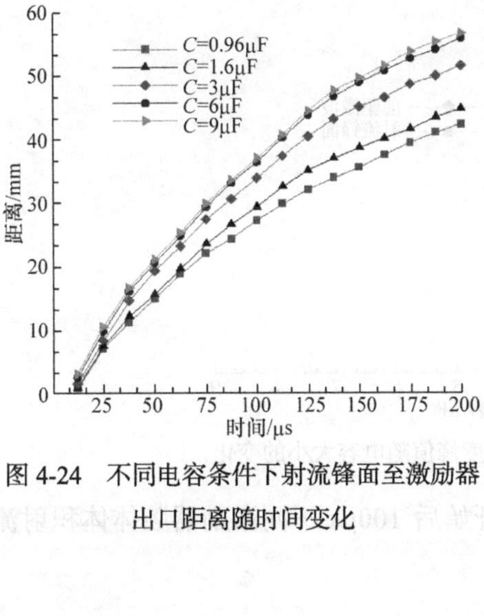

图 4-24　不同电容条件下射流锋面至激励器出口距离随时间变化

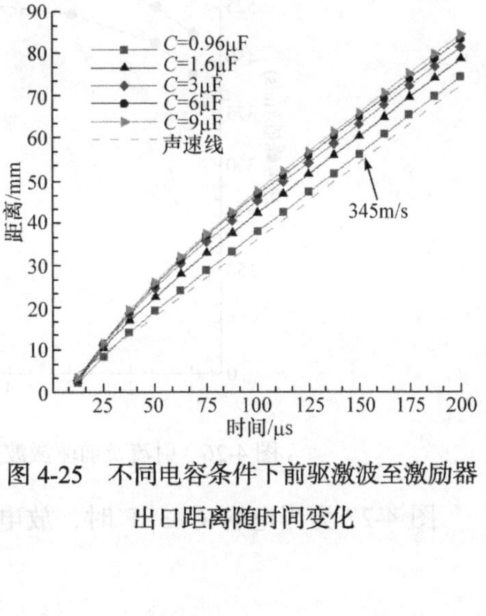

图 4-25　不同电容条件下前驱激波至激励器出口距离随时间变化

不同电容条件下射流锋面及前驱激波至激励器出口距离随时间的变化分别如图 4-24 和图 4-25 所示。由图 4-24 可知，对于不同电容大小，在 t=12.5μs 时，出口处都有明显的射流出现，但射流锋面至激励器出口距离则随着电容的增加而增大，即放电能量的增加可以更快地建立射流流场，提高激励器射流的响应速度。图 4-25 则表明，前驱激波至激励器出口距离基本不随电容大小的变化而改变，即气体具有恒定的受热膨胀的响应速度。同时图 4-25 还表明，各不同电容条件下产生的前驱激波，在射流开始的前期阶段其速度均大于当地声速。综合图 4-24 和图 4-25 可以发现，当电容从 0.96μF 增加至 3μF 时，射流锋面及前驱激波至激励器出口距离都明显增大，但当 C>3μF 后，二者增速变缓，尤其是当 C=6μF 和 C=9μF 时，电容大小对射流的发展几乎没有影响，而对射流控制能力的改善主要通过射流宽度的增加和气体喷出质量的增大实现，如图 4-23 所示。

不同电容条件下可以达到的射流及前驱激波速度峰值如图 4-26 所示。其结果同样表明，随着电容的增大，射流及前驱激波速度峰值均以先快后慢的趋势增加，二者分别从 0.96μF 的 430m/s 和 490m/s 增加至 9μF 时的 556m/s 和 645m/s，而当 C=6μF 增加到 C=9μF 时，射流流场的速度特性基本不变。初始电容能量增加了约 9 倍，而产生的射流及前驱激波速度峰值仅增加了约 30%，因此大的电容能量虽然可以提高射流速度及前驱激波强度，但同时也会降低放电电弧的相对沉积能量，减小电弧能量向射流动能及前驱激波压能的转化效率。为了获得激励器最佳的输入/输出能量比，需要合理选择激励器电容大小。

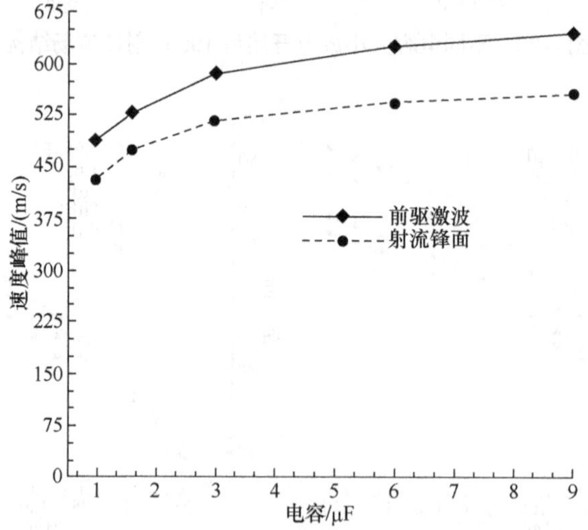

图 4-26　射流及前驱激波速度峰值随电容大小的变化

图 4-27 为当电容 C=3μF 时，放电开始后 100μs 不同激励器腔体体积射流

流场结构对比。由图可知，随着激励器腔体体积的增加，射流锋面和前驱激波至激励器出口距离整体上呈逐渐减小的趋势变化，而减小幅度则具有先小后大的特点，所形成射流的宽度随着激励器腔体体积的增加明显减小。当 V=300mm^3 和 450mm^3 时，激励器流场中的射流锋面和前驱激波至激励器出口距离基本相同，但腔体体积为 300mm^3 的射流结构发生了变化，呈“金字塔”形状。随着激励器腔体体积的进一步增加，其对射流发展的影响作用开始变得显著，当激励器腔体体积达到 3500mm^3 时，射流宽度、距离和密度梯度减小，前驱激波强度减弱。

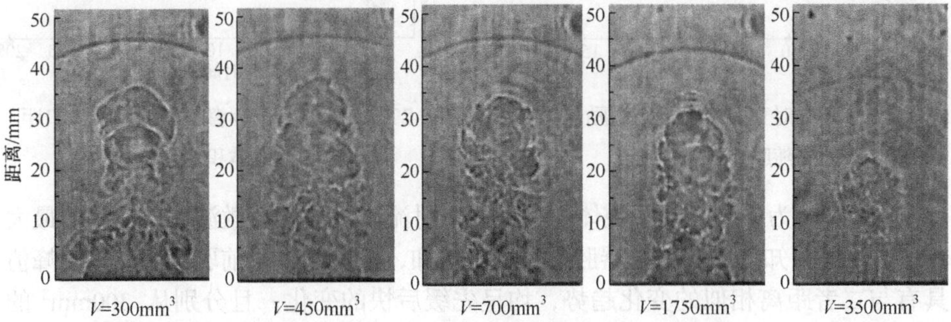

图 4-27　放电开始后 100μs 不同激励器腔体体积射流流场结构

图 4-28 和图 4-29 分别为不同激励器腔体体积条件下射流锋面和前驱激波至激励器出口距离随时间的变化。由两图可知，当腔体体积从 3500mm^3 减小至 1750mm^3 时，射流锋面及前驱激波至激励器出口距离均明显改变，这表明在相同放电参数和能量沉积条件下，1750mm^3 的激励器腔体体积可以实现更充分的加热，在腔体内外建立较大压差。但随着激励器腔体体积的进一步减小，射流及前驱激波至激励器出口距离的变化不再显著。尤其是当 V<700mm^3 时，射流锋面及前驱激波至激励器出口距离基本不变。这表明当放电电弧对激励器腔体加热到达一定限度时，继续减小腔体体积(受热气体质量)，并不会持续显著增大气体喷出后的膨胀速率，但可以增加气体的喷出质量。从图 4-28 还可以发现，当 t>125μs 时，腔体体积为 300mm^3 和 450mm^3 的激励器射流锋面至激励器出口距离反而小于体积为 700mm^3 的激励器。其原因在于小的激励器腔体所产生的射流更宽，其在向下游的运动过程中与周围静止气体接触面积大，卷吸及耗散作用更强，因而射流的衰减速率更快。图 4-29 则表明，当激励器腔体体积为 3500mm^3 时，由于放电加热得不充分，前驱激波速度在更短的时间内即衰减至当地声速。

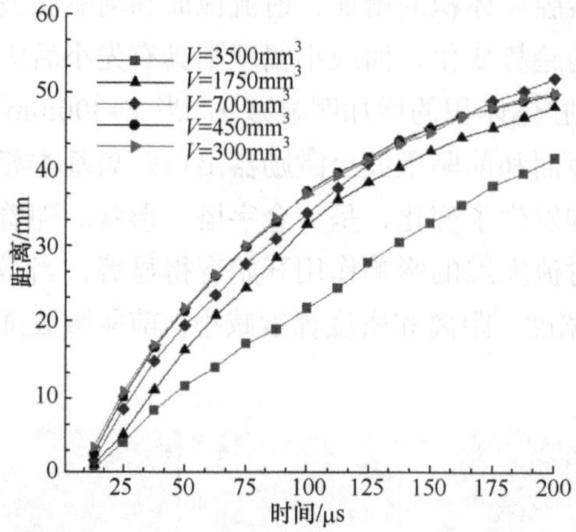

图 4-28 不同时刻射流锋面至激励器出口距离随腔体体积的变化

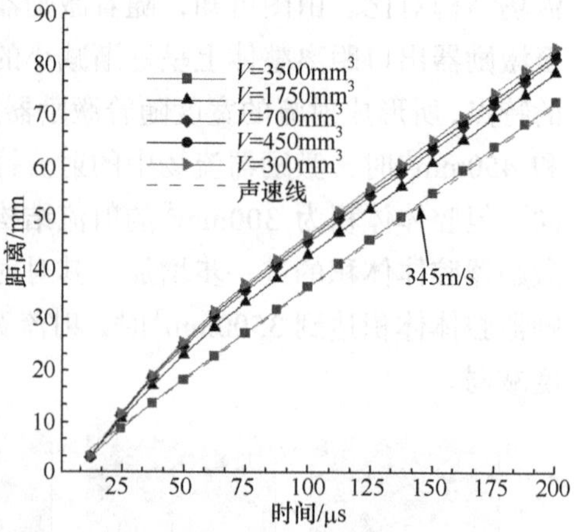

图 4-29 不同时刻前驱激波至激励器出口距离随腔体体积的变化

图 4-30 为不同激励器腔体体积条件下射流锋面及前驱激波可以达到的最大速度。由图可知，随着激励器腔体体积的增加，射流锋面及前驱激波的速度峰值具有与二者距离相似的变化趋势，均呈先缓后快的变化，且分别从 300mm³ 的 635m/s 和 547m/s 降至 3500mm³ 的 378m/s 和 302m/s。约 11 倍的体积增加，导致射流锋面及前驱激波速度峰值减小约 14%。

电容大小及激励器腔体体积大小对激励器工作特性的影响，归根结底还是电弧沉积能量与腔内初始能量之比的影响。图 4-31 给出了激励器工作过程中电弧沉积能量与腔内初始能量之比随电容及腔体体积归一化的变化关系，其中电容及腔

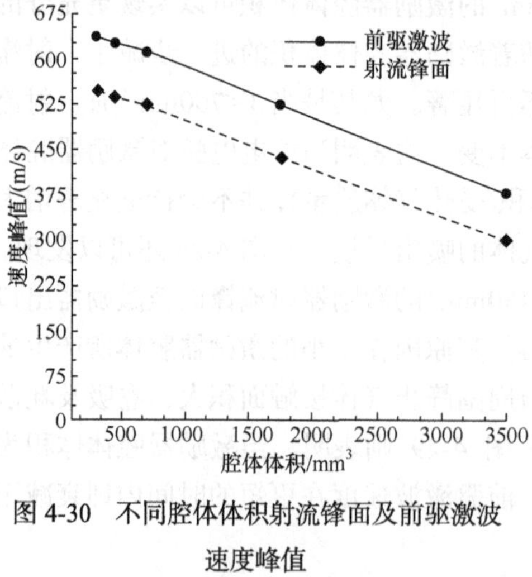

图 4-30 不同腔体体积射流锋面及前驱激波速度峰值

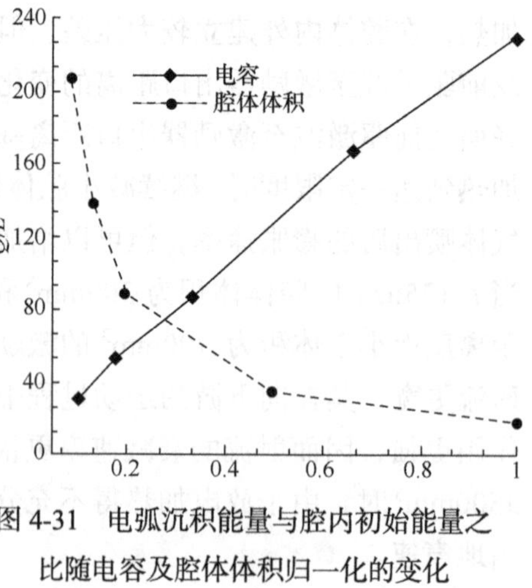

图 4-31 电弧沉积能量与腔内初始能量之比随电容及腔体体积归一化的变化

体体积的归一化均是通过同除以各最大工况参数获得。由图 4-31 并结合图 4-23 和图 4-27 可知，要想实现激励器射流速度特性的提高，只需增大电弧沉积能量与腔内初始能量之比即可实现，而通过增加电容大小达到更大的能量沉积，或通过减小激励器腔体体积减小腔内初始能量的效果基本一致。但大的放电电容可以更好地维持射流较高的速度，并且提供更多的气体工质。因此，为实现不同的流动控制目的，需要选择不同激励器工作参数，达到提高激励器能耗比的目的。

放电开始后 100μs 不同气压条件下三电极激励器射流流场结构如图 4-32 所示，激励器出口直径为 d=3mm。由图可知，不同气压条件下三电极激励器射流流场与两电极流场变化趋势相同，结构相似，但三电极激励器射流流场中压缩波波系变得较为简单，仅有一道强的前驱激波，不再有强的反射波。随着气压的升高，阴影技术反映的等离子体射流及前驱激波密度梯度变大，表明等离子体射流密度相对于环境密度增大，射流质量流量增加，前驱激波压缩程度相对增大。

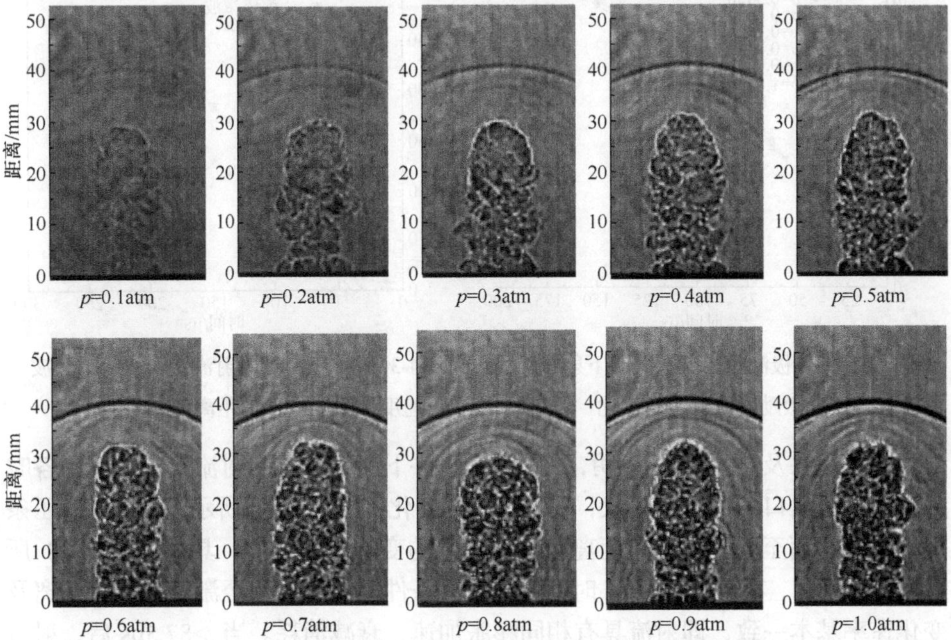

图 4-32　放电开始后 100μs 不同气压条件下三电极激励器射流流场结构

从图 4-32 可以直观地看出，不同气压条件下前驱激波至激励器出口距离相差不大，约为 40mm。相对于两电极激励器，相同时刻前驱激波距离增加了约 6mm，这表明三电极激励器射流流场中前驱激波具有更大的运动速度，而不再是以 345m/s 的当地声速传播。不同气压条件下射流锋面至激励器出口距离约为 30mm，相对于两电极激励器，距离增加了约 10mm，所以三电极激励器射流速度也有明显提高。仔细分析图 4-32 可以发现，气压条件对三电极射流锋面的具体影响与两电极激励器相似，均在约 p=0.6atm 时存在有极大值，但 p=0.1atm 时射流锋面至激励器出口距离并没有出现突然增大，具体数值变化如图 4-33 所示。

为了分析射流流动特性具体的变化过程，图 4-34 给出了 p=0.5atm 时，射流锋面及前驱激波至激励器出口距离随时间的变化，图中还给出了 345m/s 的当地声速线。由图可知，前驱激波具有图 4-8 相似的发展过程，同样分为大于当地声速和等于当地声速两个阶段：当 t=0～50μs 时，前驱激波至激励器出口距离偏离了声速线，即前驱激波以大于当地声速的速度传播；当 t>50μs 时，前驱激波至激励器出口距离开始呈线性变化，并且与声速线基本重合，前驱激波又以当地声速传播。

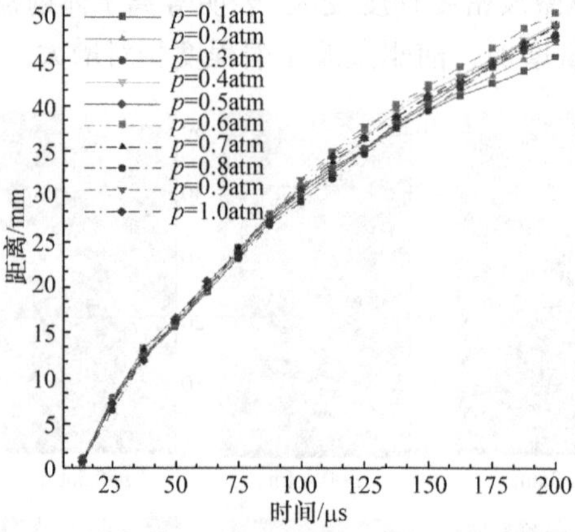

图 4-33　三电极激励器不同气压下射流锋面至激励器出口距离变化

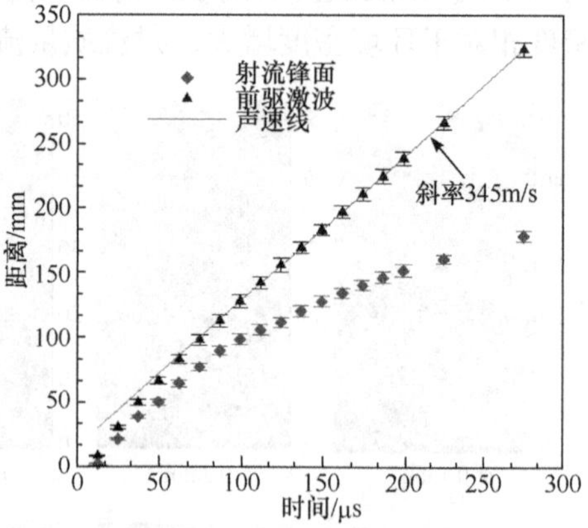

图 4-34　p=0.5atm 时射流锋面及前驱激波速度至激励器出口距离随时间的变化

实验结果及图 4-32 均表明，不同气压条件下前驱激波在射流发展过程中各时刻至激励器出口距离基本一致，其随时间的变化均如图 4-34 所示，而不同气压条件下射流锋面至激励器出口距离随气体压强的变化稍有差异，具体如图 4-33 所示。由图可知，在 t=70～80μs 时，不同气压条件下射流锋面至激励器出口距离及变化速率基本一致，即射流具有相同膨胀加速、衰减消耗。当 t>87.5μs 后，射流距离开始出现差异，其中 p=0.6atm 时距离逐渐变为最大，0.1～0.6atm 时距离随着气压的升高而增大，0.6～1.0atm 射流距离则随着气压的升高而降低。大的距离表示射流具有更大的平均速度和强度，更慢的耗散率。图 4-33 的结果表明，当 p=0.1～0.6atm 时，随着气压的升高，射流耗散速度逐渐减小，平均速度增大；当 p=0.6～1.0atm 时，随着气压的升高，射流耗散速度逐渐增加，平均速度减小。在射流发展过程中，可以达到的最大速度则如图 4-35 所示。

图 4-35 的结果表明，三电极激励器前驱激波及射流锋面速度峰值并不随气压的不同而明显变化，其中前驱激波的最大速度维持约为 530m/s，射流锋面速度峰值约为 460m/s。图 4-35 表明，前驱激波及射流锋面速度峰值均超过了当地声速(345m/s)，但由于射流锋面温度升高，当地声速增大，射流锋面速度仍低于当地声速，属亚声速射流。

在射流流场的前驱激波结构中，前方黑色部分为压缩区域，紧随压缩区域的白色部分为膨胀区域，如图 4-32 中所示。为了评价不同气压条件下的前驱激波强度，在此将压缩波像素点平均灰度值减去膨胀波像素点平均灰度值作为前驱激波强度的表征[5]，其结果如图 4-36 所示。由图可知，从 p=0.1atm 开始，随着气压的增大，前驱激波强度增加，当 p=0.6atm 时达到最大，之后开始减小并趋于稳定。结合图 4-33 可以发现，激励器射流强度和前驱激波强度均在 p=0.6atm 达到峰值。

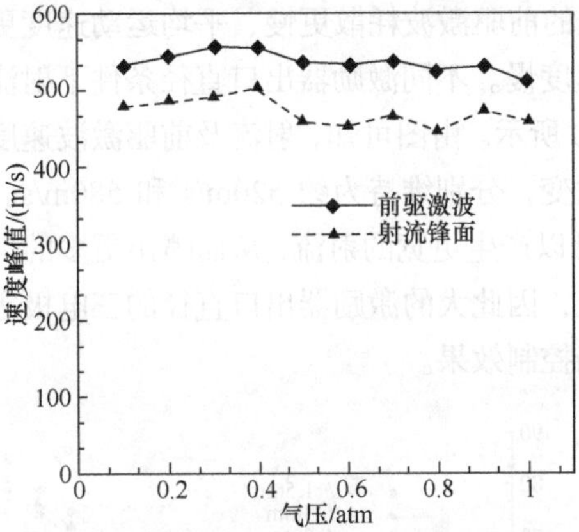

图 4-35　不同气压条件下三电极激励器前驱激波及射流锋面速度峰值

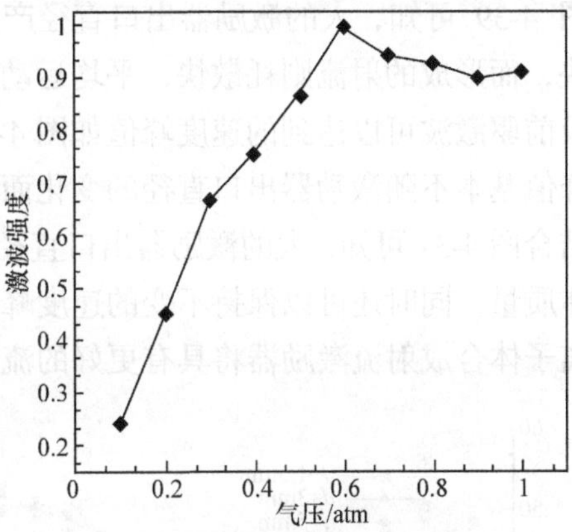

图 4-36　三电极激励器前驱激波强度随气压的变化

图 4-37 为当电容 C=3μF、激励器腔体体积 V=700mm^3 时，放电开始后 100μs 不同激励器出口直径条件下的射流流场结构。由图可知，激励器出口直径的改变对射流锋面及前驱激波至激励器出口距离的影响不大，但随着出口直径的增加，形成射流的宽度及前驱激波强度明显增大。

不同出口直径条件下射流锋面及前驱激波至激励器出口距离随时间的变化如图 4-38 和图 4-39 所示。由图 4-38 可知，当 $t \leqslant 100$μs 时，三种不同激励器出口直径条件下的射流具有一致的运动特性，随着射流的继续发展，d=5mm 激励器的射流锋面至激励器出口距离开始减小，而 d=1.5mm 和 3mm 的射流运动仍基本一致。当 $t>100$μs 时，d=5mm 的射流距离开始小于 d=1.5mm 和 3mm 的激励器。图 4-39 则表明，当 $t>50$μs 时，大的射流出口直径使得前驱激波具有更大的运动距离，而

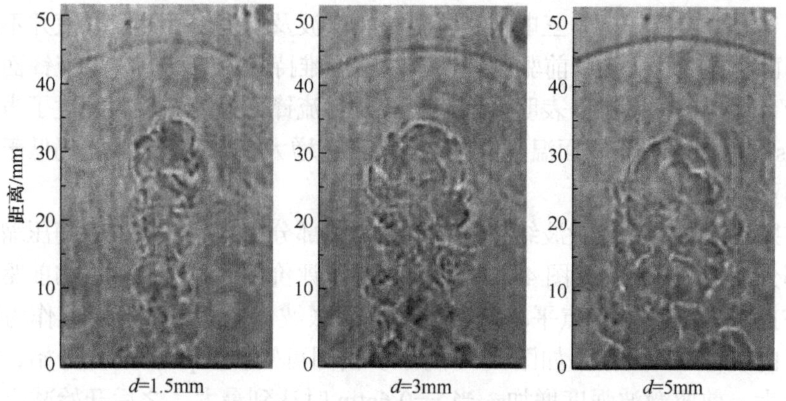

图 4-37　放电开始后 100μs 不同激励器出口直径射流流场结构

t≤50μs 时，不同激励器出口直径的前驱激波具有相同的运动距离。由图 4-38 和图 4-39 可知，大的激励器出口直径产生的前驱激波耗散更慢、平均运动速度更快，而形成的射流则耗散快，平均运动速度慢。不同激励器出口直径条件下射流及前驱激波可以达到的速度峰值如图 4-40 所示。由图可知，射流及前驱激波速度峰值基本不随激励器出口直径的变化而改变，分别维持为约 520m/s 和 580m/s。结合图 4-37 可知，大的激励器出口直径可以产生更宽的射流，从而喷出更多的气体质量，同时还可以保持不变的速度峰值，因此大的激励器出口直径的三电极等离子体合成射流激励器将具有更好的流场控制效果。

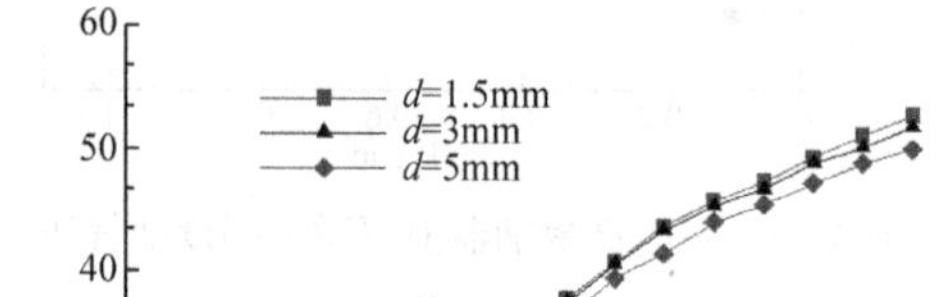

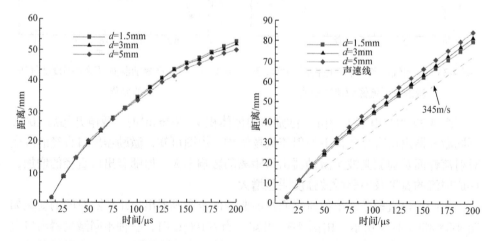

图 4-38　不同出口直径射流锋面至激励器出口距离的变化

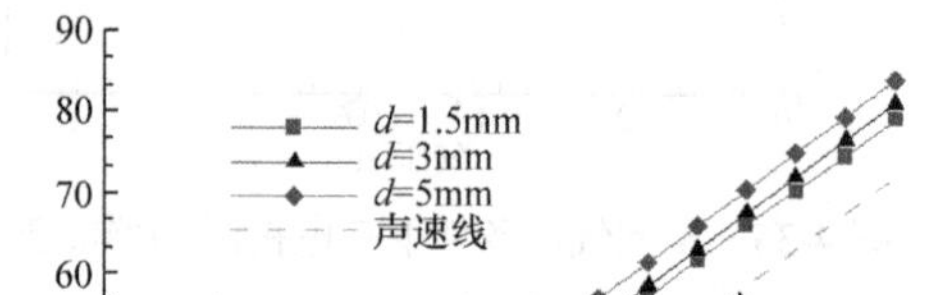

图 4-39　不同出口直径前驱激波至激励器出口距离的变化

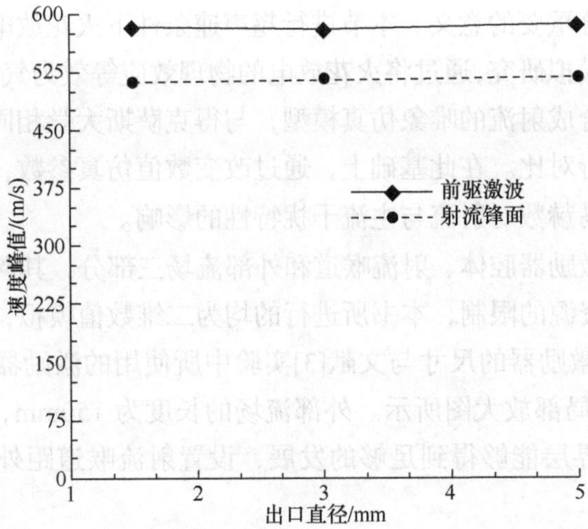

图 4-40　不同激励器出口直径射流锋面及前驱激波速度峰值

4.3　高速来流环境

4.3.1　典型流场特征

4.3.1.1　数值仿真

超声速流动控制是火花放电合成射流激励器的一个主要应用方向。美国约翰斯·霍普金斯大学 Grossman 等[6,7]首先开展了火花放电合成射流激励器用于超声速条件下流动控制的研究，通过数值模拟计算得到等离子体合成射流可以穿透马赫数 3 的超声速流场边界层，并引起横向主流边界层转捩，首次验证了等离子体合成射流激励器用于超声速流场主动流动控制的可行性。得克萨斯大学的 Narayanaswamy 等[3]利用自己设计的两电极火花放电合成射流激励器对射流与超声速主流的干扰特性进行了研究，通过纹影锁相技术得到的结果表明，峰值电流 1.2A 的等离子体合成射流对马赫数 3 的超声速主流垂直喷射时的射流穿透度达到 6mm，低密度射流在其上游处引起一道激波，初步估计得到射流与主流的动量通量比约为 0.6。此外，法国国家航空航天科研局、新泽西州立大学及国防科技大学等单位也相继开展了火花放电合成射流激励器在超声速条件下的主动流动控制研究[8-10]。

目前，针对等离子体合成射流的流场观测仍以纹影/阴影技术为主，这种方法不易精确得到射流的速度、密度、质量流量等关键参数，并且实验研究特别是超声速条件下的射流实验仍受到客观实验条件和成本的限制，因此开展相应的数值仿真研究具有十分重要的意义。本节进行超声速条件下火花放电合成射流与主流干扰特性的数值模拟研究，通过将火花放电的物理效应等效为气体焦耳加热作用，建立了等离子体合成射流的唯象仿真模型，与得克萨斯大学相同实验条件下的得到的实验结果进行对比。在此基础上，通过改变数值仿真参数，进一步研究注入电能大小及来流马赫数对射流与主流干扰特性的影响。

计算域包括激励器腔体、射流喉道和外部流场三部分，其网格划分如图 4-41 所示。受到计算资源的限制，本书所进行的均为二维数值模拟，总的计算网格数约为 8 万。其中激励器的尺寸与文献[3]实验中所使用的激励器尺寸相同，具体尺寸如图 4-41 中局部放大图所示。外部流场的长度为 150mm，高度为 50mm。为了使得来流边界层能够得到足够的发展，设置射流喉道距外部流场左端入口 80mm。

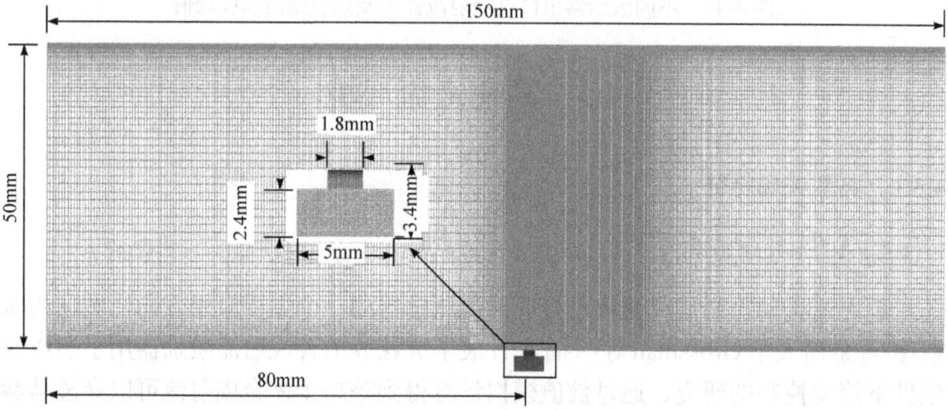

图 4-41　计算域及网格划分

为了能够对激励器腔体和射流喉道内流场的剧烈变化进行比较准确的模拟，对这两部分的网格进行局部加密，网格尺寸保持为 0.02mm×0.02mm。外部流场上、下壁面边界层进行加密，第一层网格高度为 0.01mm，网格增长率为 10%，使得壁面 Y+最大值小于 2。另外，为了能够捕捉到较好的激波结构，对激励器及其下游局部区域的网格也进行了加密。对于外部流场其他区域，使网格最大边长约为 1mm。

外部流场上、下边界设为无滑移绝热壁面，左端设为压力入口，右端为压力出口，根据马赫数的不同，来流总压分别设置为 36.5kPa(*Ma*=2)、171.4kPa(*Ma*=3)和 708.5kPa(*Ma*=4)，静压保持为 4666.27Pa(35torr)，总温保持为 300K。激励器腔体和射流喉道边界设为等温壁面，壁面温度为来流静温。

根据文献[3]，激励器工作过程中可以将整个腔体视为放电通道，并作为能量注入区域，在放电电流为 3.5A 条件下单次放电注入电能约为 40mJ，能量注入过程主要集中在放电开始 5μs 内，电能到气体热能的转换效率约 10%。根据第 2 章中的基本假设认为气体加热在时间和空间上为均匀分布，可以得到能量注入区域的功率密度 $\dot{q}_{\mathrm{el}}$ 为

$$\dot{q}_{\mathrm{el}} = \frac{\eta_{\mathrm{t}} \cdot E}{V \cdot \tau} \tag{4-1}$$

其中气体加热效率 η_{t} =10%，腔体体积 V=90.5mm^3，注入时间 τ =5μs，注入电能 E 根据下文不同算例分别设定为 30mJ、40mJ、100mJ、150mJ 和 200mJ。

为了研究注入电能大小及来流马赫数对射流与主流干扰特性的影响，本书选取如表 4-1 所示计算算例进行分析。其中算例 1～算例 5 为不同注入电能大小下的对比算例，算例 4、算例 6 和算例 7 为不同来流马赫数下的对比算例。

表 4-1　计算算例说明

算例	E/mJ	马赫数
1	30	3
2	40	3
3	100	3
4	150	3
5	200	3
6	150	2
7	150	4

本书首先选取算例 2 进行分析，其注入电能大小与来流马赫数均与文献[3]中实验条件相同。图 4-42 所示为算例 2 放电开始后不同时刻局部流场速度矢量图。由图可知，在放电开始后 5μs，激励器出口处已有较强的扰动；在放电开始后约 9μs，速度扰动开始穿过边界层(厚度约为 2.22mm)，并且此时在激励器出口上游已出现分离区；在放电开始后约 12μs，激励器出口处的速度达到最大值，最大速度约为 344m/s，上游分离区持续增大；在放电开始后约 31μs，上游分离区达到最大，分离点至激励器出口的距离约为 3.24mm；在放电开始后约 39μs，上游分离区消失；在放电开始后约 125μs，激励器出口的质量流率由正变负，激励器开始进入回填阶段；到放电开始后约 270μs，激励器回填的质量流率达到最大值约 1.24×10^{-6}kg/s。

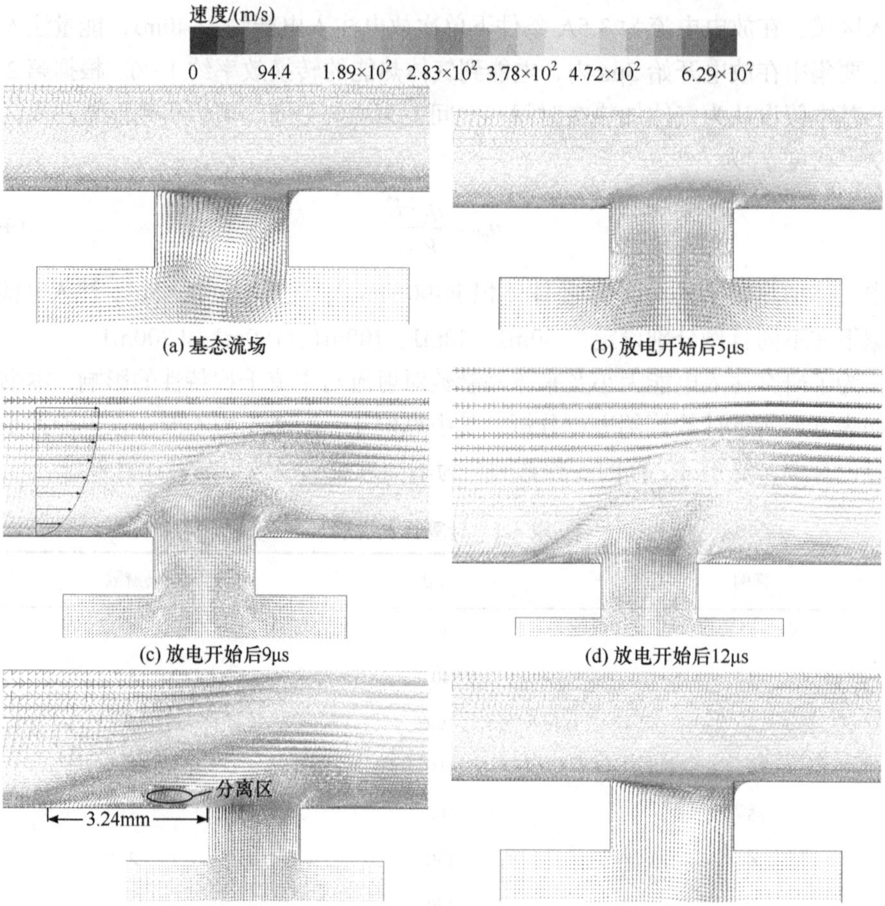

(a) 基态流场　　(b) 放电开始后5μs

(c) 放电开始后9μs　　(d) 放电开始后12μs

(e) 放电开始后31μs　　(f) 放电开始后270μs

图 4-42　算例 2 放电开始后不同时刻局部流场速度矢量图

图 4-43 所示为算例 2 放电开始后不同时刻局部流场密度云图。由图可知，由于横向射流对超声速主流的阻碍作用，在流场中可以产生激波，此激波不再是静止空气中喷流时产生的球对称结构的前驱激波，而是先由射流喷出早期的弓形激波(图 4-43 中放电开始后 13μs、18μs)逐渐发展成的一道较弱的斜激波(图 4-43 中放电开始后 25μs、35μs)。激波的强度呈现先增强后逐渐减弱的变化趋势，弓形激波大约在放电开始后 18μs 达到最强，之后逐渐衰减为一道斜激波，随着时间的推移，斜激波的强度进一步减弱，角度逐渐减小。此外，由图 4-43 可见，与激波所形成的高密度区相对的是下方的高温低密度射流，在放电开始后 25μs、35μs，射流锋面距激励器出口的流向距离分别约为 9.11mm、14.39mm。据此估算，射流锋面的移动速度约为 528m/s，与超声速主流速度 622.73m/s 存在较大差距，这是由于在算例 2 的注入电能大小和来流马赫数条件下，射流强

度相对较小，在放电开始后 25～35μs，射流仍主要停留在来流速度较低的边界层内。

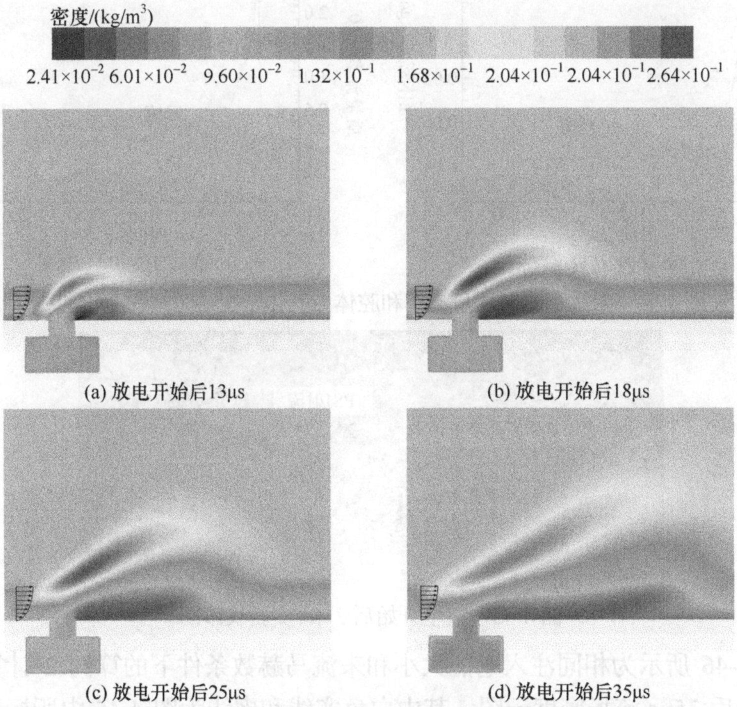

图 4-43　算例 2 放电开始后不同时刻局部流场密度云图

此外，超声速主流的存在也对激励器的工作性能具有重要影响。图 4-44 所示为激励器出口质量流率(正值表示从激励器喷出)和腔体内气体密度随时间的变化曲线，其中图 4-44(a)为算例 2 结果，图 4-44(b)为相对应的在静止空气中喷流的结果，两种条件下激励器尺寸、注入电能大小、环境静压及气体总温保持相同。由图 4-42(f)和图 4-44 可知，激励器在超声速条件下工作时，由于外部气体具有一定的流向速度，单纯依靠激励器腔体的负压来吸收外部空气变得更加困难，因此在超声速条件下激励器腔体的回填速率相比静止条件下大幅降低，这将导致激励器高频工作时更容易因没有足够的工质回填而出现熄火，使激励器工作频率的提高受到很大限制。

图 4-45 所示为文献[3]给出的放电开始后 35μs 等离子体合成射流与超声速主流干扰特性的实验纹影图。图中白色实线为射流诱导产生的激波所在位置，在激波下方还可以看到一片较亮的区域，根据刀口摆放位置可以判断此区域密度较低，正是高温低密度射流所在的区域，图中白色虚线为射流中心线所在位置。实验中的边界层厚度Δ=4mm，通过估算得到射流中心线的最大穿透深度约为 1.5 倍边界层厚度。

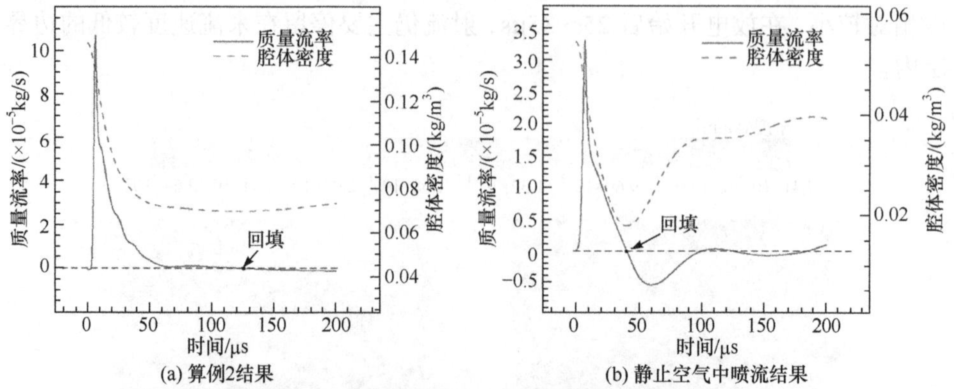

图 4-44　激励器出口质量流率和腔体内气体密度随时间的变化曲线

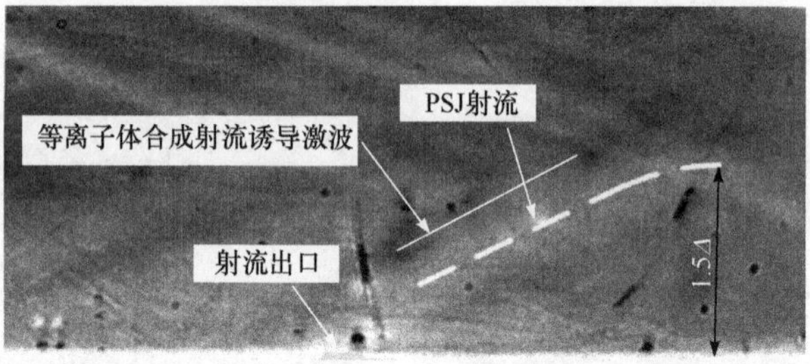

图 4-45　放电开始后 35μs 实验纹影图

图 4-46 所示为相同注入电能大小和来流马赫数条件下的算例 2 计算得到的放电开始后 35μs 流场密度云图，其中白色实线和虚线为图 4-45 中所标示的实验所得激波和射流中心线位置。由图 4-46 可知，数值仿真所得到的激波位置和角度与实验结果吻合较好。但是数值仿真所得到的射流位置与实验结果差别较大，仿真得到的射流的穿透度要远小于实验结果，射流的移动速度要大于实验结果。分析认为误差存在以下两个原因：一是数值仿真时的来流边界层厚度仅为 2.22mm，要远小于实验时的 4mm，这导致数值仿真时近壁面处主流的流向速度要远大于实验，因此主流对于射流的纵向阻碍作用更大，流向夹带作用也要更强，使得射流纵向穿透深度减小，而流向移动速度加快，实验时的厚边界层相当于为横向射流创造了一个较大的低速缓冲区域，使得射流穿透度大大提高；二是本书所采用的二维模拟与真实情况存在一定偏差，二维条件下所得到的射流速度要明显小于真实情况，这更加导致射流的穿透度小于实验结果。

4.3.1.2　实验测量

图 4-47 为等离子体合成射流激励器不工作时，*Ma*=2 的超声速静风洞基本流场结构。图 4-47 中超声速气流流动方向是从左向右，激励器布置位置也在图中标

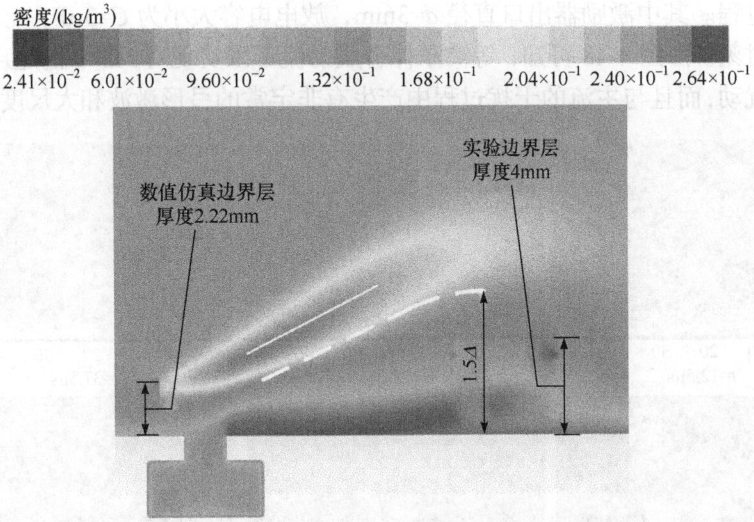

图 4-46　算例 2 放电开始后 35μs 流场密度云图

出。由图 4-47 可知，即使无等离子体合成射流喷入，超声速流场中仍存在有多道强弱不同的安装激波及其反射激波。这些安装激波主要是由于实验段开窗与实验段安装、实验件与底板等安装时无法严格平滑过渡及中心平板加工误差和射流出口造成的。静风洞工作过程中，由于供应系统气流的不稳定及超声速气流本身的非定常性，流场中的安装激波及其反射激波的位置均有较小幅度的振荡，但实验表明这对于等离子体合成射流与超声速主流干扰结构的影响较小，可以忽略不计。测得基本流场激波角约为 30.2°，其测量误差为±1°。*Ma*=2 的超声速气流理论激波角为 30°，因此超声速实验马赫数及测量精度均可以满足实验要求。

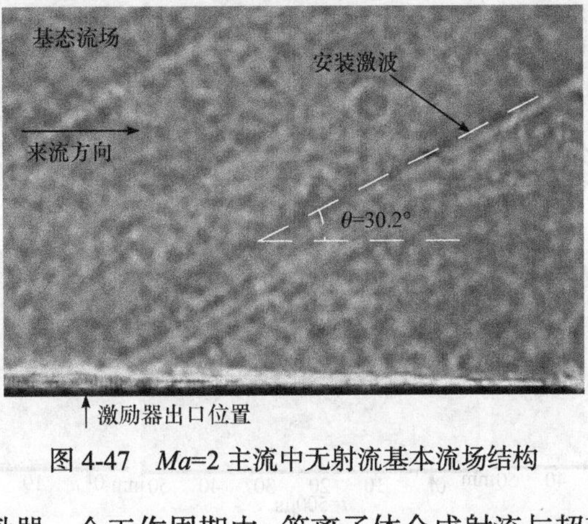

图 4-47　*Ma*=2 主流中无射流基本流场结构

图 4-48 为激励器一个工作周期内，等离子体合成射流与超声速主流干扰流场

的发展过程。其中激励器出口直径 d=3mm，放电电容大小为 C=3μF，t 为放电开始后的时刻。由图 4-48 可知，等离子体合成射流可以实现对 Ma=2 的超声速主流的有效扰动，而且与主流的干扰过程中产生有非定常的弓形激波和大尺度涡结构。

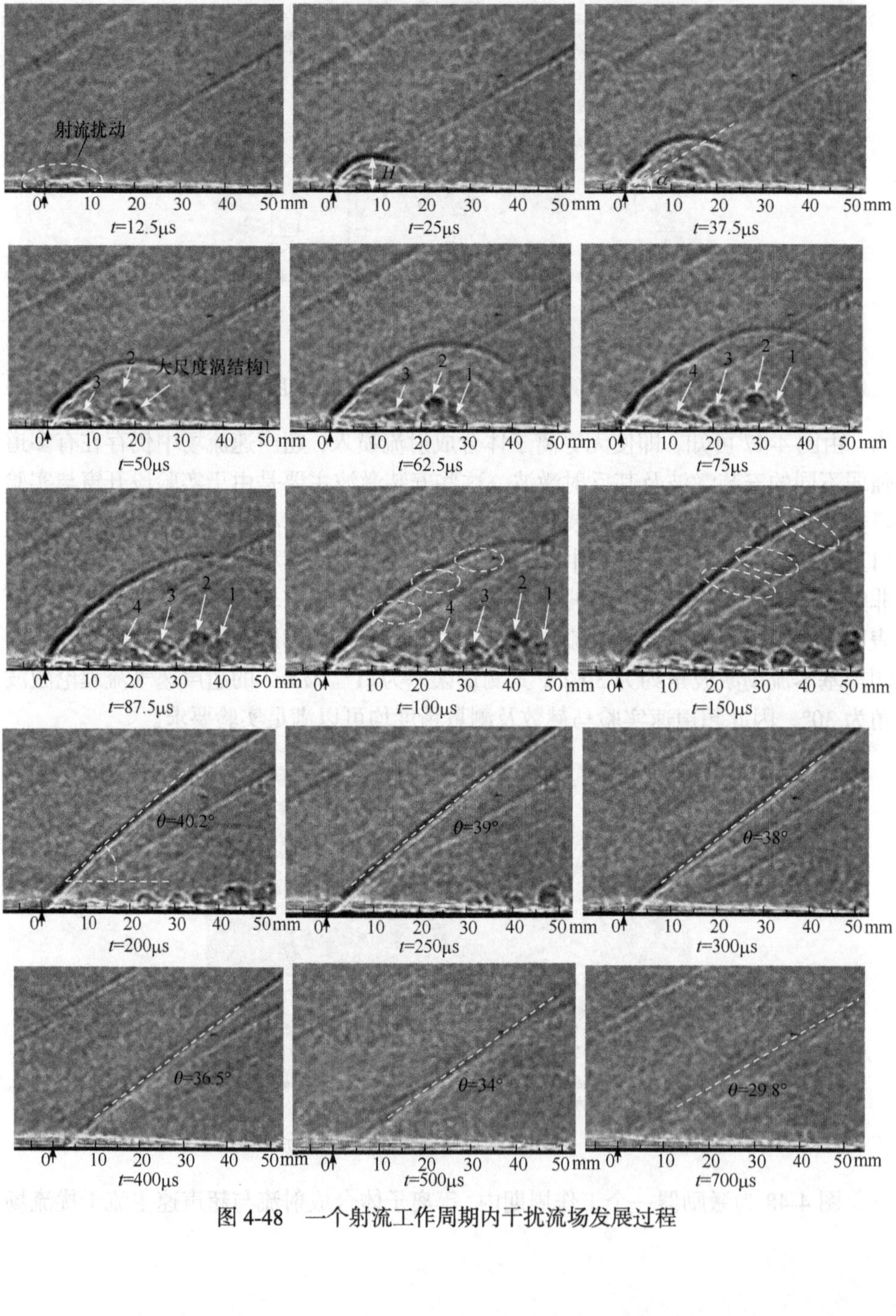

图 4-48　一个射流工作周期内干扰流场发展过程

当 t=12.5μs 时，射流刚刚形成，激励器布置处已经有明显的扰动产生，干扰效果尚不明显，表明等离子体合成射流激励器快速的射流响应特性可以实现受控流场的快速的扰动，这对实现超声速/高超声速飞行器快响应气动力控制具有重要意义。当 t=25μs 时，激励器出口处出现一道明显的干扰激波及激波下方的湍流射流结构。此时，激波仍基本呈球对称结构，只是相对于静止环境条件下的等离子体合成射流前驱激波结构，由于超声速主流的影响，球对称中心不再是射流出口。这表明在干扰激波的产生效应中，前驱激波可能起到更重要的作用。随着干扰流场的发展，干扰激波开始抬升，球对称结构遭到破坏，激波开始呈弓形结构，而且激波最高点至中心平板距离增大。湍流射流在向下游的运动过程中不断有新的大尺度旋涡结构产生、加入，而且涡运动在以流向为主，几何高度虽有增加，但变化相对较小。通过连续两帧图片间同一涡结构运动距离的测量可以发现，12.5μs 时间间隔内大尺度涡的运动距离维持在约 6.3mm。据此推算，涡的运动速度约为 505m/s，这一速度与超声速主流速度(512m/s)基本一致。当 t=100μs 和 150μs 时，干扰激波上出现有小的弱激波分支结构。文献[11]认为这是由于射流前驱激波的作用产生的，但考虑到干扰激波前期阶段的球对称结构并结合定常射流干扰流场分析[12]，在此认为弱激波分支结构的产生是由于射流大尺度涡结构非定常运动及激励器腔体内压力脉动共同作用的结果。

当 t=200μs 时，干扰激波已经发展成典型的斜激波结构，且激波角最大达到约 40.2°。当 t>300μs 时，近壁面大尺度涡结构已经脱离观察区域，但斜激波仍然存在，只是激波强度逐渐减弱。同时在超声速主流的作用下，随着时间的进行，激波角角度减小，激波脚位置向下游移动。当 t=700μs 时，等离子体合成射流的影响作用已经非常微弱，流场中激波角度减为约 29.8°，基本恢复为无干扰射流的基本流场，因此可以认为该工况下的等离子体合成射流对 Ma=2 的超声速主流影响作用时间约为 700μs。

图 4-48 的结果表明，等离子体合成射流在超声速流场中可以产生较强的弓形/斜激波和大尺度涡结构，激波结构具有更大的影响区域，射流结构可以实现边界层动量/能量注入。在主动流动控制应用中，将根据控制对象和受控流场特性的不同，决定何种扰动方式起主要作用。

在等离子体合成射流与超声速主流干扰流场中，所产生的干扰激波和射流大尺度结构是干扰特性的重要表现形式，也是评价等离子体合成射流超声速流动控制能力的重要准则。图 4-49 为射流发展前期阶段(t≤125μs)所形成的弓形激波和大尺度涡结构高度随时间的变化。弓形激波高度反映了干扰激波的影响区域，射流(大尺度涡)结构高度则决定了射流对主流的扰动能力。由图 4-49 可知，随着干扰流场的发展，弓形激波高度基本按线性增长，直至变为图 4-48 中的斜激波，而射流结构高度增大速度则逐渐减小。弓形激波高度线性增大的机理目前尚不清楚，但射流高度增加变缓则是由于在射流向下游运动中，旋涡耗散，强度减弱，主流对涡结构纵向发展的抑制作用越来越强，而由主流的夹裹作用流向结构发展较快所致。

定常射流喷入超声速主流时，根据射流总压的不同所形成的斜激波强度会发生变化，反映在纹影/阴影图像中即是激波角度的变化。对于脉冲等离子体射流，在超声速主流中所形成的干扰激波结构及角度均为时变量，因此选择图 4-48 中 t=200μs 时的最大激波角作为等离子体合成射流干扰激波角。Ali 等[13]采用实验的方法研究了激波角随定常射流总压比(MPR：射流总压与超声速流总压之比)不同的变化情况，图 4-50 即为等离子体合成射流产生的最大激波角度与实验和拟合结果的对比。由图可知，等离子体合成射流产生的最大激波角对应的定常射流总压比约为 MPR=4，由于超声速静风洞工作总压为 1atm，推算放电过程中激励器腔体内压强最大可以达到约 4atm。

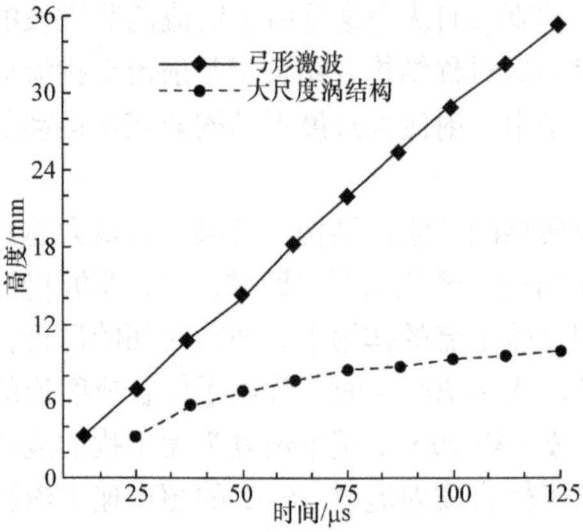

图 4-49　射流发展过程中弓形激波高度及大尺度涡结构高度随时间的变化

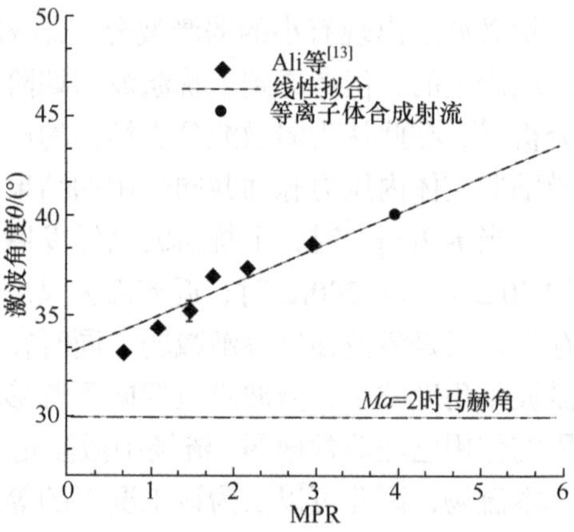

图 4-50　等离子体合成射流产生的激波角度与实验和拟合结果对比

图 4-51 为干扰流场发展过程中，射流大尺度结构与平板夹角α随时间的变化。由图可知，在测量时间范围内随着干扰流场的发展，α快速减小，这与图 4-49 中大尺度涡结构高度随时间变化的结果相符，即射流大尺度结构变化主要以平移为主，几何结构变化较小。

干扰流场中的大尺度涡结构在超声速流动控制中主要是实现动量/能量注入，因此在边界层转捩、流动分离抑制和近壁面掺混增强等方面具有重要应用。等离子体合成射流与超声速主流相互作用产生的干扰激波特性，可以通过激波角与定常射流激波角的比较评定，而射流大尺度结构除结构高度和与平板夹角变化外，还可以通过射流穿透度评定。

射流穿透深度是描述与评价射流与超声速气流相互作用的重要指标之一，是高速气流中横向射流研究的基本内容。国内外众多研究中对于射流穿透深度的定义和获取方法不尽相同，得到的结果差异较大，所提出的拟合公式也各式各样。在此采用 Gruber 等[14]提供的拟合公式：

$$\frac{y}{dJ}=1.23\left(\frac{x}{dJ}\right)^{0.344} \tag{4-2}$$

来进行拟合射流穿透度随动量通量比的变化。式中，d 为射流出口直径，本书中 d=3mm；J 为射流与主流的动量通量比。等离子体合成射流温度无法精确测得，也无法确定射流密度，因此不能精确求得等离子体合成射流与 Ma=2 超声速主流的动量通量比。同时由于等离子体合成射流的非定常性，超声速主流中等离子体射流经历着产生-发展-耗散的过程，无法建立定常的干扰流场，在此选择不同阴影成像时刻大尺度涡结构高度作为等离子体合成射流对超声速主流的穿透深度。据此测量的射流穿透度与不同动量通量比拟合的定常射流穿透度的比较如图 4-52 所示。由图可知，根据射流穿透度的比较，腔体体积 450mm^3、放电电容 3μF、工作击穿电压 1.6kV 条件下的等离子体合成射流激励器，所产生的脉冲射流与 Ma=2 的超声速主流动量通量比约为 1.1，这也表明等离子体合成射流激励器具有较强的超声速流动控制能力。

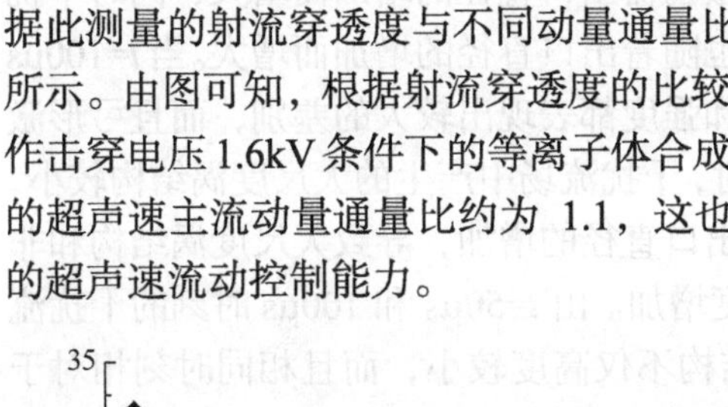

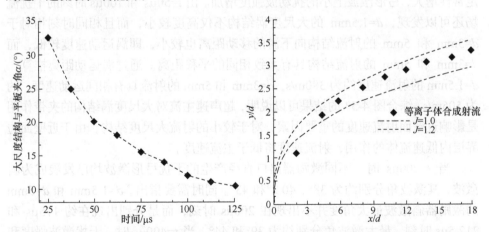

图 4-51　不同时刻射流大尺度结构与平板夹角 α 的变化

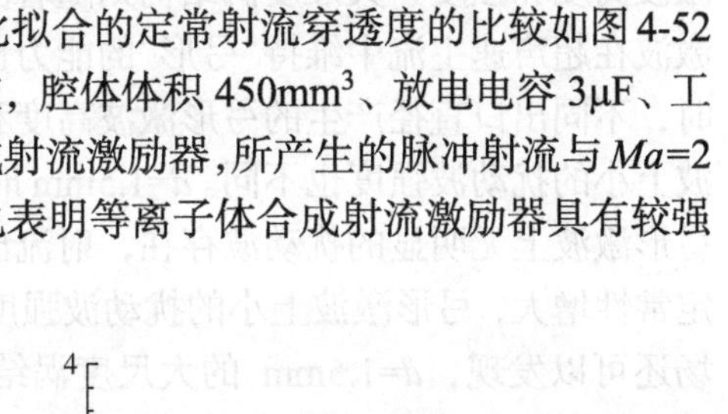

图 4-52　等离子体射流穿透度与定常射流不同动量通量比拟合值的比较

4.2.7 节的结果表明，三电极等离子体合成射流流场特性受电容大小、腔体体积和激励器出口直径的影响，Spaid 等[15,16]关于平面模型上喷流干扰特性的实验研究表明，喷流压力比影响射流穿透度，缝宽度对流场影响同样不可忽略。下面将对等离子体合成射流激励器不同工作参数下超声速横向射流干扰流场特性进行研究。

4.3.2 出口直径影响

激励器出口直径会影响等离子体合成射流前驱激波和射流的速度特性，并改变射流宽度，也必然会对射流与超声速主流的干扰特性产生影响。图 4-53 为放电电容 C=3μF，激励器出口直径分别为 d=1.5mm、3mm 和 5mm 条件下，不同时刻干扰流场结构对比。由于实验时间不同，实验件的安装误差不一致，产生的基本流场中的激波结构不同，图 4-53 中 d=1.5mm 射流流场中具有更为明显的安装激波，但对于干扰流场的发展过程及特性的研究影响不大。

图 4-53 表明，不同激励器出口直径条件下的等离子体合成射流与超声速主流的干扰流场在本质上具有相似的结构和发展过程，差别仅在于量的不同。例如，当 t=50μs 时，不同出口直径的射流干扰流场具有相似的结构，但产生的干扰弓形激波高度和强度、大尺度涡结构则随着激励器出口直径的增加而增大，同时干扰激波在超声速主流中维持"弓形"的能力也随着出口直径的增加而增大。当 t=100μs 时，不同出口直径产生的弓形激波高度和强度都表现出较大的差别，而且弓形激波上小的扰动波强度也不同。d=1.5mm 时，干扰流场中产生的大尺度涡结构较小，弓形激波上无明显的扰动波存在，射流出口直径的增加，导致大尺度涡结构和非定常性增大，弓形激波上小的扰动波强度增加。由 t=50μs 和 100μs 时刻的干扰流场还可以发现，d=1.5mm 的大尺度涡结构不仅高度较小，而且相同时刻相对于 d=3mm 和 5mm 的射流结构向下游的移动距离也较小，即涡运动速度较低，而 d=3mm 和 5mm 的射流结构具有大致相同的平移距离。通过涡运动距离推算，d=1.5mm 的射流速度约为 380m/s，d=3mm 和 5mm 的射流具有相同运动速度，约为 505m/s。综合图 4-53 的结果可以说明，超声速主流对大尺度涡结构的夹带作用是影响近壁面射流速度的重要因素，对于较小的射流大尺度结构，由于近壁面边界层内低速流体的作用，射流速度将低于主流速度。

当 t=200μs 时，不同激励器出口直径产生的干扰弓形激波均已发展成为斜激波，其激波角分别约为 38°、40.2°和 43°。同时需要指出，d=1.5mm 和 d=5mm 的激励器斜激波最大角度并不出现在 200μs 时刻，而是分别出现在约 175μs 和 212.5μs 时刻，最大激波角分别约为 39°和 44°。当 t=400μs 时，干扰激波强度和角度都明显减小，尤其是 d=5mm 的等离子体合成射流对超声速主流的影响作用已经基本消失，三种不同激励器出口直径下的射流对主流的干扰作用时间分别约为 600μs、700μs 和 400μs。因此，虽然 d=1.5mm 的激励器可以产生维持时间更长、耗散更慢的等离子体射流，但由于射流和前驱激波的速度、强度较弱，在主流中的耗散作用加快，对超声速主流的干扰强度和作用时间都会减小。因此在利用等离子体合成射流实现超声速流动控制时，需要优化激励器出口直径的选择。

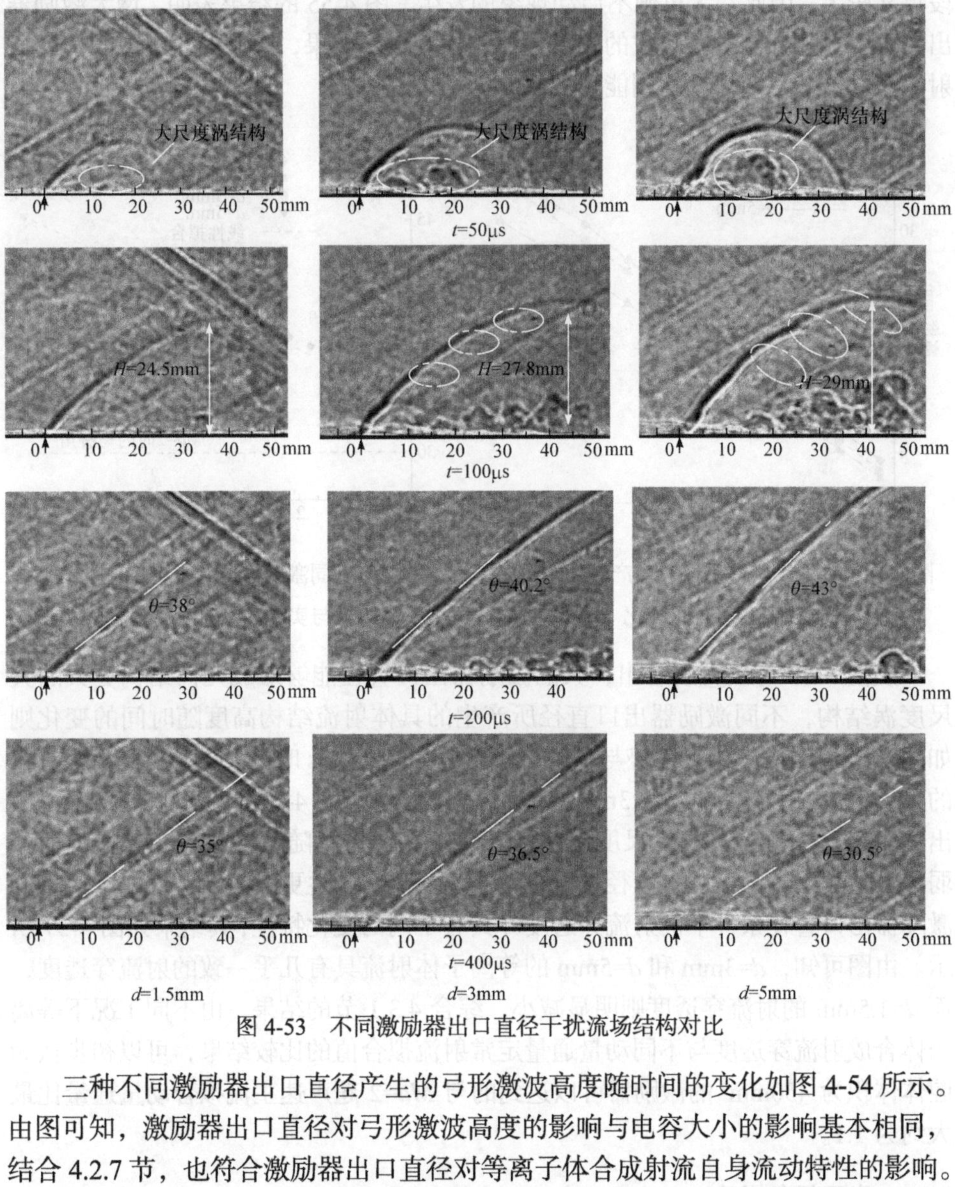

图 4-53　不同激励器出口直径干扰流场结构对比

三种不同激励器出口直径产生的弓形激波高度随时间的变化如图 4-54 所示。由图可知，激励器出口直径对弓形激波高度的影响与电容大小的影响基本相同，结合 4.2.7 节，也符合激励器出口直径对等离子体合成射流自身流动特性的影响。

不同激励器出口直径形成的最大激波角度与实验和拟合结果的对比如图 4-55 所示。由图可知，d=1.5mm 的等离子体合成射流对应的定常射流压比约为 3.36，而 d=5mm 的等离子体射流对应的定常射流压比高达 7。Ali 等[13]在实验过程中发现，当射流压比达到 7 时，射流阵列产生的强的弓形激波会导致其实验风洞的不启动，图 4-55 中射流压比为 7 的激波角度为拟合值。而本书实验研究中由于激励器为单射流工作，脉冲射流产生的强的弓形激波仅维持较短时间，而且风洞实验段尺寸较大，因此并无风洞不启动现象的发生。图 4-55 的结果表明，增大激励器出口可以显著提高干扰激波的超声速流动控制作用效果，并有助于等离子体合成射流激励器超声速流动控制能力的提升。

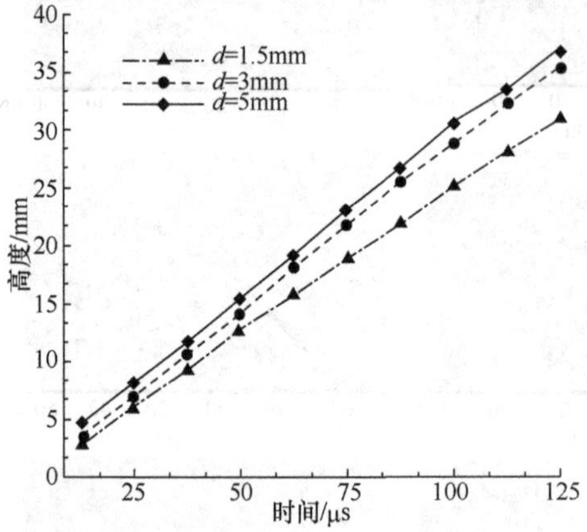

图 4-54 不同激励器出口直径产生的弓形激波高度随时间变化

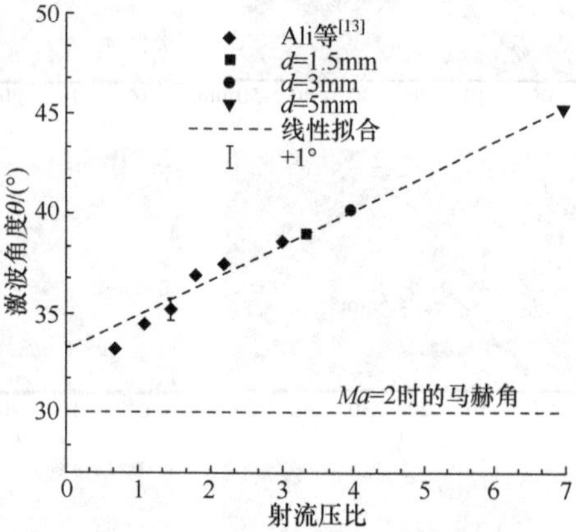

图 4-55 不同激励器出口直径形成的激波角度与实验和拟合结果对比

从图 4-53 可以直观看出，大的激励器出口直径能够形成几何结构更大的大尺度涡结构，不同激励器出口直径所产生的具体射流结构高度随时间的变化则如图 4-56 所示。其结果趋势与图 4-53 一致，当 t=125μs 时，不同激励器出口直径的最大射流高度分别约为 5.3mm、10mm 和 14mm。图 4-56 同时还表明，激励器出口直径对干扰流场中大尺度涡结构高度的影响作用随着出口直径的增加而减弱。虽然大的激励器出口直径可以在超声速主流中产生更大的射流结构，但不同激励器出口直径条件下的射流穿透度却具有不同的变化特性，其结果如图 4-57 所示。由图可知，d=3mm 和 d=5mm 的等离子体射流具有几乎一致的射流穿透度，而 d=1.5mm 的射流穿透度则明显减小。综合 4.3.1 节的结果，由不同工况下等离子体合成射流穿透度与不同动量通量定常射流拟合值的比较结果，可以初步认为腔体体积为 450mm^3 的激励器可以达到的与 Ma=2 超声速主流拟合动量通量比最大约为 1.1。

4.3.3 出口倾角影响

当等离子体合成射流激励器以射流式涡流发生器方式用于流场主动控制时，根据需要射流喷出方向的不同，激励器出口可以选择不同的倾角(β)和侧滑角(γ)，典型射流式涡流发生器倾角及侧滑角的定义如图 4-58 所示。本书选择侧滑角均为 0°，倾角分别为 45°和 90°的激励器出口构型，研究射流倾角对流场干扰特性的影响。

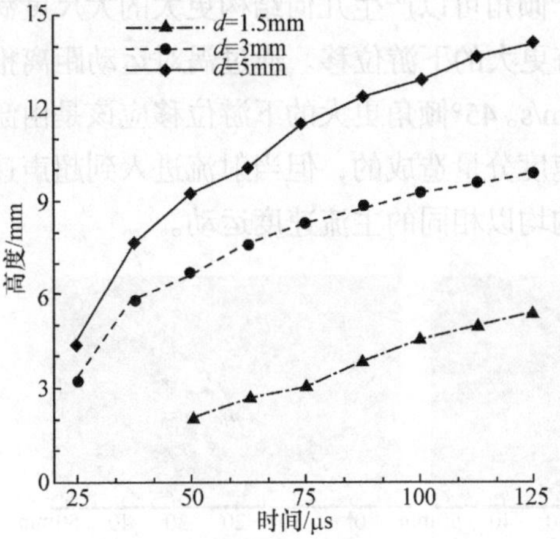

图 4-56　不同激励器出口直径产生的大尺度涡结构高度随时间的变化

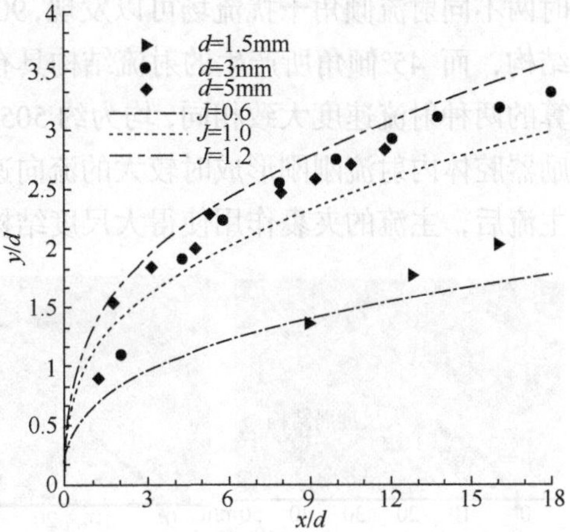

图 4-57　不同激励器出口直径形成射流穿透度与不同动量通量比拟合值的比较

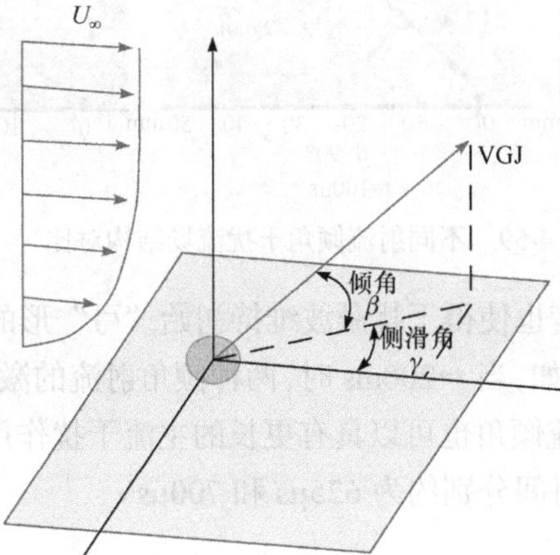

图 4-58　射流式涡流发生器(VGJ)倾角与侧滑角定义

图 4-59 为放电电容 C=3μF、激励器出口直径 d=3mm、射流倾角分别为 45°和 90°时，不同时刻的干扰流场结构对比。超声速主流中不同射流压比产生的激波角度和不同动量通量比产生的射流穿透度，均是用以描述 90°倾角(垂直喷射)射流的流场干扰特性，因此针对倾角为 45°和 90°的等离子体合成射流干扰特性对比研究

中，仅选取其不同时刻的干扰流场结构作简单分析。由图 4-59 可知，不同射流倾角产生的干扰流场具有不同激波强度/角度和射流大尺度结构，而 90°倾角射流产生的干扰激波强度和射流大尺度结构明显大于 45°倾角射流。对比 t=50μs 和 100μs 时两不同射流倾角干扰流场可以发现，90°倾角可以产生几何结构更大的大尺度涡结构，而 45°倾角所产生的射流结构具有更大的下游位移。通过涡对运动距离推算的两种射流速度大致相同，均为约 505m/s。45°倾角更大的下游位移应该是由激励器腔体内射流刚刚形成时较大的流向速度分量造成的，但当射流进入到超声速主流后，主流的夹裹作用使得大尺度结构均以相同的主流速度运动。

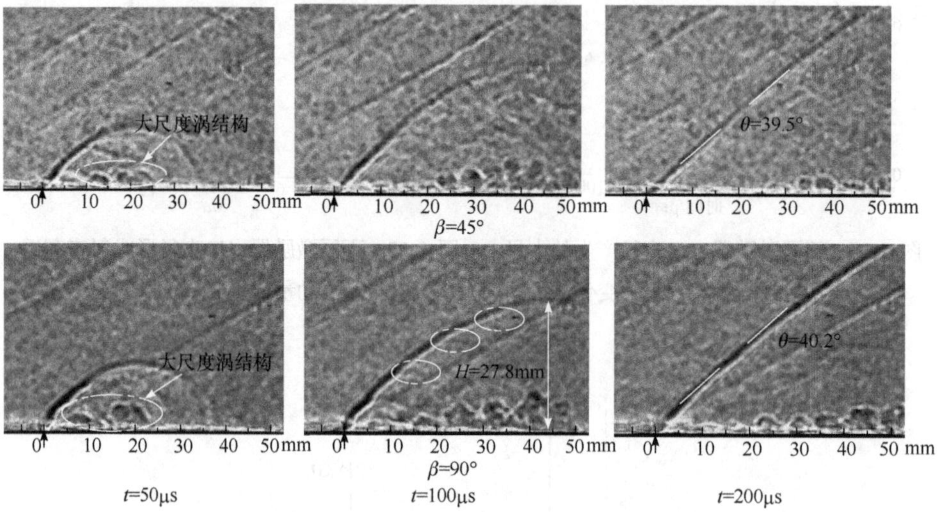

图 4-59　不同射流倾角干扰流场结构对比

较强的干扰激波强度也使得干扰激波维持初始“弓”形的能力增强，并使得所产生激波角度增大。例如，当 t=200ms 时，两种倾角射流的激波角度分别为 39.5°和 40.2°。同时，大的射流倾角也可以具有更长的主流干扰作用时间，45°和 90°倾角射流的主流干扰作用时间分别约为 625μs 和 700μs。

4.3.4　放电能量影响

射流与主流的动量通量比 J 是表征射流相对强度的一个重要参数，其表达式为[17]

$$J=(\rho_j u_j^2 / \rho_\infty u_\infty^2) \tag{4-3}$$

其中，ρ_∞ 和 u_∞ 分别表示主流的密度及速度，在工况一定时可以视为常数；ρ_j 和 u_j 分别表示射流的密度及速度，在射流喷出过程中是随时间变化的，因而动量通量比 J 也是时间的函数。为了对射流的相对强度进行分析，本书选取了各个工况下的最大动量通量比 J_{max} 进行分析，图 4-60 所示为不同注入电能大小条件下 J_{max} 的变化曲线。由图可知，在注入电能 30～200mJ 条件下，射流的动量通量可以与主流达到相同量级。在来流马赫数不变的情况下，随着注入电能的增加，激励器腔体内的温升及压升增大，因而产生的射流强度不断增加。

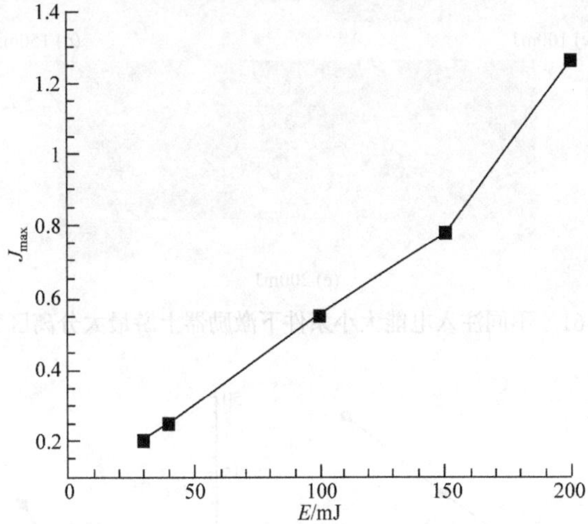

图 4-60　J_{max} 随注入电能大小变化曲线

由上文图 4-42(e)可知，随着射流的喷出，射流对主流的阻碍作用会导致激励器出口上游出现分离区，并出现涡结构。与定常射流形成的稳定分离区不同，此时的分离区会随着射流的喷出先逐渐增大，在某一时刻分离距离会达到最大值，之后随着射流的衰减，分离区将逐渐减小直至最后消失。图 4-61 所示为不同注入电能大小条件下激励器上游最大分离区变化，图 4-62 所示为分离区长度随注入电能大小变化曲线。由图可知，随着注入电能的增加，射流对主流的阻碍作用不断增强，射流诱导的上游分离区长度增大。图 4-63 所示为最大分离区出现时间随注入电能大小变化曲线。由图可知，随着注入电能的增加，不仅分离区尺寸变大，而且由于射流作用时间的延长，分离区存在的时间也会相应延长。

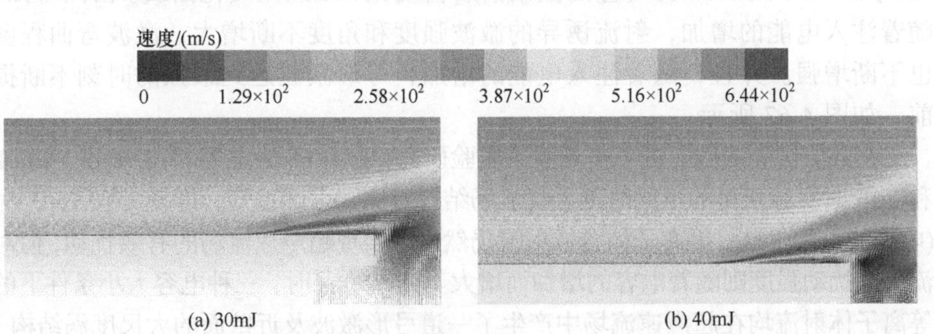

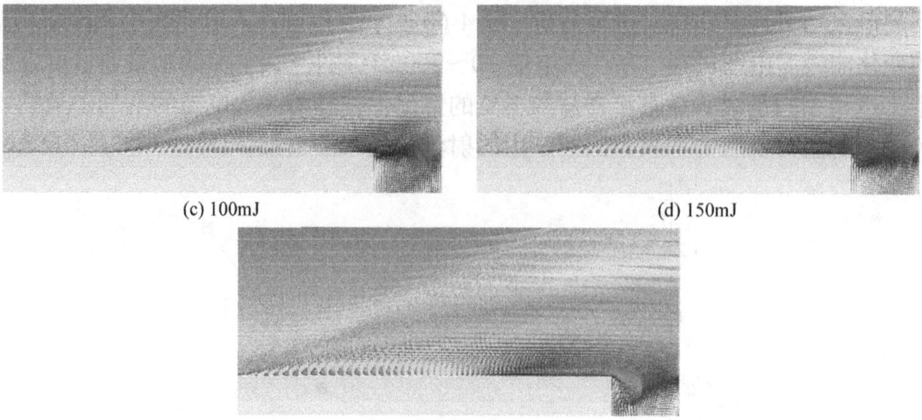

(c) 100mJ　　(d) 150mJ

(e) 200mJ

图 4-61　不同注入电能大小条件下激励器上游最大分离区变化

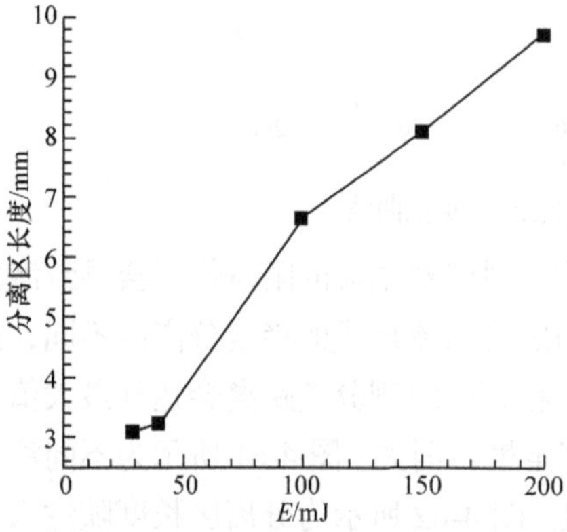

图 4-62　分离区长度随注入电能大小变化曲线

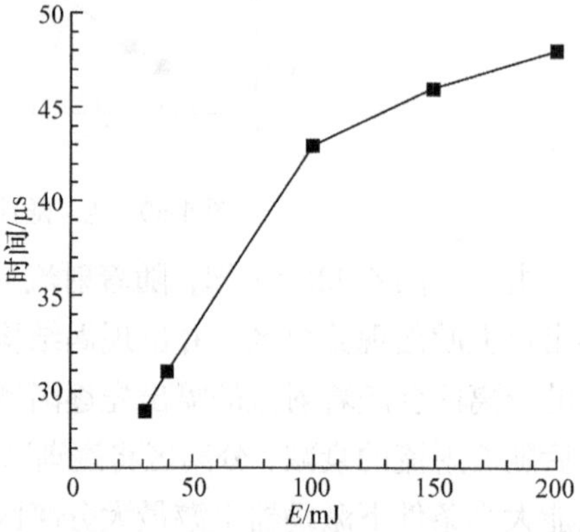

图 4-63　最大分离区出现时间随注入电能大小变化曲线

图 4-64 所示为不同注入电能大小条件下弓形激波达到最强时的密度云图，图 4-65、图 4-66 为对应的激波前后密度比、压强比变化曲线。由图可知，随着注入电能的增加，射流诱导的激波强度和角度不断增大，激波弯曲程度也不断增强。并且，随着注入电能的增加，弓形激波达到最强的时刻不断提前，如图 4-67 所示。

在数值仿真基础上进一步开展了实验研究，图 4-68 为电容 C=0.96μF、1.6μF 和 3μF 时实验获得的不同时刻干扰流场结构对比。由图可知，即使 C=0.96μF 时(电弧能量为 1.1J)，等离子体合成射流仍然可以实现超声速流场的有效扰动，但对流场的扰动强度则随着电容的增加而增大。当 t=50μs 时，三种电容大小条件下的等离子体射流均在超声速流场中产生了一道弓形激波及近壁面的大尺度涡结构，

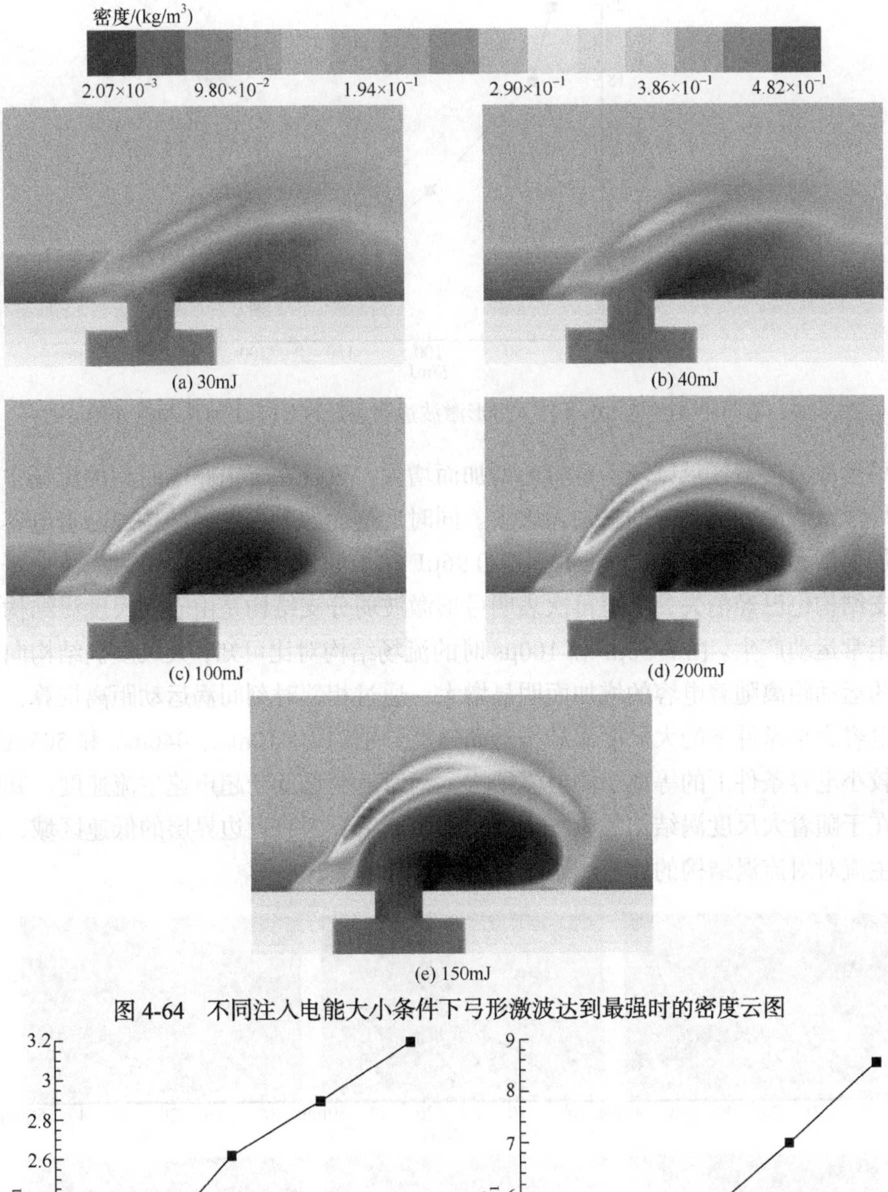

图 4-64　不同注入电能大小条件下弓形激波达到最强时的密度云图

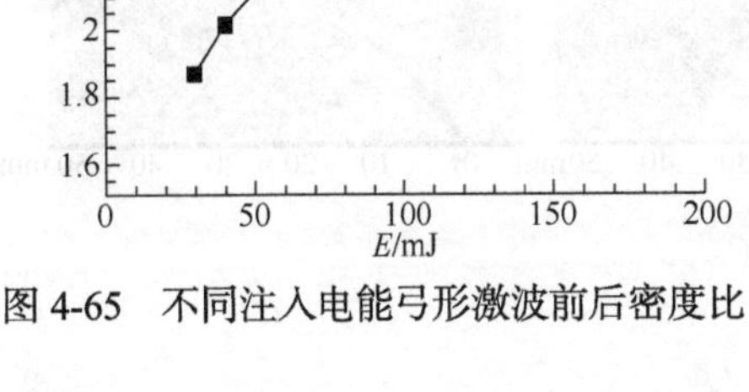

图 4-65　不同注入电能弓形激波前后密度比

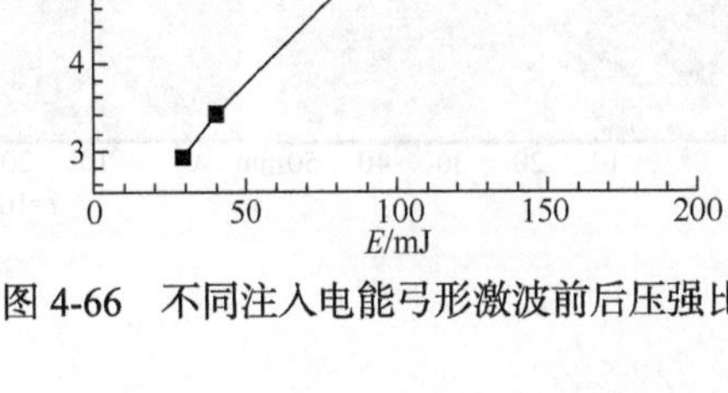

图 4-66　不同注入电能弓形激波前后压强比

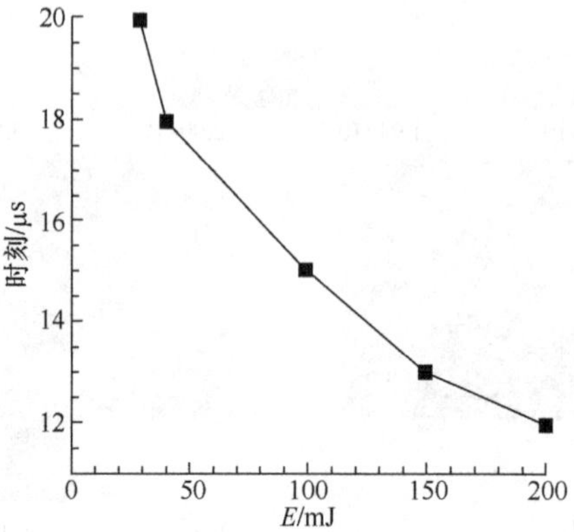

图 4-67 不同注入电能大小条件下弓形激波达到最强时对应时刻(从放电开始计时)

但弓形激波覆盖区域则随着电容的增加而增大，表现在 t=100μs 时刻的流场中即为弓形激波高度随电容的增加而增大。同时近壁面的大尺度涡结构也随着电容的增加而增大。而且当 t=100μs 时，C=0.96μF 和 1.6μF 干扰流场中弓形激波上弱的分支结构也已经消失，这也再次表明弓形激波弱分支结构是由于大尺度涡结构的非定常运动产生。由 t=50μs 和 100μs 时的流场结构对比可知，大尺度涡结构向下游的运动距离随着电容的增加而明显增大，通过相邻时刻间涡运动距离推算，三种电容大小条件下的大尺度涡结构运动速度分别约为 410m/s、440m/s 和 505m/s，即较小电容条件下的等离子体射流结构运动速度明显低于超声速主流速度。其原因在于随着大尺度涡结构的减小，其运动区域主要为靠近边界层的低速区域，高速主流对射流涡结构的加速作用减弱。

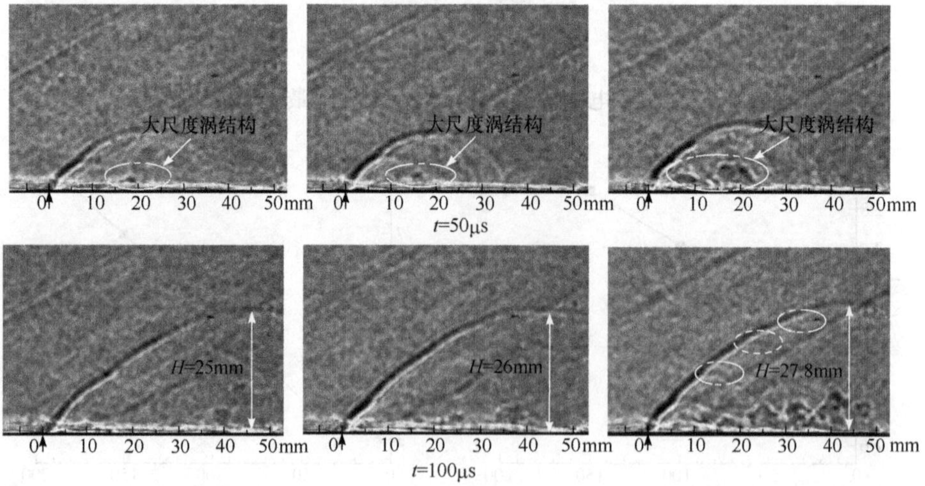

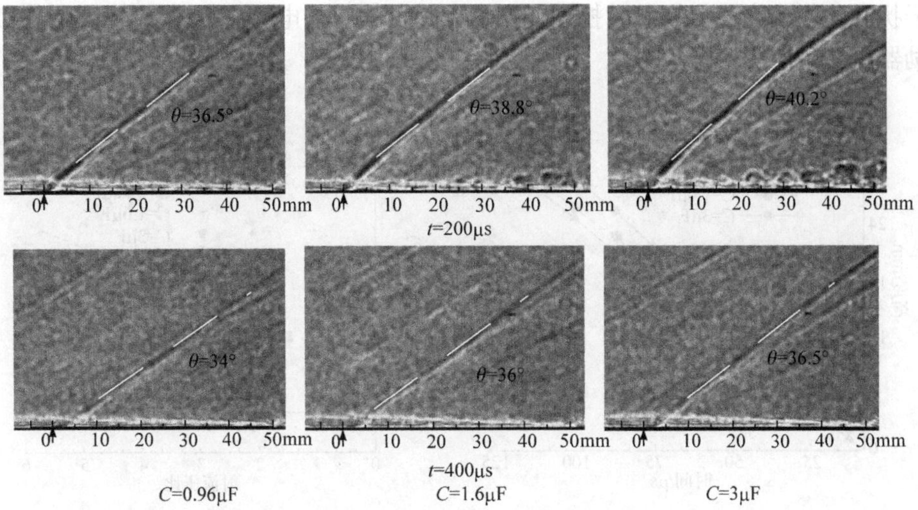

图 4-68　不同电容大小条件下干扰流场结构对比

当 t=200μs 时，C=0.96μF 的等离子体射流干扰流场中已经没有明显的射流大尺度结构，所形成的激波角约为 36.5°。C=1.6μF 和 3μF 的干扰流场中射流大尺度结构依然明显，激波角度也相对较大，分别约为 38.8°和 40.2°。随着干扰流场的发展，射流大尺度结构均远离观察区域，激波角度也进一步减小，当 t=400μs 时，三种能量沉积大小的激波角分别约为 34°、36°和 36.5°。通过对不同能量沉积大小下完整干扰流场发展过程分析发现，等离子体合成射流对超声速主流扰动作用时间随着电容的增加也逐渐增大，三种电容大小的流场干扰作用时间分别约为 550μs、600μs 和 700μs。

不同电容大小等离子体合成射流与超声速主流相互作用过程中，产生的干扰弓形激波高度随时间的变化如图 4-69 所示。由图可知，弓形激波高度变化速率基本不受电容大小的影响，均以线性方式增长，但弓形激波高度绝对值则随电容的增加而增大。结合 4.2.3 节的结果可知，这是由于大的电容可以产生更多的能量沉积，形成强度较大的前驱激波，因此具有更强的超声主流穿透能力，可以更快地建立干扰弓形激波。

图 4-70 为不同电容大小射流所形成的激波角度与实验和拟合结果的比较。需要指出的是，由于不同电容大小所产生的弓形激波强度不同，维持自身“弓”形结构、抵抗超声主流作用能力也不同，随着干扰流场的发展，从弓形激波演变为斜激波的时间也不一致，三种电容大小形成的斜激波最大角度分别约为 38°、39.2°和 42°。在本实验 12.5μs 的时间分辨条件下，最大激波角出现的时刻分别为 162.5μs、175μs 和 200μ。由图 4-69 可知，三种不同电容大小射流形成的最大激波角度对应射流压比分别约为 3、3.5 和 4。这表明，当仅需要等离子体合成射流以

干扰激波作为高速流场主动控制作用机制时，较小的电容(能量沉积)即可实现激励器的高效应用。

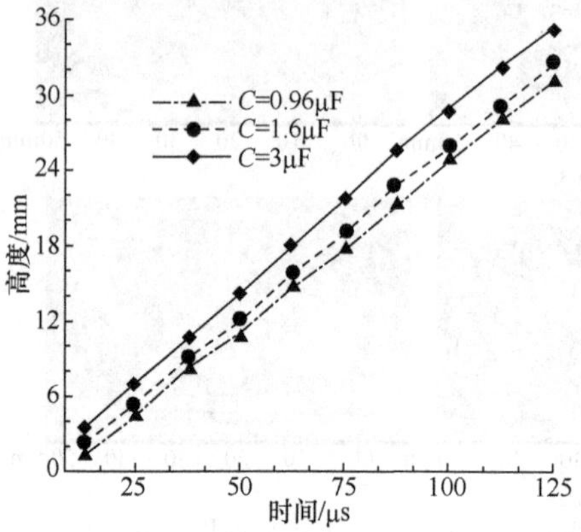

图 4-69　不同电容大小产生弓形激波高度随时间变化

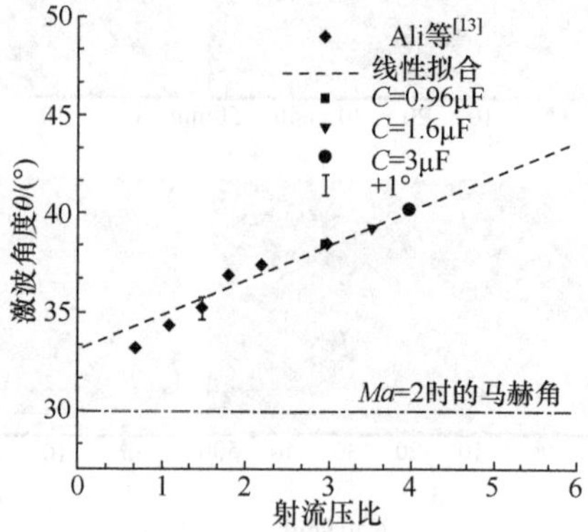

图 4-70　不同电容大小形成的激波角度与实验和拟合结果对比

图 4-71 为不同电容大小形成的射流穿透度与定常射流不同动量通量比拟合值的比较。由图可知，电容大小对等离子体射流的流场穿透度具有较大的影响，当 C=3μF 时，所形成的射流具有最大射流穿透度，其当量动量通量比约为 1.1。但当电容大小减小至 1.6μF 时，射流穿透度迅速减小，当量动量通量比介于 0.6 和 1.0 之间。随着电容的进一步减小，当 C=0.96μF 时，射流穿透度的减小变缓，当量动量通量比约为 0.6，这也与 Narayanaswamy 等[3]在 Ma=3 超声速主流中估算的

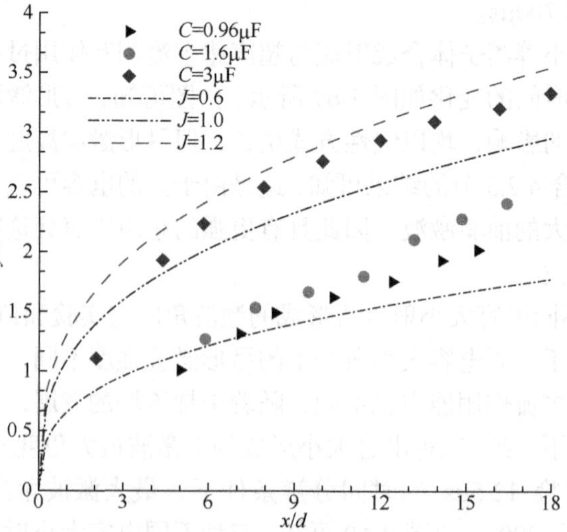

图 4-71　不同电容大小形成的射流穿透度与不同动量通量比拟合值的比较

动量通量比相一致。图 4-71 的结果表明，为实现等离子体合成射流较大的超声速主流穿透能力，腔体内的能量沉积大小需要达到某一临界阈值。图 4-70 和图 4-71 的结果即证明了等离子体合成射流较强的高速流场控制能力，同时也表明超声速流动中脉冲射流具有更强的射流穿透度[18]。

4.3.5　来流马赫数影响

图 4-72 为不同来流马赫数条件下(来流总压不同、静压改变)J_{max} 的变化曲线，其中注入电能均为 150mJ。由图可知，在来流静压一定的情况下，随着 *Ma* 的增加，J_{max} 显著降低。分析可知，随着 *Ma* 的增加，主流速度 u_∞ 增大，同时主流总压也会增加，因而对射流的阻碍作用随之增强，导致射流速度 u_j 降低。在两者的共同作用下 J_{max} 出现显著降低。

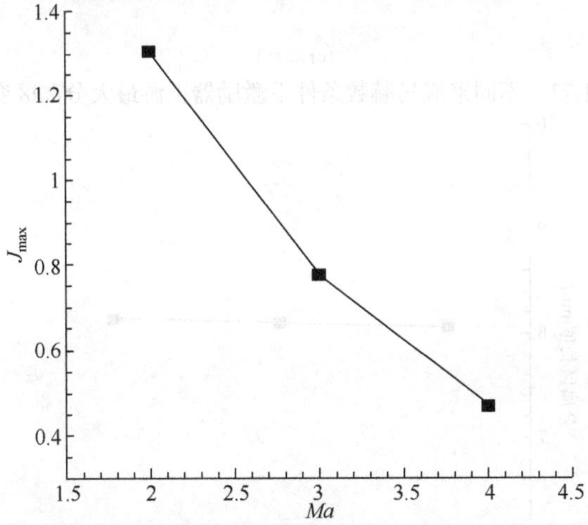

图 4-72　不同来流马赫数条件下 J_{max} 的变化曲线

图 4-73 所示为不同来流马赫数条件下激励器上游最大分离区变化，图 4-74 所示为分离区长度随来流马赫数变化曲线。由图可知，在相同注入电能条件下，来流马赫数对分离区长度影响不大，随着马赫数增加，分离区长度略有增大，但整体变化幅度很小。

图 4-75 所示为不同来流马赫数条件下弓形激波达到最强时的密度云图，图 4-76、图 4-77 为对应的激波前后密度比、压强比变化曲线。由图可知，随着来流马赫数的增加，弓形激波的角度不断减小，但强度增大。图 4-77 中可以看到，随着 *Ma* 的增大，弓形激波波后压力显著增加。但是由于来流的密度也会相应增大，激波前后的密度比增加并不十分显著，如图 4-76 所示。并且，随着 *Ma* 的增大，弓形激波达到最强的时刻不断推迟，如图 4-78 所示。

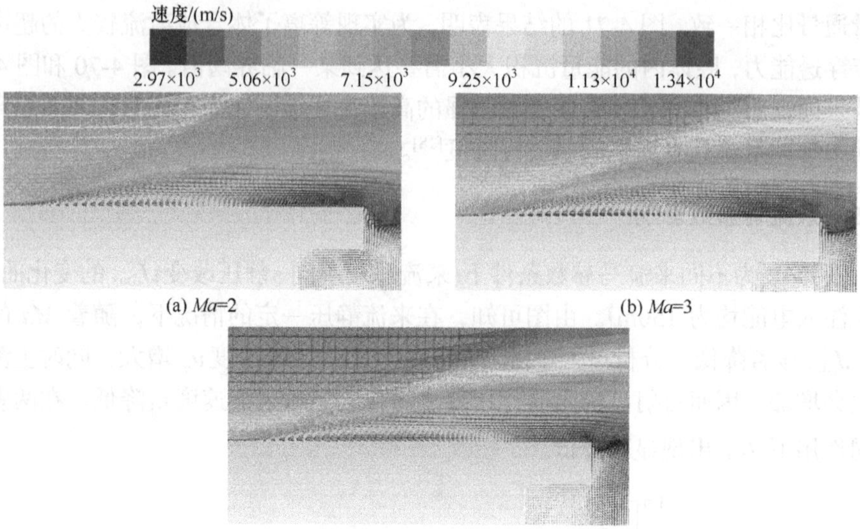

(a) Ma=2　　(b) Ma=3

(c) Ma=4

图 4-73　不同来流马赫数条件下激励器上游最大分离区变化

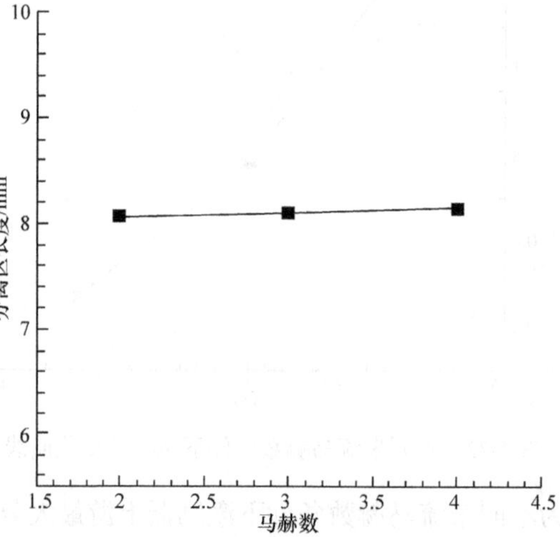

图 4-74　分离区长度随来流马赫数变化曲线

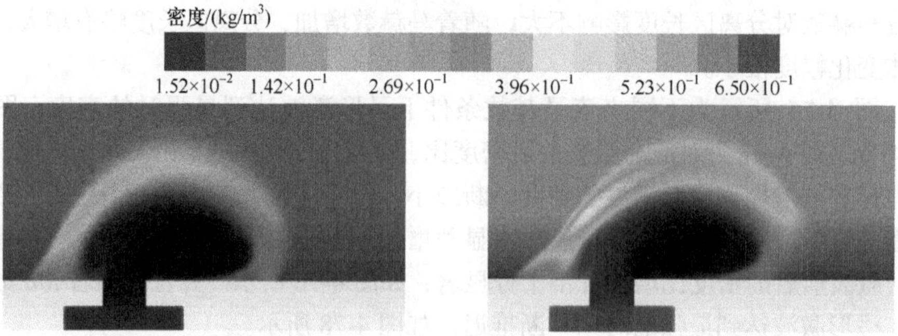

(a) Ma=2　　(b) Ma=3

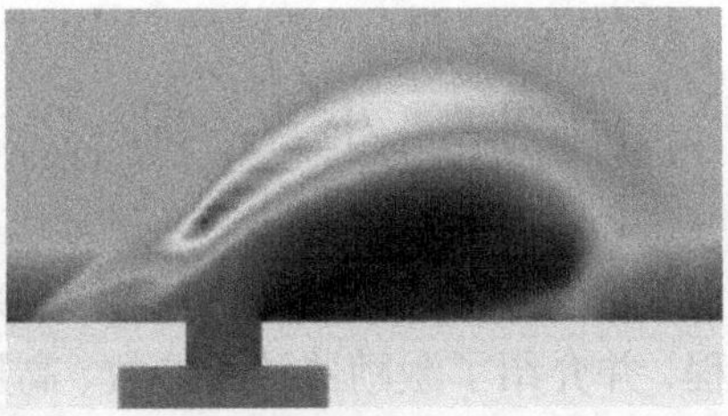

(c) Ma=4

图 4-75　不同来流马赫数条件下弓形激波达到最强时的密度云图

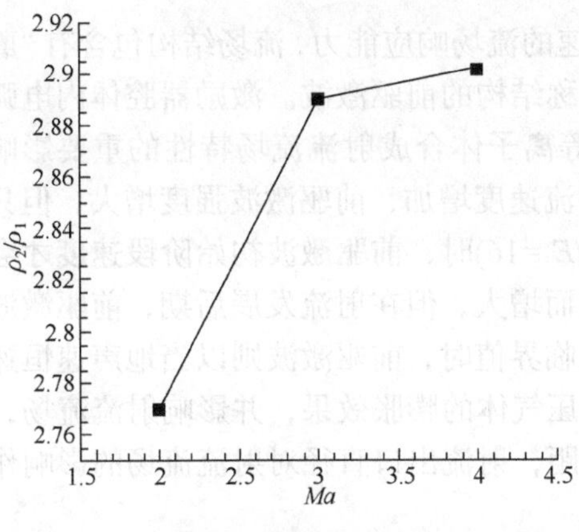

图 4-76　不同来流马赫数条件下弓形激波前后密度比

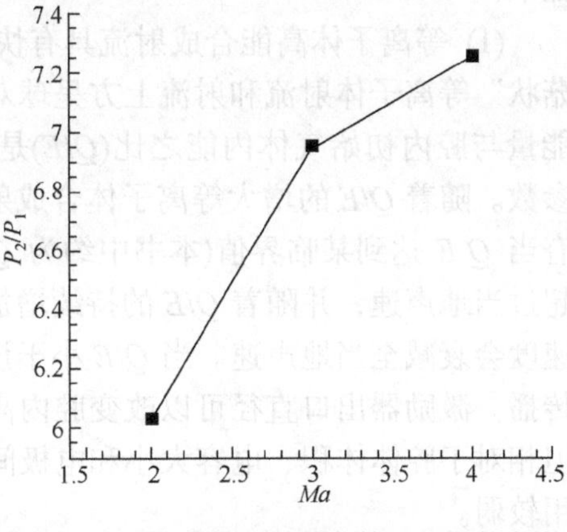

图 4-77　不同来流马赫数条件下弓形激波前后压强比

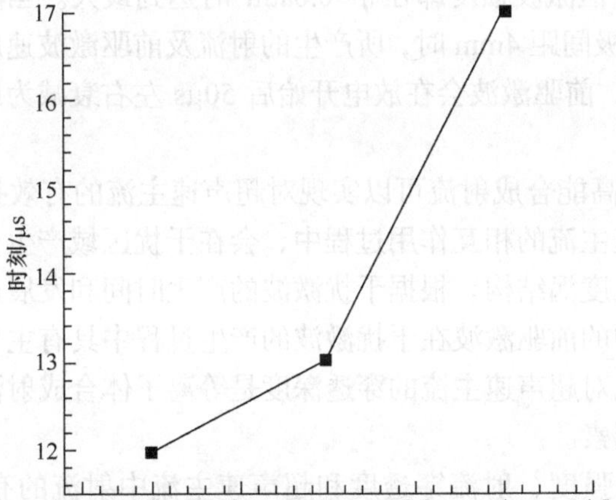

图 4-78　不同来流马赫数条件下弓形激波达到最强时对应时刻(从放电开始计时)

4.4 小　　结

本章首先介绍了等离子体高能合成射流在静止环境中的流场特性，分析了射流的形成和演化过程，并介绍了激励器结构参数、高压电源放电参数、环境压强对流场特性的影响；然后介绍了超声速流动条件下等离子体合成射流的干扰特性，获得了激励器不同工作参数对超声速主流流场结构的影响规律。主要结论如下：

(1) 等离子体高能合成射流具有快速的流场响应能力，流场结构包含有“蘑菇状”等离子体射流和射流上方呈球对称结构的前驱激波。激励器腔体内电弧能量与腔内初始气体内能之比(Q/E)是等离子体合成射流流场特性的重要影响参数。随着 Q/E 的增大等离子体合成射流速度增加，前驱激波强度增大，但只有当 Q/E 达到某临界值(本书中约为 Q/E =16)时，前驱激波初始阶段速度才会超过当地声速，并随着 Q/E 的持续增加而增大，但在射流发展后期，前驱激波速度会衰减至当地声速。当 Q/E 小于该临界值时，前驱激波则以当地声速恒速传播。激励器出口直径可以改变腔内高压气体的膨胀效果，并影响射流流场，但相对于腔体体积、电容大小和电极间距，射流出口直径对射流流场的影响作用较弱。

(2) 随着激励器工作环境压强的降低，腔体内气体密度减小，射流流场中前驱激波密度梯度降低。激励器产生的射流及前驱激波速度峰值不随工作环境气体压强的变化而改变，但激波强度却在 p=0.6atm 时达到最大。当激励器腔体体积为 700mm^3，阳极-阴极间距 4mm 时，所产生的射流及前驱激波速度峰值分别达到约 460m/s 和 530m/s。前驱激波会在放电开始后 50μs 左右衰减为以当地声速传播的压缩波。

(3) 等离子体高能合成射流可以实现对超声速主流的有效扰动，在等离子体合成射流与超声速主流的相互作用过程中，会在干扰区域产生一道射流干扰激波和近壁面射流大尺度涡结构。根据干扰激波的产生时间和发展过程推断，等离子体合成射流流场中的前驱激波在干扰激波的产生过程中具有主导作用。干扰激波强度和近壁面射流对超声速主流的穿透深度是等离子体合成射流实现超声速流动控制的重要影响因素。

(4) 干扰激波强度、射流穿透度和超声速主流中射流的有效作用时间是激励器能量沉积大小、出口直径和射流倾角的函数。大的能量沉积可以产生更强的干扰激波、更大的射流穿透度和更长的射流作用时间。出口直径为 3mm 时，450mm^3 的激励器腔体内，沉积 3.46J 的电弧能量，最大可以产生稳态射流条件下当量射流压比为 4 的激波角度和射流通量比约为 1.1 的射流穿透度，射流有效作用时间可以达到 700μs。激励器出口直径的增加会增大干扰激波强度，但几乎不会改变射流穿透度，而射流的有效作用时间则会降低。射流倾角的减小会导致干扰激波强度的降低、射流大尺度涡空间尺寸的减小和射流作用时间的缩短。

参 考 文 献

[1] Im S, Do H, Cappelli M. Dielectric barrier discharge control of a turbulent boundary layer in a supersonic flow[J]. Applied Physics Letters, 2010, 97: 041503.

[2] Roupassov D, Nikipelov A, Nudnova M, et al. Flow separation control by plasma actuator with nanosecond pulsed-periodic discharge[J]. AIAA Journal, 2009, 47:168-185.

[3] Narayanaswamy V, Raja L L, Clemens N T. Characterization of a high-frequency pulsed-plasma jet actuator for supersonic flow control[J]. AIAA Journal, 2010, 48(2): 297-305.

[4] Ko H S, Haack S J, Land H B, et al. Analysis of flow distribution from high-speed flow actuator using particle image velocimetry and digital speckle tomography[J]. Flow Measurement and Instrumentation, 2010, 21: 443-453.

[5] Dawson R, Little J. Characterization of nanosecond pulse driven dielectric barrier discharge plasma actuators for aerodynamic flow control[J]. Journal of Applied Physics, 2013, 113: 103302.

[6] Grossman K R, Cybyk B Z, van Wie D M. Sparkjet actuators for flow control[R]. AIAA Paper, 2003-57, 2003.

[7] Grossman K R, Cybyk B Z, Rigling M C, et al. Characterization of sparkjet actuators for flow control[R]. AIAA 2004-0089.

[8] Caruana D, Bappicau P, Hardy P, et al. The "Plasma Synthetic Jet" actuator aero-thermodynamic characterization and first flow control applications[R]. AIAA 2009-1307.

[9] Anderson K. Characterization of spark Jet for flight control[D]. New Brunswick: Rutgers, The State University of New Jersey, 2012.

[10] 王林. 等离子体高能合成射流及其超声速流动控制机理研究[D]. 长沙: 国防科技大学, 2014.

[11] Emerick Ⅱ T M, Ali M Y, Foster C H, et al. Sparkjet actuator characterization in supersonic crossflow[R]. AIAA Paper 2012-2814.

[12] Ben-Yakar A, Hanson R K. Ultra-fast-framing schlieren system for studies of the time evolution of jets in supersonic crossflows[J]. Experiments in Fluids, 2002, 32: 652-666.

[13] Ali M Y, Alvi S F, Kumar R, et al. Studies on the influence of steady microactuators on shock-wave/boundary-layer interaction[J]. AIAA Journal, 2013, 51: 2753-2762.

[14] Gruber M R, Nejad A S, Chen T H, et al. Mixing and penetration studies of sonic jets in a Mach 2 free-stream[J]. Journal of Propulsion and Power, 1995, 11: 315-323.

[15] Spaid F W. Two-dimensional jet interaction studies at larger values of Reynolds and Mach numbers[J]. AIAA Journal, 1975, 13: 1430-1434.

[16] Spaid F W, Zukoski E E. A study of the injection of gases from transverse slots with supersnic

external flows[J]. AIAA Journal, 1968, 6: 205-212.

[17] Shaw L L, Smith B R, Saddoughi. Full-scale flight demonstration of active control of a pod wake[R]. AIAA Paper, 2006-3185, 2006.

[18] Murugappan S, Gutmark E. Control of penetration and mixing of an excited supersonic jet in supersonic crossflow[J]. Physics of Fluids, 2005, 17: 106101.

第 5 章　等离子体高能合成射流阵列工作特性

5.1　引　　言

目前，针对静止流场环境中单个等离子体合成射流激励器自身的工作特性已开展了较多研究，采用的实验及数值手段多种多样，比较常见的实验方法包括电参数(放电电压、电流，放电电路的电容、电阻、电感)的测量、高速纹影/阴影、PIV、发射光谱分析等。此外还尝试采用了腔体压力测量、出口总压测量、定量纹影、微小推力测量、微小冲量测量、电弧 ICCD 成像分析、数字散斑断层成像(digital speckle tomography，DST)、放电腔体红外测温等一些新的研究手段。经过国内外多家研究机构的共同努力，对于单个激励器的放电特性、流动特性及能量效率特性的研究取得了丰富成果，各种放电参数(如电源类型、电极数量、放电频率、放电能量、电压上升沿等)、几何参数(如腔体体积、出口直径、喉道长度、电极位置、电极形状等)、环境参数(如环境压力)的影响规律已初步得到掌握。

但是，目前国内外针对等离子体合成射流激励器阵列的研究相对较少。对于介质阻挡放电(DBD)等离子体激励器，单个激励器可以做得很长，在纵向布满整个机翼，从而实现空间上大范围的控制。但是单个等离子体合成射流激励器的控制区域十分有限，只能覆盖射流出口附近区域，而为了产生较高速度的射流，射流出口尺寸不能太大。因此，在实际应用中为了拓展控制范围、提高控制能力，需要采用多个等离子体合成射流激励器构成的阵列进行协同工作。本章针对等离子体高能合成射流激励器阵列的两种基本连接方式(即串联式阵列和并联式阵列)分别开展了研究，为激励器阵列在实际流动控制中的应用提供了参考。

5.2　串联阵列工作特性

5.2.1　电源系统

两电极串联放电电源实物及电路原理图如图 5-1 所示，电源类型为高压脉冲容性放电电源(capacitive power supply，CPS)。容性放电电源相比于感性放电电源(inductive power supply，IPS)能量释放更为迅速，因此可以使得腔体内气体快速加热和膨胀，形成速度更快的等离子体合成射流，从而具备更强的流场控制能力。

如图 5-1(b)所示，两电极串联放电由直流电源(最大输出电压 500V，最大功率 1000W)、IGBT 开关、高压脉冲变压器(升压比 1:20)和放电电容构成。其工作原理与 2.4.1 节中的高压脉冲电源相似，通过 IGBT 的通断产生脉冲信号，经高压脉冲变压器后形成高压脉冲信号，经过整流后为放电电容供电。当放电电容两端电压达到串联激励器阵列的总击穿电压后，各个串联激励器(出口间距 L_o)即可同步放电。

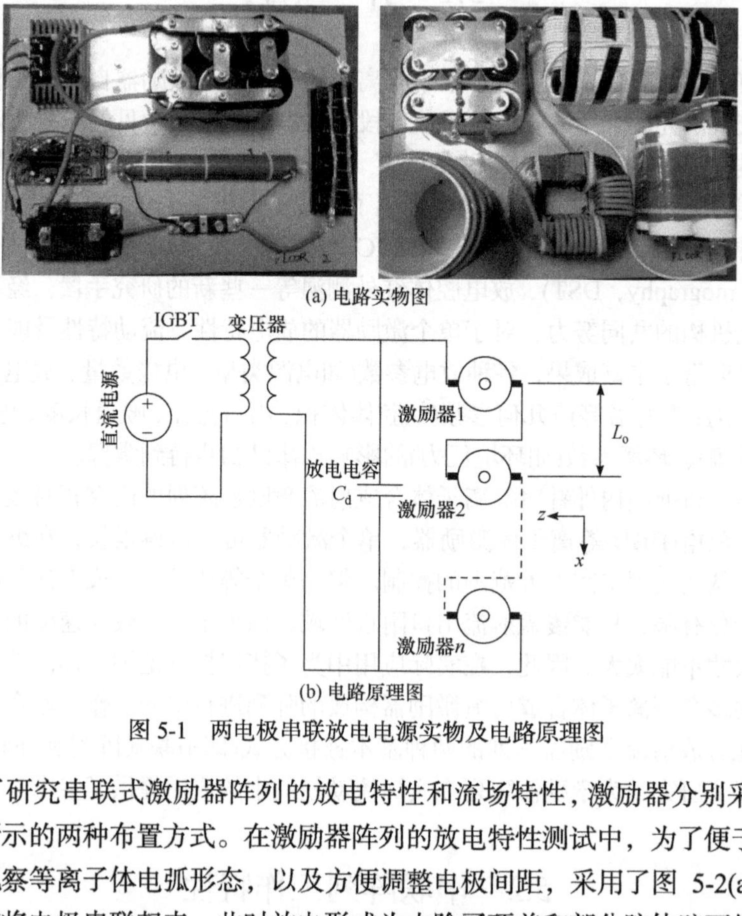

(a) 电路实物图

(b) 电路原理图

图 5-1　两电极串联放电电源实物及电路原理图

为了研究串联式激励器阵列的放电特性和流场特性，激励器分别采用了如图 5-2 所示的两种布置方式。在激励器阵列的放电特性测试中，为了便于采用高速摄影观察等离子体电弧形态，以及方便调整电极间距，采用了图 5-2(a)所示的绝缘底座将电极串联起来，此时放电形式为去除了顶盖和部分腔体壁面的开放空间的放电，为了获得清晰的电弧图像，各个电极需位于同一个垂直平面(即相机的焦平面)上。在流动特性实验中则采用了如图 5-2(b)所示的多个完整激励器，并且在实验中保持各个激励器的射流出口位于一条直线上，相邻两激励器的射流出口间距定义为 L_o。坐标系设置如图中所示，其中 x 轴为各激励器之间的连线方向，y 轴为射流出口方向，z 轴为平行于电极的方向。

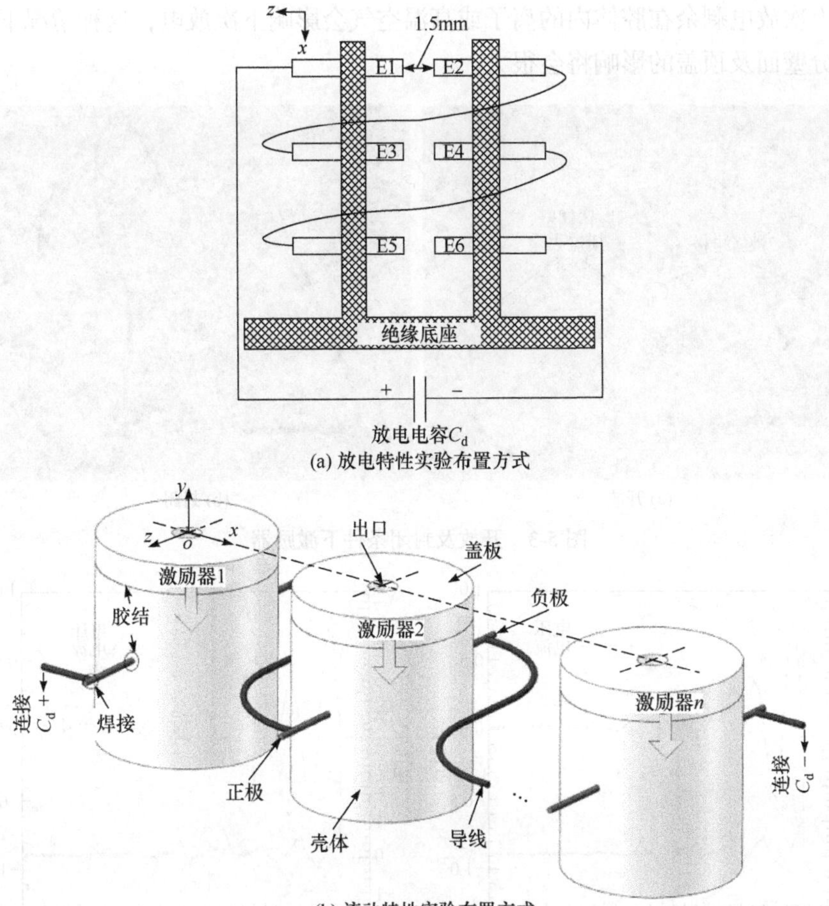

(a) 放电特性实验布置方式

(b) 流动特性实验布置方式

图 5-2 串联式实验布置方式

开放(去除顶盖和部分腔体壁面)与封闭两种条件下放电特性的差异必须首先进行考虑，为此开展了两种条件下的对比实验，激励器如图 5-3 所示，三个激励器的电极间距依次为 1mm、0.5mm、1.5mm。首先进行开放条件下(图 5-3(a))放电波形测量，随后利用 3D 打印的对应结构将电极封闭(并用硅胶密封)，恢复成仅开有射流出口的正常激励器构型(图 5-3(b))，再进行放电波形测量。两种条件下的放电波形如图 5-4 所示，其击穿电压、峰值电流、电压/电流变化曲线等基本一致，表明去除部分壁面及顶盖对放电特性的影响较小。因此，尽管有无壁面约束时电弧的形态会有所差异，但是可以认为采用图 5-2(a)中的结构测量和拍摄到的结果能够一定程度上反映真实情况(图 5-2(b))激励器的放电特性。需要注意的是，在本节的实验中，放电的频率均较低(5Hz)。如果放电频率较大(如几百、上千赫兹)的话，上次放电剩余在腔体内的离子或高温空气会影响下次放电，这种情况下，去除部分壁面及顶盖的影响将会很大。

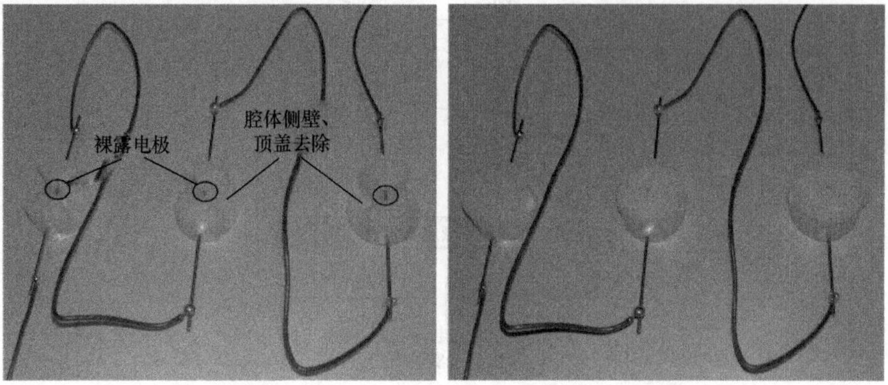

(a) 开放　　(b) 封闭

图 5-3　开放及封闭条件下激励器

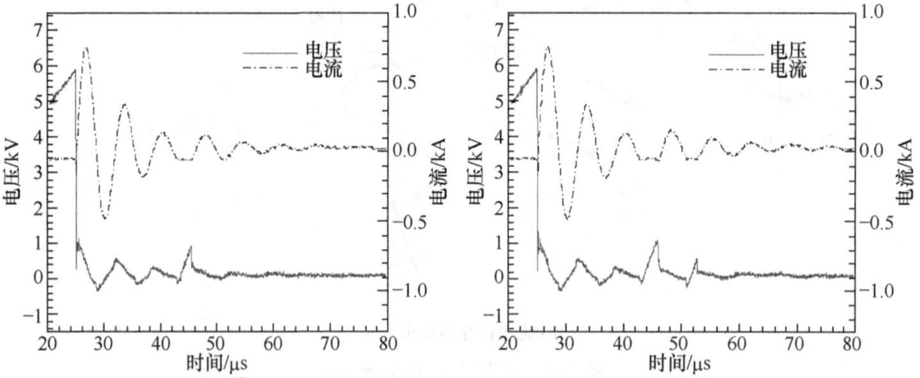

(a) 开放　　(b) 封闭

图 5-4　开放及封闭条件下放电波形

5.2.2　放电特性

5.2.2.1　串联放电过程

首先以三个激励器串联的情况为代表，开展了串联放电过程的分析，其中激励器六个电极的代号如图 5-2(a)中所示(E1～E6)，三个电极间距均调整为 1.5mm。测得各个电极的电势变化曲线如图 5-5 所示，参考电势(零电势)均为大地。电极 E2 和 E3 之间(以及电极 E4 和 E5 之间)仅通过一个电阻很小的导线连接，因此这两个电极之间(以及 E4 和 E5 之间)的电势差很小，其相对于大地的电势变化曲线基本相同，图 5-5 中省略了 E3(以及 E4)的电势曲线。

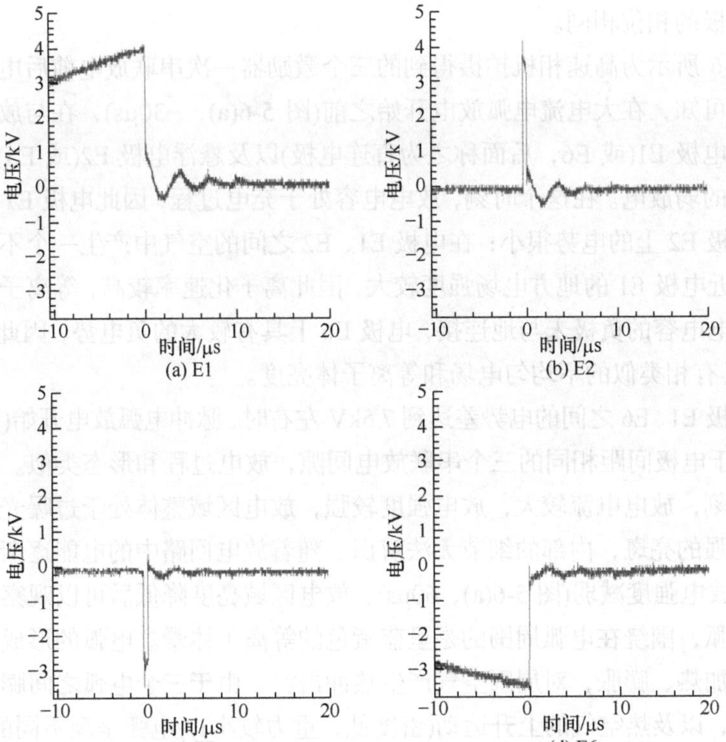

图 5-5　串联放电过程中各个电极的电势变化曲线(以大地电势为零电位)

由图 5-5 可知，在击穿放电以前，电源不断为放电电容充电，因此电极 E1(即放电电容的正极)的电势不断上升。同时，由于放电电容的负极未接地，电极 E6(即放电电容的负极)上会出现负的电势(悬浮电位)，并且电势随着充电过程而不断降低。电极 E2、E5 未与放电电容连接，其电势等于空气的电势，与大地的电势差很小。

在临近空气完全击穿、电弧放电开始的时刻，电极 E1 与 E2 之间会发生十分微弱的放电，原本为零的电极 E2 的电势出现一个正的脉冲，其峰值电势接近于电极 E1 的最大电压。同理，电极 E5 的电势出现一个负的脉冲，其峰值电势接近于电极 E6 的最低值。因此，在电极 E2、E5 之间出现了较大的电势差，正是这个电势差的存在使得两者之间的空气被击穿。

电极 E2、E5 之间空气被击穿后，整个放电通道建立，大电流的电弧放电开始进行，随着电子的大量转移，电极上的电势(绝对值)快速降低，随后开始振荡衰减，过程类似于单个激励器工作时。在振荡中，电极 E1、E2 和 E5 的电势变化具有相同的相位，都等同于放电电容正极的相位。而电极 E6 的电势变化保持与放电电容负极的相位相同。

图 5-6 所示为高速相机拍摄得到的三个激励器一次串联放电前后电弧变化过程。由图可知，在大电流电弧放电开始之前(图 5-6(a)，−30μs)，在与放电电容直接相连的电极 E1(或 E6，后面称之为直连电极)以及悬浮电极 E2(或 E5)之间存在亮度很小的弱放电。在这个时刻，放电电容处于充电过程，因此电极 E1 的电势较大，而电极 E2 上的电势很小；在电极 E1、E2 之间的空气中产生一个不均匀的电场，在靠近电极 E1 的地方电场强度较大，因此离子化速率较高，等离子体的亮度稍强。放电电容的负极未与地连接，电极 E6 上具有较大的负电势，因此电极 E6、E5 之间具有相类似的不均匀电场和等离子体亮度。

当电极 E1、E6 之间的电势差达到 7.5kV 左右时，脉冲电弧放电开始(图 5-6(a)，0μs)。对于电极间距相同的三个串联放电间隙，放电过程和形态类似。在击穿放电开始时刻，放电电流较大，放电强度较强，放电区域整体处于过曝光，只能看到一块很强的亮斑，内部的细节无法辨识。随着放电回路中的电能逐渐被耗能元件消耗，放电强度减弱(图 5-6(a)，60μs)，放电区域亮度降低后可以观察到一个细丝状的电弧，围绕在电弧周围的是呈蓝紫色的等离子体晕。电弧的形成使得局部空气快速加热、膨胀，对周围空气产生热冲击波。由于三个电弧之间膨胀气流的相互影响，以及热空气的上升运动(密度低，重力较小)，电弧呈现不同的弯曲状。最上方电弧受到的热冲击气流以及自身热空气的运动方向一致(向上)，因此电弧弯曲程度最大。最下方电弧受到的作用中，热冲击(向下)作用占主导，自身热空气运动(向上)作用较弱，因此电弧向下弯曲，但弯曲程度较最上方电弧略小。中间电弧受到两侧两股方向相反的热冲击气流，以及自身热空气运动的多重复杂作用，左侧部分向上弯曲、右侧部分向下弯曲。随着放电继续进行，放电强度持续衰减，电弧及周围等离子体晕亮度逐渐减弱，并先后消失。电弧大约在放电开始后 540μs 消失，等离子体晕在 930μs 后消失。

为了观察 0μs 时刻放电区域内部情况，随后的实验中在相机镜头前加入了一个透光率 10%的滤光片，观察得到的 0μs 时刻的电弧图像如图 5-6(b)所示。由图可见，与图 5-6(a)中 60μs 时刻图像类似，放电区域由处于中间的等离子体核心区(电弧)积处于边缘围绕核心区的等离子体晕两部分构成。与大电流电弧放电开始之前(图 5-6(a)，−30μs)时刻类似，电极附近的电场强度较强，因此离子化速率较大、亮度较强，只是在击穿之前只有直连电极附近电场较强；而击穿之后直连电极、悬浮电极附近电场均较强，因此亮度都比远离电极的地方亮。并且在电极附近可以观察到类似“火花”的大小不等的发光颗粒，这是高能电子或离子撞击表面温度很高的钨电极产生的飞散的钨金属颗粒。

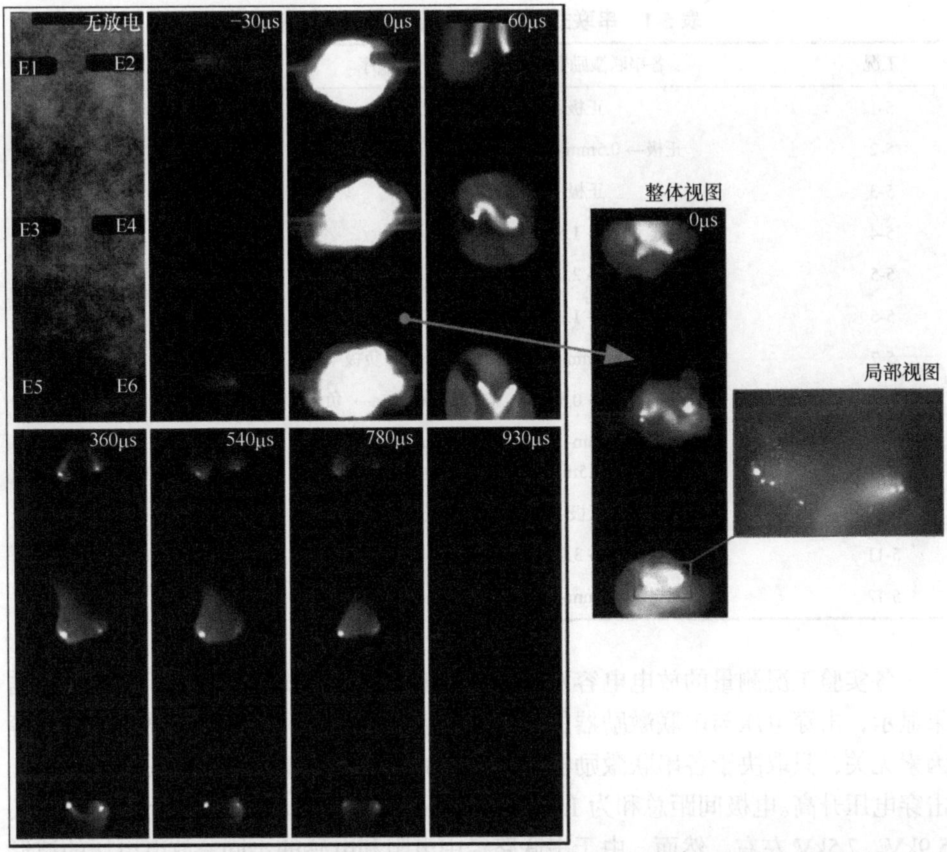

(a) 单次放电过程中电弧演化过程　　(b) 加入透光率10%滤光片拍摄所得0μs时刻放电图像(整体视图与局部视图为两次放电中分别拍摄)

图 5-6　三激励器串联放电电弧变化过程

5.2.2.2　串联放电击穿电压

串联激励器阵列的击穿电压即击穿之前整个阵列两端(也即放电电容两端)的最大电势差，是衡量激励器阵列工作性能的最重要参数之一。击穿电压较高时，激励器阵列的输入能量较大，射流的能量也较大，但是对于电源器件(特别是 IGBT、整流桥等)的参数、电路的设计、电池的容量等要求较高。为了研究串联激励器(空气间隙)的数目、间距大小、排列顺序等对于击穿电压的影响，开展了表 5-1 中所示工况的实验。其中 n 代表串联激励器的数目，L_{sum} 代表各串联激励器电极间距的总和。实验的环境压力为大气压，放电频率为 5Hz。

表 5-1 串联式激励器击穿电压研究工况汇总

工况	各串联激励器的间隙大小和排列顺序	n	L_{sum}/mm
5-1	正极→ 1.5mm→ 负极	1	1.5
5-2	正极→ 0.5mm→ 0.5mm→ 0.5mm→ 负极	3	1.5
5-3	正极→ 3.0mm→ 负极	1	3.0
5-4	正极→ 1.5mm→ 1.5mm→ 负极	2	3.0
5-5	正极→ 2.0mm→ 1.0mm→ 负极	2	3.0
5-6	正极→ 1.0mm→ 2.0mm→ 负极	2	3.0
5-7	正极→ 1.0mm→ 1.0mm→ 1.0mm→ 负极	3	3.0
5-8	正极→ 0.5mm→ 0.5mm→ 1.5mm→ 0.5mm→ 负极	4	3.0
5-9	正极→ 0.5mm→ 0.5mm→ 0.5mm→ 0.5mm → 0.5mm→ 0.5mm→ 负极	6	3.0
5-10	正极→ 4.5mm→ 负极	1	4.5
5-11	正极→ 3.0mm→ 1.5mm→ 负极	2	4.5
5-12	正极→ 1.5mm→ 1.5mm→ 1.5mm→ 负极	3	4.5

各实验工况测量的放电电容两端的典型电压变化曲线如图 5-7 所示。实验结果显示，击穿电压与串联激励器的数目、最大或最小的间距、激励器连接顺序等因素无关，只取决于各串联激励器电极间距的总和。随着电极间距总和的增大，击穿电压升高。电极间距总和为 1.5mm、3.0mm、4.5mm 时，击穿电压分别为 4.1kV、5.9kV、7.5kV 左右。然而，由于串联路径中电阻和电感的不同，放电电压的波形却受到串联激励器的数目较大影响。在电极间距总和固定时(如工况 5-3、5-7、5-9)，随着串联激励器数目的增加，电压振荡的幅值显著增大，振荡的周期数略有降低。此外，当串联激励器数目较大时，在放电的后期，放电电压出现异常的振荡现象(如图 5-7 中工况 5-8、5-9 所示)。

5.2.2.3 串联放电效率特性

如上节所述，在电极间距总和一定时，击穿电压保持不变，因此放电的电容能量一样。但是，随着串联路径中电阻和电感的不同，放电过程(体现在电压、电流的波形上)存在差异，因而 RLC 电路的放电效率并不相同。电极间距总和相同(均为 3.0mm)、串联数目不同(分别为 1、3、6)的三种工况 5-3、5-7、5-9 的典型电流曲线如图 5-8 所示。结果显示，随着串联激励器数目的增加，电流振荡的周期缩短，串联数目为 6 时，放电后期电流出现异常的振荡，与电压曲线情况相同。此外，随着串联激励器数目的增加，峰值电流减小。对于理想 RLC 过阻尼电回路，峰值电流具有如下表达式：

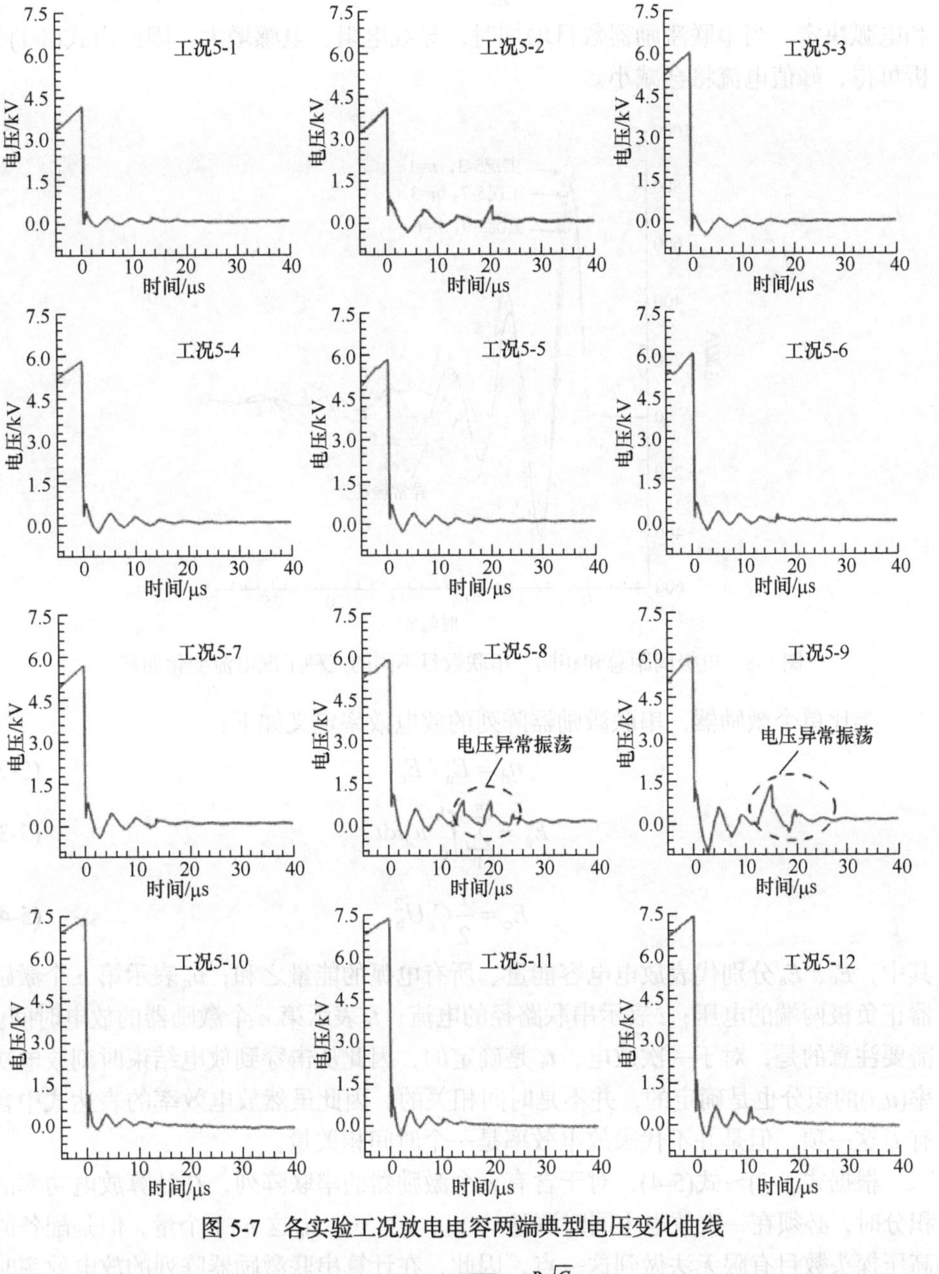

图 5-7　各实验工况放电电容两端典型电压变化曲线

$$I_{\max}=U_{\mathrm{b}}\sqrt{\frac{C}{L}}\mathrm{e}^{-\frac{\pi R}{4}\sqrt{\frac{C}{L}}} \tag{5-1}$$

其中，U_b 为击穿电压；C 为整个回路的电容之和；L 为电感之和；R 为电容之和。对于本实验中的 RLC 回路，导线及电弧的电容相比于放电电容很小，因此总电容 C 可以等同于放电电容 C_d(保持不变)。另一方面，电路的电感和电阻主要由导线和电弧决定。当串联激励器数目增加时，导线电阻、电感增大，因此由式(5-1)分析可得，峰值电流将会减小。

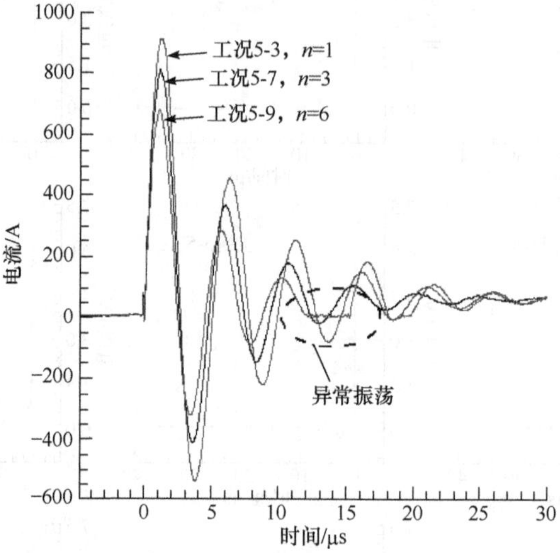

图 5-8　电极间距总和相同、串联数目不同的三种工况电流变化曲线

类比单个激励器，串联激励器阵列的放电效率定义如下：

$$\eta_{\mathrm{d}} = E_{\mathrm{a}} / E_{\mathrm{c}} \tag{5-2}$$

$$E_{\mathrm{a}} = \sum_{1}^{n} \int_{0}^{t_n} u_n i \mathrm{d}t \tag{5-3}$$

$$E_{\mathrm{c}} = \frac{1}{2} C_{\mathrm{d}} U_{\mathrm{b}}^2 \tag{5-4}$$

其中，E_{c}、E_{a}分别代表放电电容能量、所有电弧的能量之和；u_n表示第 n 个激励器正负极两端的电压；i 表示串联路径的电流；t_n 表示第 n 个激励器的放电时间。需要注意的是，对于一次放电，t_n 是确定的，因此从击穿到放电结束时刻放电功率($u_n i$)的积分也是确定的，并不是时间相关的。因此虽然放电效率的表达式中含有 t_n 这一项，但是并不代表放电效率是一个时间相关量。

根据式(5-2)～式(5-4)，对于含有 n 个激励器的串联阵列，在计算放电功率的积分时，必须在一次放电中同时测量 i、u_1、u_2、⋯、u_n 这 n+1 个量，但是配备的高压探头数目有限无法做到这一点，因此，在计算串联激励器阵列的放电效率时采用了以下计算方法：

$$\eta_{\mathrm{d}} = 1 - E_{\mathrm{w}} / E_{\mathrm{c}} \tag{5-5}$$

$$E_{\mathrm{w}} = \int_{0}^{t_n} i^2 R_{\mathrm{w}} \mathrm{d}t \tag{5-6}$$

其中，E_W表示在导线中消耗的能量；R_W表示导线的总电阻。采用这种方式仅需测量电路电流、导线电阻和击穿电压即可。计算得到的 5-3、5-7、5-9 三种工况的放电效率如表 5-2 所示。由表可知，随着串联激励器数目的增加，导线的附加电阻增大，导致电弧能量降低，因此放电效率略有降低。

表 5-2　电极间距总和相同、串联数目不同三种工况放电效率

工况	电容能量/J	电阻消耗/J	电弧能量/J	放电效率/%
5-3，n=1	6.96	5.50	1.46	20.98
5-7，n=3	6.96	5.55	1.41	20.26
5-9，n=6	6.96	5.61	1.35	19.40

5.2.3　流场特性

5.2.3.1　串联式激励器阵列流动特性

典型的三个激励器串联阵列流场演化过程纹影显示结果如图 5-9 所示。射流锋面和前驱激波锋面的高度及传播速度变化曲线如图 5-10 所示。激励器放电腔体直径和高度分别为 5.4mm、8.6mm，腔体体积约为 207mm^3。射流出口直径为 2mm，三个激励器的电极间距均为 1.5mm，激励器的射流出口位于同一水平直线，射流出口的间距为 15mm。

由图 5-9 可知，激励器阵列产生三股“蘑菇状”等离子体合成射流(图中射流 A、B、C)以及三个半球状的射流前驱激波(图中激波 A、B、C)，射流和前驱激波的出现基本是同步的，并且形态相似。由图 5-10(a)可知，三股射流的射流锋面变化曲线基本上重合，在射流发展的后期存在微小的差别。由于卷吸和耗散作用，随着射流锋面与出口之间距离的增加，其速度逐渐降低。由于此工况下射流出口之间距离较大，射流之间的相互干扰作用较弱，在 400μs 之前，三股射流基本互不影响、独立发展。400μs 后，射流之间开始接触，然而此时的射流涡强度已经较弱，因此射流之间的相互卷吸很弱，三股射流相互平行向下游发展。

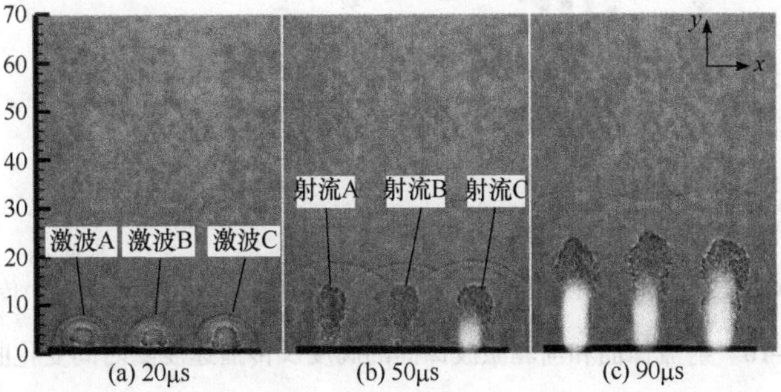

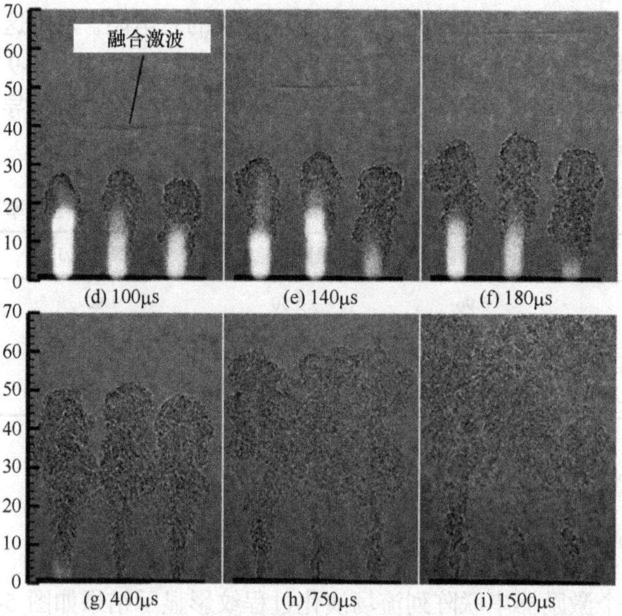

图 5-9　三个激励器串联阵列流场演化过程(坐标轴刻度单位为 mm)

在放电开始后 20μs，激励器阵列产生三个相互独立的半球形前驱激波，前驱激波首先以超声速传播，但很快速度减小到当地声速(约 350m/s)，随后保持声速向下游移动。随着前驱激波的扩展，三个激波之间开始相互干扰(图 5-9(b)，50μs 时刻)，在相互干扰过程中，激波开始逐渐融合(图 5-9(c)，90μs 时刻)，变形为一道“融合激波”(图 5-9(d)，100μs 时刻)，融合后的激波仍以声速向下游移动。

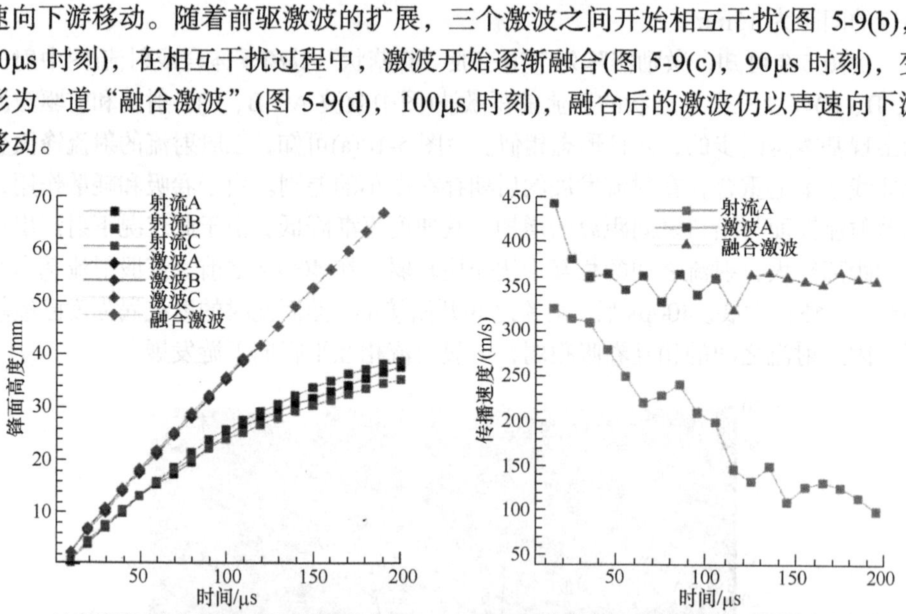

(a) 射流锋面和前驱激波锋面高度变化曲线　　(b) 射流锋面A和前驱激波A传播速度变化曲线

图 5-10　射流锋面和前驱激波锋面的高度及传播速度随时间变化曲线

5.2.3.2　激励器出口间距的影响

在主动流动控制应用中，阵列各个激励器之间的相互位置是决定控制效果的关键因素之一。在本书中，激励器均位于一条直线上，因此其相互位置即激励器之间的距离。本节对比了不同激励器间距条件下射流流场特性的差别，其中激励器的腔体体积约为 220mm^3，射流出口直径 3mm，三个激励器的正负极间距均为 1mm。在此参数下当激励器间距超过 12mm 时，射流之间的相互干扰已经十分微弱，射流的形状和移动速度与 12mm 间距时基本相同。因此，仅就 12mm 间距及以内的四个工况进行了分析，其间距分别为 12mm、9mm、6mm 和 2.75mm。需要特别说明的是，当激励器间距为 6mm 和 2.75mm 时，三个激励器已连为一体，其放电腔体之间是贯通的(即结合为一个体积 660mm^3 的大腔体)。而当激励器间距为 12mm 和 9mm 时，其放电腔体是不连通的三个独立小腔体。

图 5-11 所示为不同激励器间距条件下射流流场演化过程。当激励器间距等于 2.75mm 时，三个射流孔是相交的，前驱激波直接在开始阶段融合为一道椭球形激波，三股射流合并为一个较宽的矩形射流，其形状类似于参考文献[1]中的条形出口射流。当激励器间距等于 6mm 和 9mm 时，三股射流在开始阶段相互独立，随着射流向下游喷射，各个射流的头部开始横向膨胀、靠近，在较强的相互卷吸作用下，射流头部逐渐融合在一起，变形为一个大尺度涡，但是在靠近出口的地方射流仍然是分离的。激励器的间距越大，射流头部的融合越晚发生，其融合效果越弱。当激励器间距等于 12mm 时，射流头部的融合现象消失，三股射流在整个喷射过程中保持相互独立。

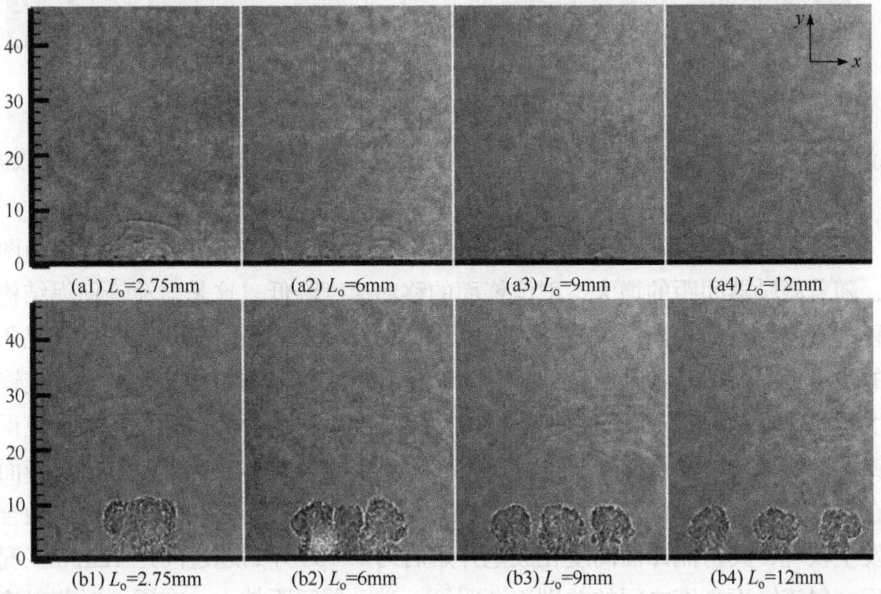

(a1) L_o=2.75mm　(a2) L_o=6mm　(a3) L_o=9mm　(a4) L_o=12mm

(b1) L_o=2.75mm　(b2) L_o=6mm　(b3) L_o=9mm　(b4) L_o=12mm

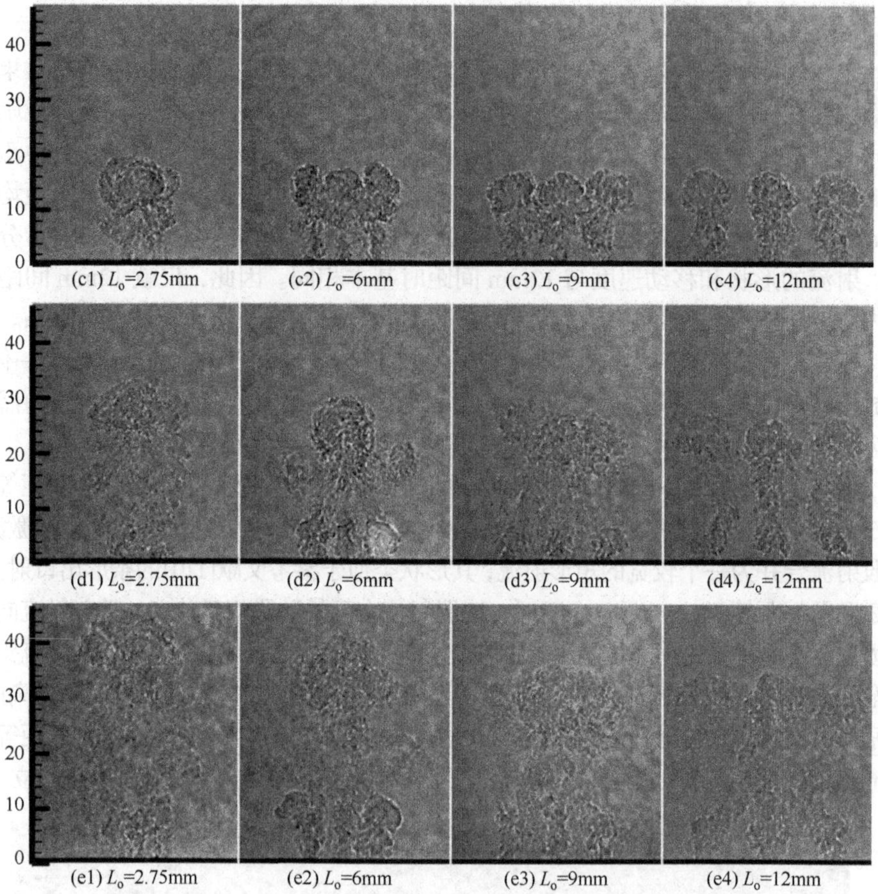

图 5-11　不同激励器间距流场演化过程(坐标轴刻度单位为 mm)

(a1)～(a4)放电开始后 30μs；(b1)～(b4)放电开始后 50μs；(c1)～(c4)放电开始后 100μs；(d1)～(d4)放电开始后 250μs；(e1)～(e4)放电开始后 500μs

图 5-12 所示为不同激励器间距条件下射流锋面高度随时间变化曲线。由图可知，随着激励器间距的增大，射流锋面的移动速度降低。这是射流锋面涡结构融合程度不同导致的。在喷流的开始阶段，间距 6mm、9mm、12mm 三种工况条件下的射流锋面高度基本是一致的。然而，随着射流头部涡结构的融合，射流锋面高度开始出现差异。对于间距 6mm 和 9mm 工况，射流头部涡结构的融合使得射流锋面的移动速度加快。对于间距 6mm 工况，融合作用发生较早，其射流锋面高度在放电开始后约 60μs 开始超过间距 12mm 工况。对于间距 9mm 工况，融合作用发生较晚，其射流锋面高度在放电开始后约 120μs 开始超过间距 12mm 工况。此后，射流锋面高度之间的差别逐渐明显，激励器间距越大，在同一时刻射流锋

面高度越低。对于激励器间距 2.75mm 工况，融合作用在一开始就发生，因此其射流锋面在整个喷射过程中都高于其他工况。

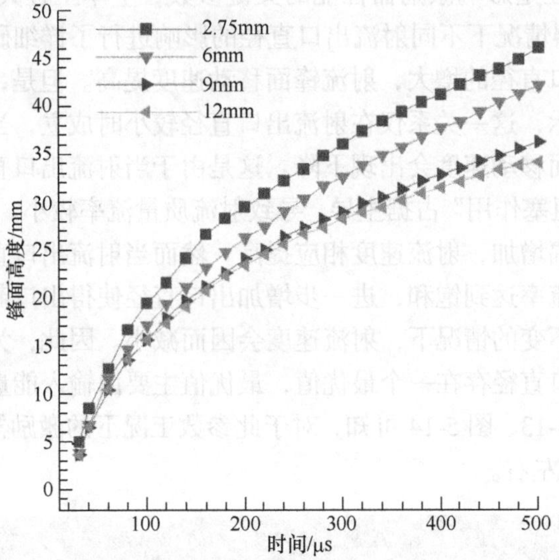

图 5-12　不同激励器间距射流锋面高度随时间变化曲线

需要说明的是，激励器阵列都是由多个单独激励器连接构成的，因此，当各个单独激励器的射流相互之间干扰较弱的时候，其射流的流场演化过程都可以看作是单独激励器(在相同工作参数情况下)的流场演化。因此，在本实验中，可以将激励器间距 12mm 工况时的流场看作是单个激励器独立工作时的流场。结果显示，激励器阵列产生的射流由于相互之间存在卷吸作用，其射流速度要高于单个激励器；并且激励器阵列中相隔间距越小，卷吸作用越强，其射流速度越大。

5.2.3.3　射流出口直径的影响

对于五种不同射流出口直径(分别为 1mm、2mm、3mm、4mm、5mm)的串联激励器阵列流场演化特性进行了对比。其放电腔体体积均为 440mm^3，单个激励器的正负电极间距均为 1mm，串联阵列中激励器的间距均为 15mm。不同射流出口直径条件下射流流场演化过程对比如图 5-13 所示，射流锋面高度和移动速度随时间的变化曲线如图 5-14 所示。

图 5-13 显示，在喷射开始阶段，射流刚刚离开出口，其形态呈涡环状(图 5-13，20μs)，涡环的宽度大体等于射流出口的直径。随后，涡环结构逐渐发展变形为连续的湍流射流(图 5-13，100μs 和 200μs)，射流出口直径越大，湍流射流的宽度越

宽。当射流出口直径等于 1mm 和 2mm 时，激励器阵列产生的前驱激波十分微弱，较难在图中分辨。射流出口直径越大，前驱激波强度越强。

射流出口直径是影响激励器性能的关键参数，空军工程大学 Zong(宗豪华)等[2]对单个激励器情况下不同射流出口直径的影响进行了详细研究，其实验结果认为随着射流出口直径的增大，射流锋面移动速度提高。但是，如图 5-14 所示，本书实验结果显示，这一关系仅在射流出口直径较小时成立，当出口直径超过临界值后，射流锋面移动速度会出现下降。这是由于当射流出口直径较小时，出口喉道边界层的“阻塞作用”占据主导，导致射流质量流率较小。增大出口直径后，射流质量流率大幅增加，射流速度相应提高。然而当射流出口直径增大超过临界值后，射流质量流率达到饱和，进一步增加出口直径使得出口截面积增加，在射流质量流率基本不变的情况下，射流速度会因而减小。因此，为了获得最大的射流速度，射流出口直径存在一个最优值，最优值主要由输入能量大小和放电腔体体积决定。由图 5-13、图 5-14 可知，对于此参数工况下的激励器，射流出口直径的最优值在 3mm 左右。

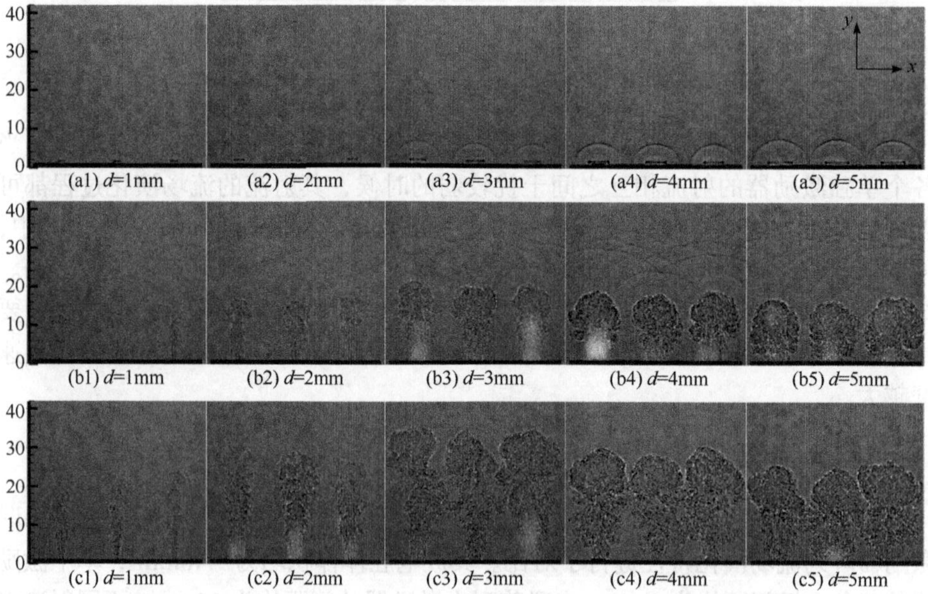

图 5-13　不同射流出口直径流场演化过程(坐标轴刻度单位为 mm)

(a1)～(a5)放电开始后 20μs；(b1)～(b5)放电开始后 100μs；(c1)～(c5)放电开始后 200μs

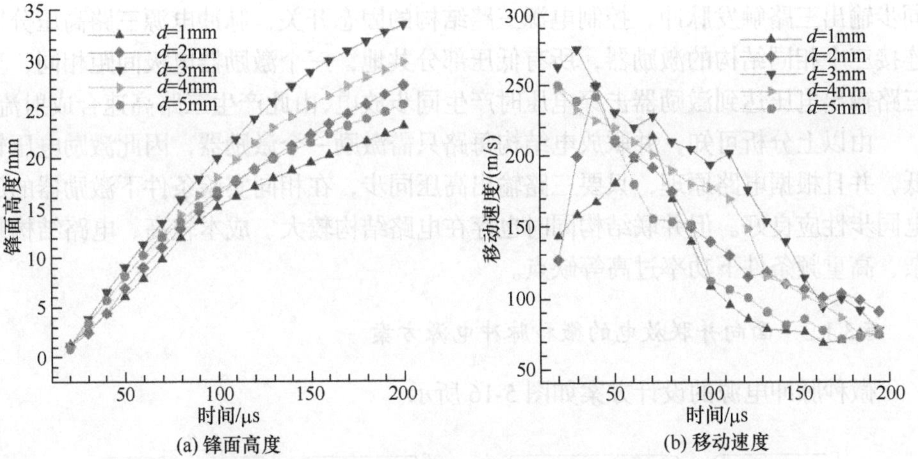

图 5-14　不同射流出口直径射流锋面高度和移动速度随时间变化曲线

5.3　并联阵列工作特性

5.3.1　电源系统

5.3.1.1　多路激励器并联放电

本书首先提出了多路等离子体合成射流激励器并联放电结构，实际应用中以三路为例，其相关的结构图如图 5-15 所示。

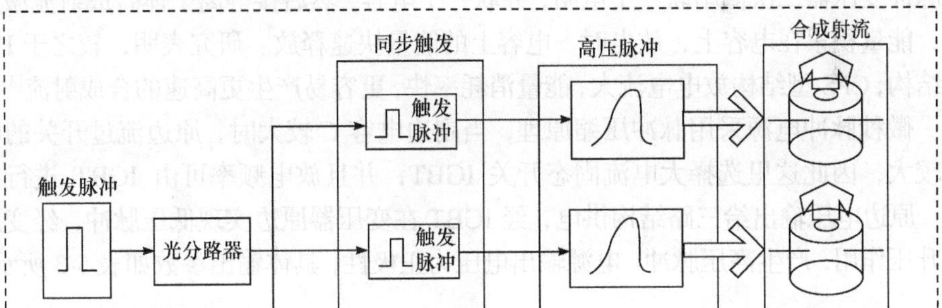

图 5-15　并联放电结构图

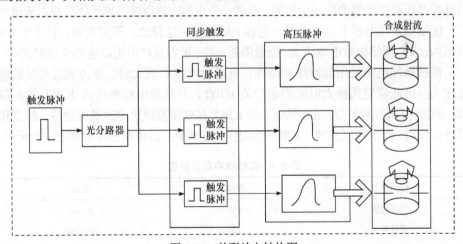

由图 5-15 可知，并联放电结构需要一台可同步输出三路高压脉冲的脉冲电源，利用开关同步触发技术，保证电源的三路同步输出。脉冲触发器经光分路器

同步输出三路触发脉冲，控制电源三路结构的固态开关，脉冲电源三路高压分别连接三个相同结构的激励器，所有低压部分共地，三个激励器电极间距相同，当三路输出电压达到激励器击穿电压时产生同步放电，由此产生三路高速合成射流。

由以上分析可知，并联放电结构每路只需激励一个激励器，因此激励电压较低，并且根据电路原理，只要三路输出高压同步，在相同实验条件下激励器的放电同步性应良好。但并联结构同时也存在电路结构较大、成本较高、电路结构复杂、高重频条件下功率过高等缺点。

5.3.1.2　面向并联放电的微秒脉冲电源方案

微秒脉冲电源的设计方案如图 5-16 所示。

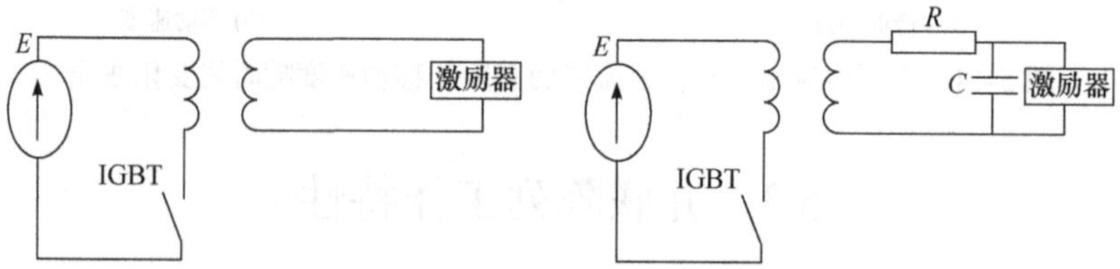

(a) 电感储能型　　　　(b) 电容储能型

图 5-16　微秒脉冲电源方案图

如图 5-16 所示，微秒脉冲电源主要有两种方案，即电感储能(IPS，即感性放电)型和电容储能(CPS，即容性放电)型。IPS 型是脉冲变压器的二次侧直接与等离子体合成射流激励器相连，能量积累在线圈的电感上，放电时由电感释放能量。CPS 型是脉冲变压器二次侧串联一个电阻，并联一个电容，然后接等离子体合成射流激励器，能量积累在电容上，放电时，电容上的能量快速释放。研究表明，较之于 IPS 型结构，CPS 型结构放电电流大，能量消耗率快，更容易产生更高速的合成射流[3,4]。

微秒脉冲电源采用脉冲压缩原理，当副边电容 C 较大时，原边流过开关的电流较大，因此这里选择大电流固态开关 IGBT，并且放电频率可由 IGBT 进行调节。原边电压输出给三路结构供电，经 IGBT 在变压器原边实现低压脉冲，经变压器升压作用，产生高压脉冲。电源输出电压为正极性，具体输出参数如表 5-3 所示。

表 5-3　微秒脉冲电源参数

电源参数	单位	数值
电压幅值	kV	0～10
重复频率	Hz	0～1000
脉宽	μs	10～15
放电电流	A	>320
放电能量	mJ	>150

5.3.1.3　设计指标与设计原则

对于研制的微秒脉冲电源，需要实现三路激励器并联同步放电，且放电能量较大，因此对脉冲电源的设计指标提出以下要求：

(1) 脉冲为正极性，电压幅值 10kV，脉宽为微秒量级，且可连续调节；

(2) 重复频率为 1000Hz；

(3) 单个激励器放电电流大于 320A，放电能量大于 150mJ；

(4) 脉冲电源可使三路激励器并联同步放电；

(5) 电源设有保护回路，运行安全可靠。

微秒脉冲电源结构如图 5-17 所示，主要由三个相同的高压模块组成，整体可分为主电路与控制电路。其中，主电路由交流电经大功率调压器调压分成三路输出，每路先经过整流电路，后通过固态开关与脉冲变压器原边形成低压，经变压器升压在变压器副边产生三路脉冲高压分别对三个放电电容充电，当电容上的电压达到激励器电极的击穿电压时，通过电容的短路放电进而产生大能量、高速的等离子体合成射流。控制回路主要是开关的控制与驱动回路，通过控制回路实现三路开关的同步导通输出同步脉冲高压，进而实现三路激励器并联同步放电。控制电路包括电光转换模块、光分路器、开关驱动电路。同时，为了减小开关通断过程中产生的尖峰电压与尖峰电流，开关设有相应的吸收电路；为了防止主电路，控制电路短路造成的大电流破坏，电路主电路模块、控制回路均设有保护电路。

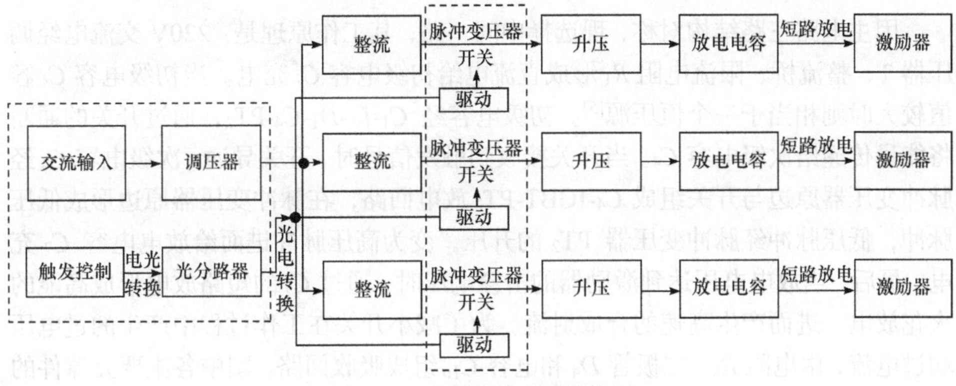

图 5-17　微秒脉冲电源结构图

5.3.1.4　主电路设计

1) 元器件参数计算与选择

微秒脉冲电源采用 CPS 型结构，可同步输出幅值 0～10kV、频率 0～1000Hz 的三路脉冲高压，主电路如图 5-18 所示。

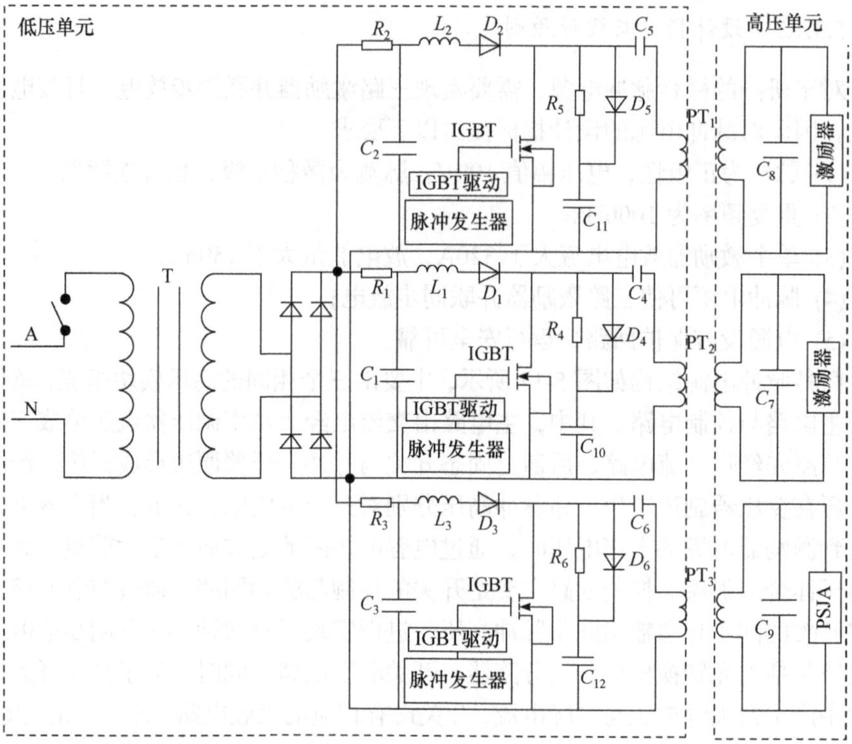

图 5-18　微秒脉冲电源主电路

因主电路三路结构对称，现选择中间一路，其工作原理是：220V 交流电经调压器 T、整流桥、限流电阻 R_1 形成直流电给初级电容 C_1 充电。当初级电容 C_1 容值较大时则相当于一个恒压源[5]。初级电容经 C_1-L_1-D_1-C_4-PT_2，通过开关的通断将能量传递给次级电容 C_4。当开关接收到触发信号时，开关导通，次级电容 C_4 经脉冲变压器原边与开关组成 C_4-IGBT-PT_2 放电回路，在脉冲变压器原边形成低压脉冲，低压脉冲经脉冲变压器 PT_2 的升压，变为高压脉冲进而给放电电容 C_7 充电。最后，当放电电压达到激励器的击穿电压时，通过 C_7 的短路放电形成高能的火花放电，进而产生高速的合成射流。为了减小开关在工作过程中产生的过电压和过电流，由电阻 R_4、二极管 D_4 和电容 C_{10} 组成吸收回路。图中各主要元器件的作用如下：电阻 R_1 主要起限制充电电流的作用；电感 L_1 的作用主要有两点，一是形成 C_4 的谐振升压回路，二是限制 C_4 的充电电流；二极管 D_1 的作用是防止 C_4 反向充电。

由工作原理分析可知，大能量等离子体合成射流放电是一种电容直接短路的放电模式，因此放电电容的大小很大程度上决定了放电特性。大的放电电容必然带来更高的放电电流与放电能量，但同时会产生更高的功率消耗[6,7]。因此，电源设计中应综合考虑电路的空载测试波形和放电的实际能量，还需考虑放电的同步性与稳定性等问题。

根据微秒脉冲电源的设计指标，需通过合理的计算来选取电路参数，同时，还需要留有一定的裕量。电源的元器件选择采用仿真与理论计算相结合的方法，考虑到电源小型化等问题，元器件的选择综合了多种因素。

选取大的初级电容 C_1 以保持一定的电压波动系数，这里选择电容值 2200μF，耐压 400V 的电解电容。在次级电容 C_4 的充电回路中，重复频率 f=1000Hz 条件下，充电时间不能大于 $1/f-t$，即

$$\tau_c \leqslant \frac{1}{f} - t \tag{5-7}$$

其中，$\tau_c = \pi\sqrt{L_1 C_4}$ 为谐振回路的充电时间；t 为开关的导通时间。此时，次级电容 C_4 的充电电压为

$$u_{C_4} = \left[U_{C_1} + U_{C_1}\sin\left(\frac{1}{\sqrt{L_1 C_4}}t\right)\right] \leqslant 2U_{C_1} \tag{5-8}$$

当开关 IGBT 导通时，次级电容经过变压器原边形成放电回路，其中大部分能量经过变压器的耦合作用传递到放电电容，经过原边等效原理，放电电容等效到变压器原边的等效电容值与次级电容 C_4 值相同时能量传递效率最高。同时考虑到线路损耗，等效值应大于次级电容值，即次级电容需满足：

$$C_4 \geqslant n^2 C_7 \tag{5-9}$$

其中，n 为脉冲变压器变比，即

$$n = \frac{U_7}{U_4} \tag{5-10}$$

其中，U_7、U_4 分别为电容 C_7、C_4 上的电压。实际电路测试中，考虑到 150mJ 的设计指标，激励器放电的直接能量来源于放电电容上存储的能量，电容上的能量也即 C_7 的能量为

$$E_c = \frac{1}{2} C_7 U_7^2 \tag{5-11}$$

其中，E_c 为放电电容的能量。研究表明，实际放电过程中，从能量传递效率角度考虑，电容上的能量传递到放电的能量效率较低，一般为 30%～40%，即

$$\frac{150}{0.4} \leqslant \frac{1}{2} C_7 \times 10000^2 \leqslant \frac{150}{0.3} \tag{5-12}$$

计算得出放电电容取 3～10nF，实验中选择了 3nF、4nF、5nF、8nF、10nF 五种不同大小的放电电容，研究其对输出电压与放电电流的影响。脉冲变压器的变比为

$$n=\frac{10000}{250}=40 \tag{5-13}$$

实际变比取 1∶40。根据调研，选择了某公司的 60mm×140mm×24mm 的 1K107 非晶磁芯。此时，C_4的范围为

$$40^2\times\left(3\times10^{-9}\right)\leqslant C_4\leqslant 40^2\times\left(10\times10^{-9}\right) \tag{5-14}$$

此时 C_4为 4.8～16μF，实验中选择的电容值分别为 5μF、8μF、10μF、15μF，耐压 1200V 的聚丙烯膜无感电容，用于匹配不同放电电容下的次级电容值，分别来测试不同放电电容条件下的输出波形。经式(5-7)，C_4取最大的 15μF，此时 L_1为

$$\pi\sqrt{L_1\times15\times10^{-6}}\leqslant\frac{1}{1000}-30\times10^{-6} \tag{5-15}$$

实际取 L_1为 300μH，电感绕制采用带气隙的 UI 磁芯，横截面积为 4cm²，匝数为 30。当电源输出电压为 10kV 时，电容 C_1上的电压约为 200V，此时，C_4上的充电电压为

$$u_{C_4}=200+200\sin(1.2\times10^4 t) \tag{5-16}$$

电源的输出功率为

$$P=\frac{1}{2}NC_4U_4^2 f \tag{5-17}$$

其中，P 为输出功率；N 为激励器的个数，微秒脉冲电源输出三路高压，连接三个激励器，即 N=3；f为放电频率，最大为 1000Hz，由此输出功率最大为

$$P=\frac{1}{2}\times3\times15\times10^{-6}\times400^2\times1000=3600(\text{W}) \tag{5-18}$$

实际实验中选用额定容量 3000W 的单相自耦式调压器，额定输出电流为 12A，输出电压可在 0～250V 调节。

开关的吸收回路由电阻 R_4，二极管 D_4和电容 C_{10}构成。开关在开断过程中，回路中的杂散参数，主要包括杂散电容与杂散电感，会感应出与次级电容一致的电压，这些电压会叠加到开关上，因此容易造成大的尖峰电压，损坏开关。因此，在慎重选择开关参数的同时，还需加入开关保护电路。如图 5-18 所示，初始状态下，缓冲电容 C_{10}与次级电容 C_4电压相同，当 IGBT 导通时，由于二极管 D_4反向截止，C_{10}上的电荷经过电阻 R_4泄放。当 IGBT 断开时，如果开关出现过电压，则电压会经 C_{10}-D_4-IGBT 形成回路，给电容 C_{10}充电，由此防止开关开断过程中的过电压。同时为了减小线路的杂散电容电感参数对过电压充电的影响，需尽量缩短保护回路元器件与开关之间的连线。缓冲电容由以下公式计算：

$$C_{10}=\frac{I_{\mathrm{cp}}(t_{\mathrm{r}}+t_{\mathrm{f}})}{U_{\mathrm{CE}}} \tag{5-19}$$

其中，I_{cp}为IGBT集电极电流；t_{r}为开关上升时间；t_{f}为开关下降时间；U_{CE}为集射极电压。电阻R_4由式(5-20)可得

$$\frac{U_{R_4}}{R_4}\leqslant\frac{1}{4}I_{\mathrm{cp}} \tag{5-20}$$

选择好IGBT参数后，再根据式(5-19)、式(5-20)计算出C_{10}、R_4的值。本书中，IGBT的参数选择以仿真计算为基础，实验中随着输出电压的升高，实时监测流过IGBT的尖峰电压与尖峰电流。

2) 主电路仿真

通过理论计算得出元器件参数之后，为了解相关元器件的工作波形以及开关的参数，采用PSpice软件对主电路进行仿真，原边仿真电路如图5-19所示。

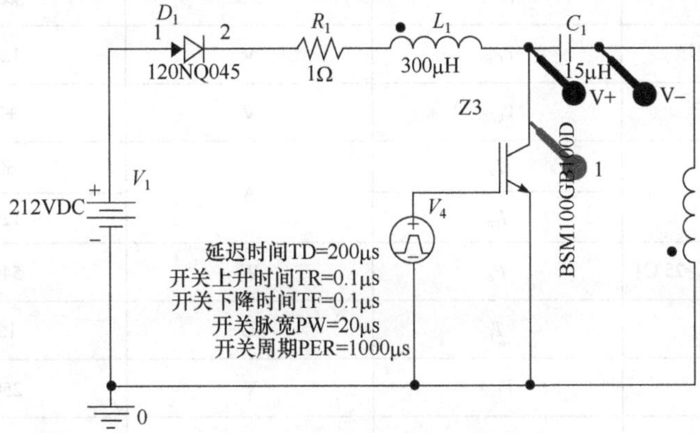

图5-19　原边仿真电路

其中，初级电容已由212V电压源代替，R_1为线路等效电阻，设置为1Ω，开关周期设置为1000μs，延迟时间为200μs，L_4为模拟脉冲变压器原边等效电感，设置为1μH。仿真中主要测试次级电容的电压波形和流过开关的电流波形。仿真结果如5-20所示。

如图5-20所示，虚线为次级电容上的电压波形，实线为流过开关的电流波形。由图可知，电容C_1在开关导通前充电电压约为400V，200μs时，开关导通，C_1经开关与变压器原边形成放电回路，放电时间很短，放电电流即流过开关的电流峰值很大，约为700A，之后C_1又被谐振充电，由于电感L_1较大，充电时间较长。次级电容上电压的仿真结果与理论计算相近，因此放电电流对于开关的选型具有参考意义。实验中开关选择1200V、额定电流600A、峰值电流1200A的单管IGBT，型号为MG600Q1US65H。开关的参数如表5-4所示。

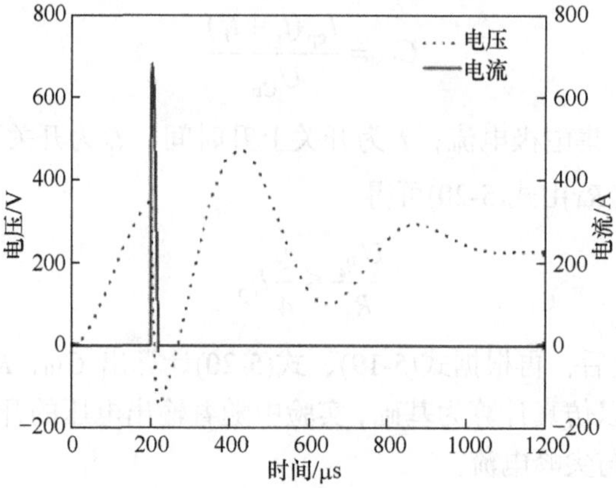

图 5-20　原边仿真结果

表 5-4　开关参数

开关参数	符号	单位	数值
集电极-射极电压	V_{CES}	V	1200
门极-射极电压	V_{GES}	V	±20
集电极电流	I_c	A	600
	I_{cp}		1200
集电极功率消耗(T_c=25℃)	P_c	W	5400
结温	T_j	℃	150
绝缘电压	V_{IsoI}	V	2500
开关时间	t_r	μs	0.18
	t_f		0.15

代入式(5-19)、式(5-20)可得

$$C_{10} = \frac{1200 \times (0.18 + 0.15)}{1200} = 0.33(\mu\text{F}) \tag{5-21}$$

$$R_4 \geqslant \frac{1200}{1200/4} = 4(\Omega) \tag{5-22}$$

实际采用 10Ω、50W 的水泥电阻，与 0.33μF 无感电容组成相应的开关吸收电路。

利用前期成果建立的非晶变压器磁芯仿真模型，对电源整体输出电路进行了仿真，仿真图如图 5-21 所示。

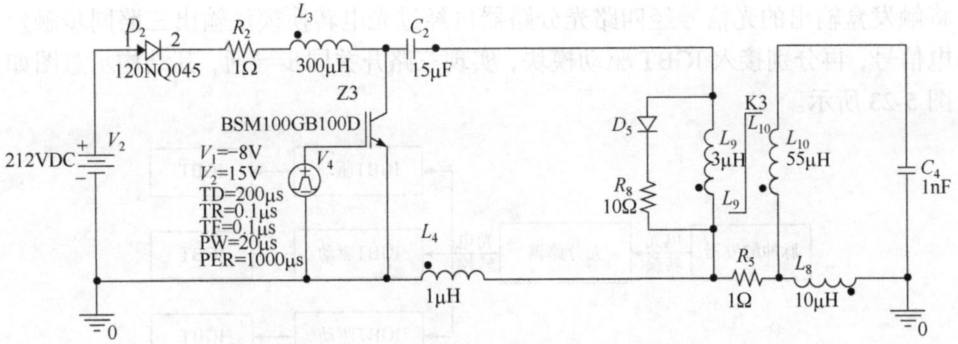

图 5-21　微秒脉冲电源输出仿真电路

在仿真电路中，L_9 与 L_{10} 为变压器库中已计算与仿真过的脉冲变压器模型，副边漏感 L_8 为 10μH，次级电容 C_2 取最大 15μF，放电电容为 10nF，仿真中主要的测试参数为输出电压波形，即电容 C_4 的电压，仿真结果如图 5-22 所示。由图可知，输出电压为 10kV 时，脉冲第一个主峰脉宽约为 12μs，上升时间约为 8μs，之后电压波形有一定的振荡。振荡主要是由放电电容 C_4 的能量衰减所致。等离子体合成射流放电主要与第一个主峰上升沿有关，从仿真波形来看，上升沿平滑，具有实际应用的前景。

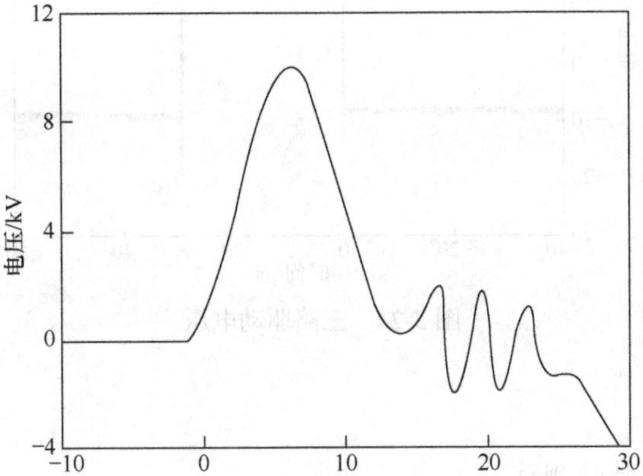

图 5-22　输出电压仿真电路

5.3.1.5　驱动电路设计

脉冲发生器采用作者课题组自行研制的 PG-F1 脉冲触发盒，其触发电压为 +5V，脉宽可设置为 20～30μs。为了防止触发控制回路与原边 IGBT 开通过程中大电流之间的电磁干扰，在触发盒输出端增加了电光转换模块，将脉冲电信号转换为光信号。为了使微秒脉冲电源同步输出三路高压，采用了开关同步触发技术，将触发盒输出的光信号经四路光分路器再经过光电转换模块输出三路同步触发电信号，再分别接入 IGBT 驱动模块，实现三路开关同步导通，其结构示意图如图 5-23 所示。

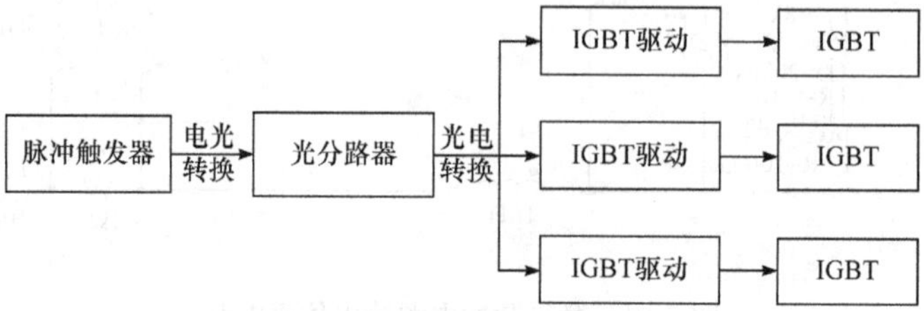

图 5-23　驱动电路结构图

开关的三路驱动信号如图 5-24 所示。由图可知，脉冲触发器经 IGBT 驱动模块输出驱动脉冲电压为−9～18V，触发脉宽为 30μs。为了确保触发，上升沿最大可达 35V。三路驱动信号同步性良好，可以确保三路开关的同步导通。

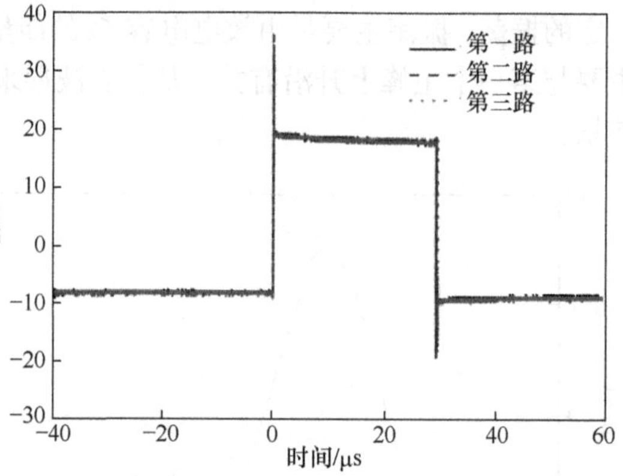

图 5-24　三路驱动电压

5.3.2　放电特性

5.3.2.1　输出特性测试

本节首先搭建了微秒脉冲电源单路测试平台，对微秒脉冲电源的单路输出特性进行了测试。从前面的原理分析可知，放电电容对于后级激励器的放电特性具有很大的影响，大的放电电容可以产生大的放电电流，进而提高放电能量，同时大的放电电容会对原边元器件与电源功率提出更高的要求。为了研究不同大小的放电电容对脉冲电源输出特性和放电状态的影响，按式(5-12)实验中选择了 3nF、4nF、5nF、8nF、10nF 五种规格的放电电容，不同的放电电容根据式(5-9)分别匹配了不同的次级电容。电源空载输出测试的主要参数为原边电流与输出电压。其中原边电流即为流过开关的电流，主要为了保证开关工作在安全阈值内。输出电压即为放电电容两边的电压。电源测试过程需检测各元器件的温度，防止温度过高带来的影响。

图 5-25(a)为输出电压 10kV，放电频率为 1Hz 条件下不同放电电容对应的输出电压波形。由图可知，输出电压波形类似于图 3-6 仿真波形，有一定的振荡。放电电容从 3nF 增大到 10nF 时，第一个脉冲的上升沿由 5μs 增大到 8μs，脉宽由 10μs 增大到 15μs。图 5-25(b)为相同输出条件下对应原边电流的波形。从图中可以看出，随着放电电容的增加，流过开关的电流峰值明显增加，放电电容为 10nF 时，原边电流最高可达约 800A，持续时间约为 10μs。这与仿真的原边电流参数为同一量级，高了约 100A，这仍然工作在开关的安全阈值之内。分析电路的输出特性，输出电压上升沿的增加是由于随着放电电容的增大，充电时间变慢。脉宽的增加表明了变压器原边向副边和电容传递了更多的能量，原边电容 C_4 放电回路的反向电流对于变压器磁芯具有去磁作用，随着放电电容的增加，电路的去磁回路电流增加，由变压器磁芯的磁化曲线可知，磁感应强度 B 的增幅 ΔB 增大，导致脉冲宽度的增加。

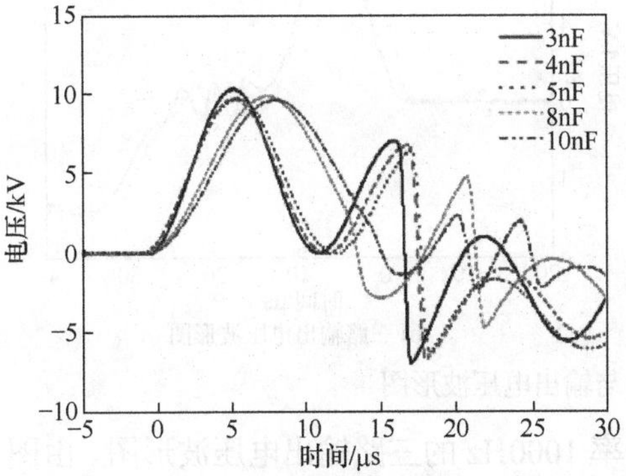

(a) 输出电压波形

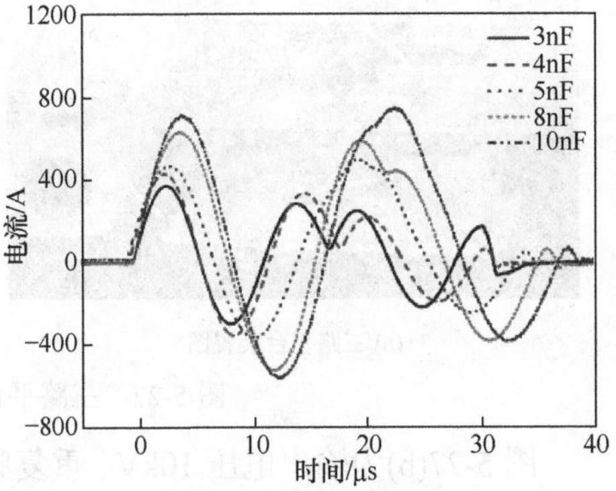

(b) 原边电流波形

图 5-25　微秒脉冲电源输出波形

选用 10nF 放电电容，测试脉冲电源在高频条件下输出波形的稳定性。如图 5-26(a)所示，不同重复频率下，输出电压波形较小。由图 5-26(b)可知，1000Hz 重复频率下，输出电压 10kV 时，输出波形稳定。

微秒脉冲电源的单路测试表明，脉冲电源在输出电压 0～10kV，重复频率 0～1000Hz 条件下电压波形稳定，开关器件均工作在安全阈值范围之内。同时长时间的耐久测试也表明，元器件发热情况良好。

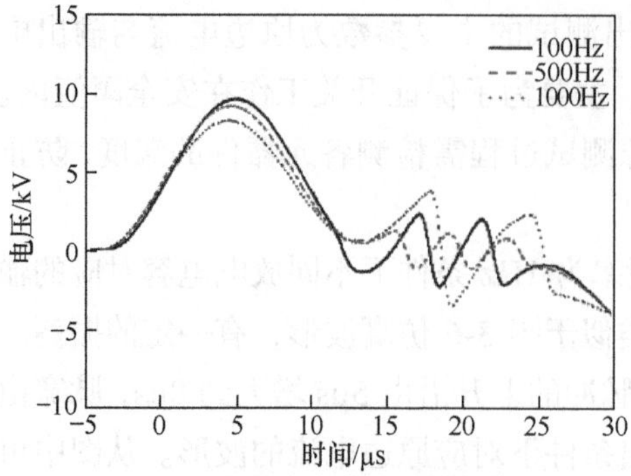

(a) 不同重复频率输出电压波形

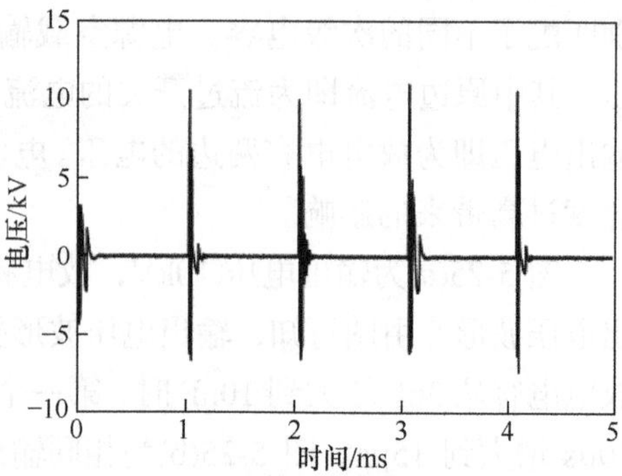

(b) 1000Hz重复频率电压波形

图 5-26　重复频率输出电压波形

单路测试完成后，选用 10nF 放电电容，搭建了三路平台，测试的主要对象为三路输出电压的同步性以及相关元器件功率消耗的发热问题。电源三路平台如图 5-27(a)所示，需要指出的是，此平台为电源的主电路模块，元器件均固定在环氧板上，电路结构较为紧凑。

(a) 三路平台装置图

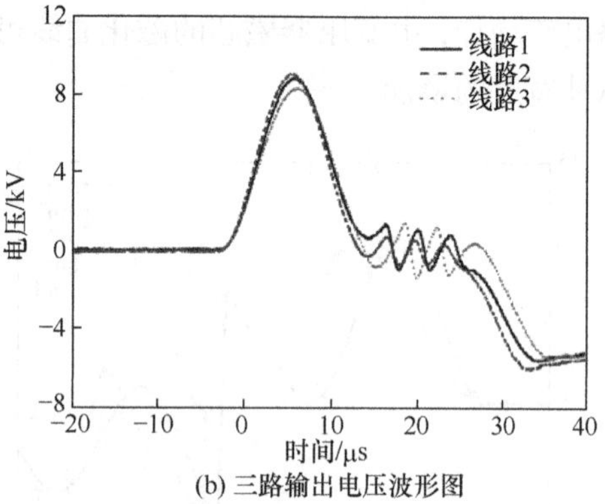

(b) 三路输出电压波形图

图 5-27　三路平台与输出电压波形图

图 5-27(b)为输出电压 10kV、重复频率 1000Hz 的三路输出电压波形图。由图可知，在高重复频率条件下，三路输出电压的同步性良好。第一个主峰的上升沿延迟时间约为 0.5μs，电压峰值误差为 0～1kV。这主要是由三个磁芯参数，包括电路杂散参数有差异导致。等离子体合成射流放电主要取决于第一个主峰的上升沿，因此，从该电源输出空载波形考虑，电源可以用来做三路激励器并联放电实验，能否实现三路并联同步放电仍需开展进一步的激励器放电实验研究。

5.3.2.2　高能微秒脉冲电源放电特性研究

本节采用研制的微秒脉冲源展开大能量等离子体合成射流并联放电实验。首先从单个激励器开始，重点研究放电的电特性和能量特性；然后展开多路的并联放电，研究放电时延与同步性；最后利用纹影系统观测射流流场。

1) 单个激励器电特性研究

为了了解激励器放电特性，研究了 1～3mm 激励器电极间距、不同放电电容条件下的激励器两端击穿电压与放电电流的特性。实验结果表明，随着电极间距的增大，击穿电压升高；随着放电频率的增加，击穿电压降低；放电电容的大小对于放电特性有着决定性的影响，主要体现在对于放电电流与振荡时间的影响。

图 5-28 (a)和(b)分别为 2mm 间距、10nF 放电电容条件下，1Hz、500Hz 频率的击穿电压电流波形图。

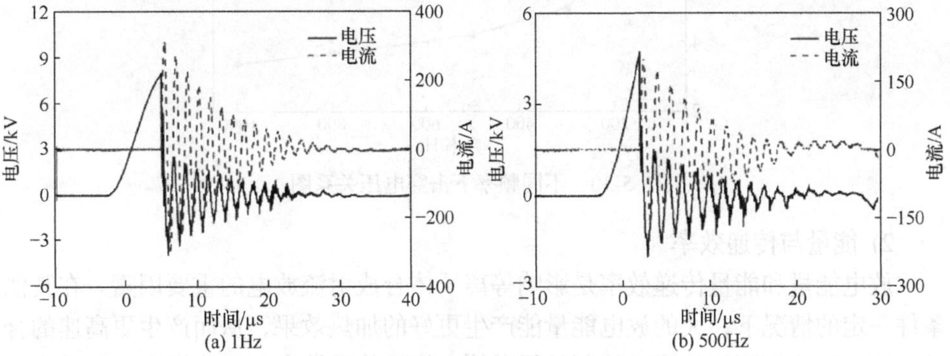

图 5-28　不同频率击穿电压电流波形图

由图 5-28 可知，其放电呈现典型的欠阻尼振荡形式。放电电容、导线的电感及电阻、火花通道电阻组成 RLC 振荡回路[8,9](其火花通道电感很小，一般为几个微亨，通常忽略不计[10,11])如图 5-29 所示。电压波形的振荡周期为 30μs。对比不同频率下的放电可知，放电在 2～5μs 击穿，这是由于重复频率条件下，电压波形上升沿一致，击穿时间仅与击穿电压的值有关。在 2mm 间距下，击穿电压约为 8.5kV，放电电流高达 320A。随着开关频率的增加，其击穿电压明显降低，相应击穿的时间略微降低，放电电流则大幅降低，放电时间变化不大。这是由于火花通道电阻在相同间距下变化不大，对应的振荡回路振荡周期变化不大。

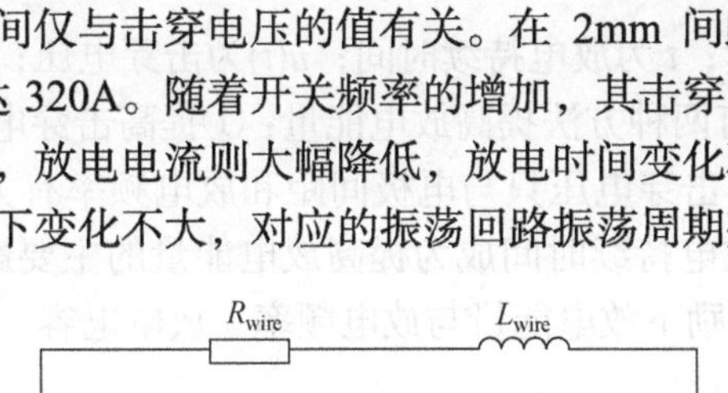

图 5-29　放电等效电路图

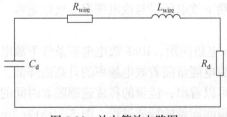

不同频率、不同电极间距与击穿电压的关系如图 5-30 所示。由图可知，击穿

电压随着电极间距的增大而增加，随着放电频率的增加而降低。并且随着放电频率的增加，击穿电压的降低速率总体呈现下降的趋势。

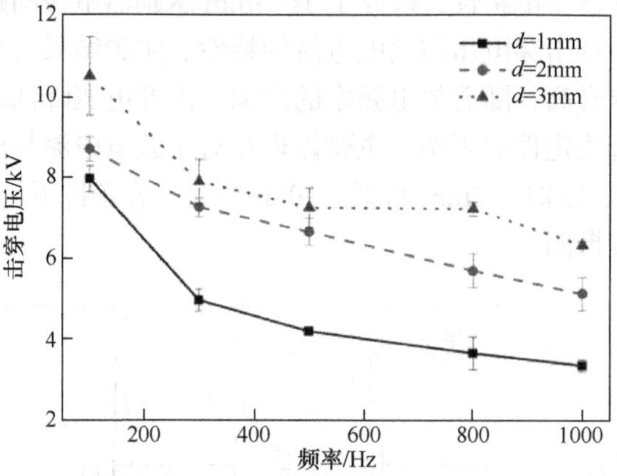

图 5-30　不同频率下击穿电压关系图

2) 能量与传递效率

放电能量和能量传递效率是影响等离子体合成射流放电的重要因素。在其他条件一定的情况下，大的放电能量能产生更好的加热效果，从而产生更高速的合成射流，以达到更好的流动控制效果[12,13]。能量传递效率对于分析合成射流流动控制具有很大的现实意义。在 CPS 型结构的微秒脉冲电源激励下，放电能量的来源为放电电容上存储的能量，经导线电阻等热损耗最终传递到火花放电的能量。放电能量由以下公式算出：

$$E_{\mathrm{d}} = \int_0^t u(t)i(t)\mathrm{d}t \tag{5-23}$$

其中，E_{d}为放电能量；t为放电持续时间；$u(t)$为击穿电压；$i(t)$为放电电流。

根据式(5-23)，有两种方法提高放电能量：①提高击穿电压和放电电流；②提高放电持续时间。而击穿电压只与电极间距和放电频率有关，与电源结构无关，因此，放电电流和放电持续时间成为提高放电能量的主要影响因素。

微秒脉冲电源激励下放电能量与放电频率、放电电容、电极间距等参数的关系如图 5-31 所示。

图 5-31(a)为 2mm 电极间距、10nF 放电电容条件下放电能量与放电频率的变化关系。由图可知，放电能量随着放电频率的升高而降低，这主要是由击穿电压的降低导致。由图还可以看出，能量的释放速率随着时间的推移而降低，这表明合成射流放电是一种瞬间能量的释放过程。图 5-31(b)为 2mm 电极间距下，放电能量与放电电容和放电频率之间的关系。由图可知，放电能量明显地随着放电电容的增大而增大，在 10nF 条件下，放电能量达到了 152mJ。这体现了放电电容对

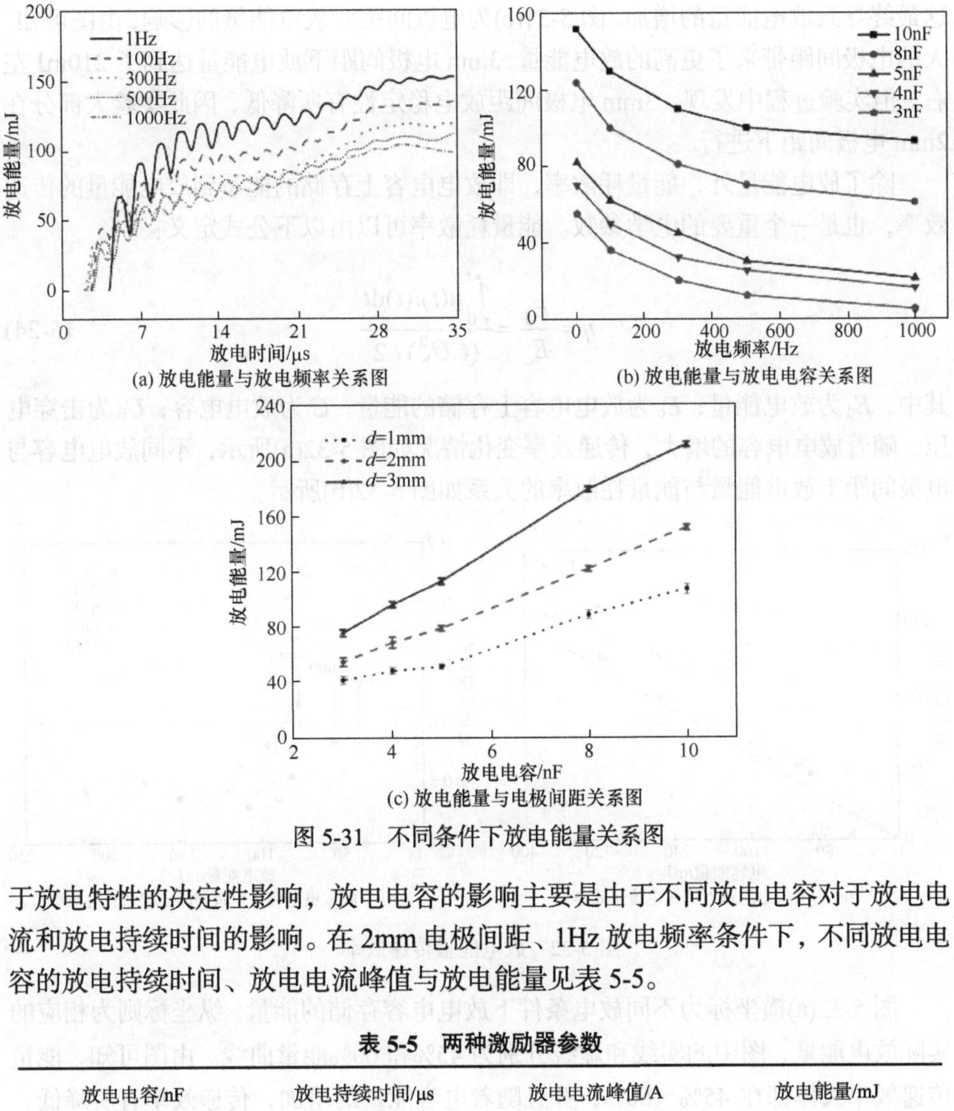

图 5-31　不同条件下放电能量关系图

于放电特性的决定性影响，放电电容的影响主要是由于不同放电电容对于放电电流和放电持续时间的影响。在 2mm 电极间距、1Hz 放电频率条件下，不同放电电容的放电持续时间、放电电流峰值与放电能量见表 5-5。

表 5-5　两种激励器参数

放电电容/nF	放电持续时间/μs	放电电流峰值/A	放电能量/mJ
3	10	204	55
4	12	222	70
5	18	242	82
8	25	284	124
10	30	320	152

由表 5-5 可知，放电电流和放电持续时间都随着放电电容的增大而明显增大，

这最终导致放电能量的增加。图 5-31(c)为电极间距对放电能量的影响，由图可知，大的电极间距带来了更高的放电能量，3mm 电极间距下放电能量达到了 210mJ 左右。但实验过程中发现，3mm 电极间距放电稳定性有所降低，因此实验大部分在 2mm 电极间距下进行。

除了放电能量外，能量耗散率，即放电电容上存储的能量到放电能量的传递效率，也是一个重要的电学参数。能量耗散率可以由以下公式定义：

$$\eta = \frac{E_{\mathrm{d}}}{E_{\mathrm{c}}} = \frac{\int_0^t u(t)i(t)\mathrm{d}t}{(CU_{\mathrm{b}}^2)/2} \tag{5-24}$$

其中，E_{d}为放电能量；E_{c}为放电电容上存储的能量；C为放电电容；U_{b}为击穿电压。随着放电电容的增大，传递效率变化情况如图 5-32(a)所示，不同放电电容与电极间距下放电能量与能量耗散率的关系如图 5-32(b)所示。

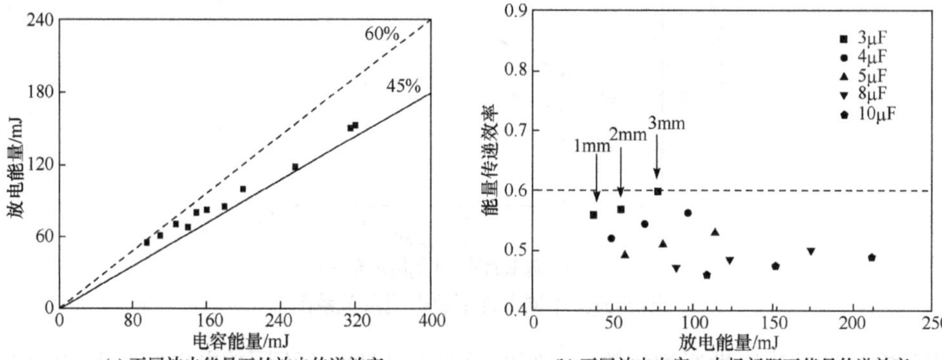

(a) 不同放电能量下的放电传递效率　　(b) 不同放电电容、电极间距下能量传递效率

图 5-32　放电能量传递效率

图 5-32(a)横坐标为不同放电条件下放电电容存储的能量，纵坐标则为相应的实际放电能量，图中的实线和虚线分别为 45%和 60%能量曲线。由图可知，能量传递效率大体都在 45%～60%，并且随着电容能量的增加，传递效率有所降低。图 5-32(b)横坐标为放电能量，纵坐标为相应的能量传递效率。由图可知，在相同放电电容条件下，能量传递效率随着电极间距的增加而增加，这是由于电极间距的增加增大了火花通道电阻，由此提高了能量传递效率；在相同的电极间距条件下，随着放电电容的增加，放电电流和电弧温度增加，这两者的增加都导致火花通道电阻的降低，因此能量传递效率有所降低。

特别地，当没有放电电容时，放电能量仅来源于变压器副边电感上存储的能量，此时典型的击穿电压波形图与放电能量如图 5-33 所示。

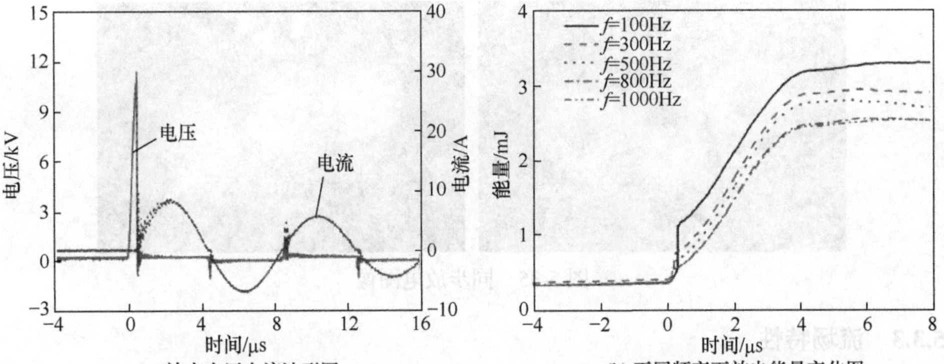

(a) 放电电压电流波形图 (b) 不同频率下放电能量变化图

图 5-33 无放电电容下的放电特性

由图 5-33(a)可知，波形的振荡降低，无放电电容条件下放电电流最高仅为 10A；由图 5-33(b)可知，放电能量很低，不到 5mJ。所以，有放电电容条件更有利于等离子体合成射流应用。

3) 三路激励器并联放电

单路激励器放电特性研究之后，利用研制的微秒脉冲电源搭建了多路放电平台，电源三路输出分别连接三个激励器。图 5-34 分别为电极间距为 2mm 时，1Hz 与 1000Hz 条件下并联放电的三路电压波形图。

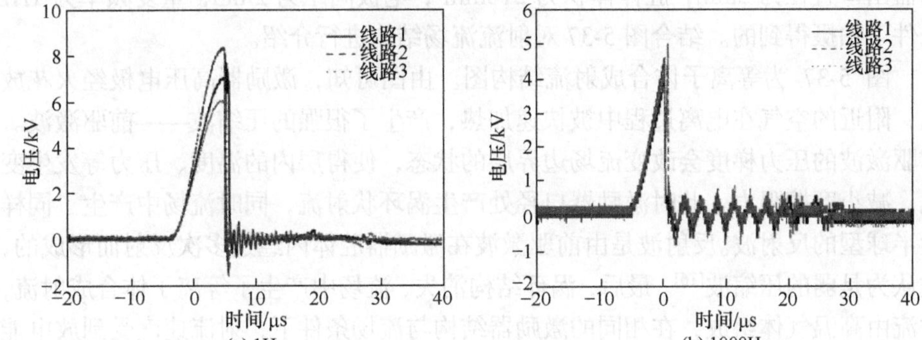

(a) 1Hz (b) 1000Hz

图 5-34 不同放电频率下同步放电电压波形图

从图 5-34 可以看出，三路电压基本上同步击穿，放电延迟在纳秒级别范围，大约为 0.5μs，造成延迟的主要原因：一是三路输出电压本身存在延迟，二是火花放电本身的不稳定性。总体而言，放电延迟在 0.5μs 之内，微秒脉冲电源实现了三路并联同步放电。相关放电图像如图 5-35 所示。由图可知，由于放电电流很大，放电通道明亮。

图 5-35　同步放电图像

5.3.3　流场特性

本实验采用反射式平行光纹影仪，采用“Z”字形光路布置，并调整刀口以减小光学系统成像过程中带来的误差。实验中光源采用 24V 的连续卤钨灯光源与激光光源两种，功率 300W 可调。两个反射镜焦距为 1500mm，成像系统采用美国的 VRI 的 Phantom 高速摄影，最大拍摄速度可达 680000f/s，最小曝光时间为 1μs。利用射流与空气之间的密度差对等离子体合成射流流场进行观测[14,15]。

5.3.3.1　单路射流流场分析

研究表明，除了电源结构、放电能量等特性外，等离子体合成射流激励器的参数也很大程度上影响射流流场。图 5-36 的射流流场是在一个标准大气压下，激励器出口直径为 2mm，腔体体积为 216mm^3，电极间距为 2mm，重复频率为 1Hz 条件下拍摄得到的。结合图 5-37 对射流流场结构进行介绍。

图 5-37 为等离子体合成射流结构图。由图可知，激励器高压电极经火花放电，附近的空气在电离过程中被快速加热，产生了很强的压缩波——前驱激波。前驱激波的压力梯度会改变流场边界层的状态，使得层内的温度、压力等发生变化，减小摩擦阻力。此时激励器口径处产生涡环状射流，同时流场中产生了同样为半球型的反射波。反射波是由前驱激波在激励器腔体内经过多次反射而形成的，被认为是弱的压缩波[16]。最后，涡环结构消失，流场中产生了等离子体合成射流，射流由高温气体组成，在相同的激励器结构与流场条件下，射流速度受到放电能量的影响。

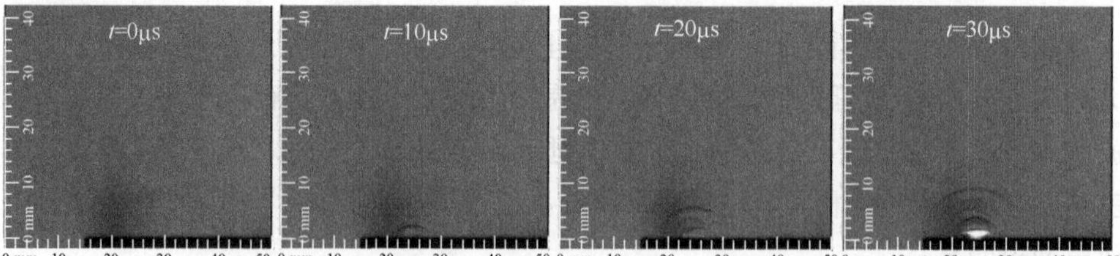

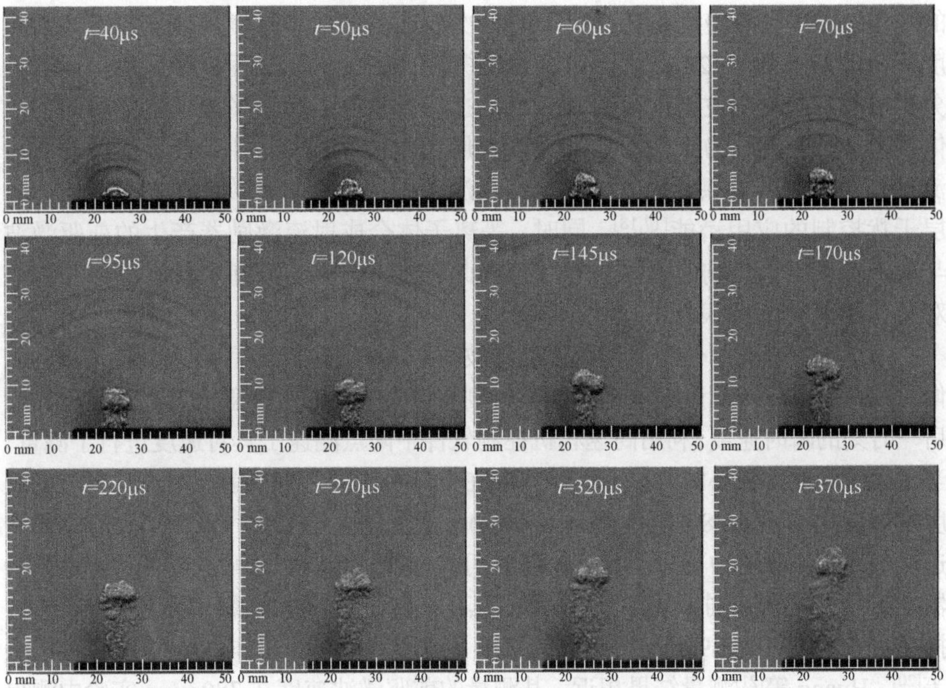

图 5-36　单路射流流场发展过程图

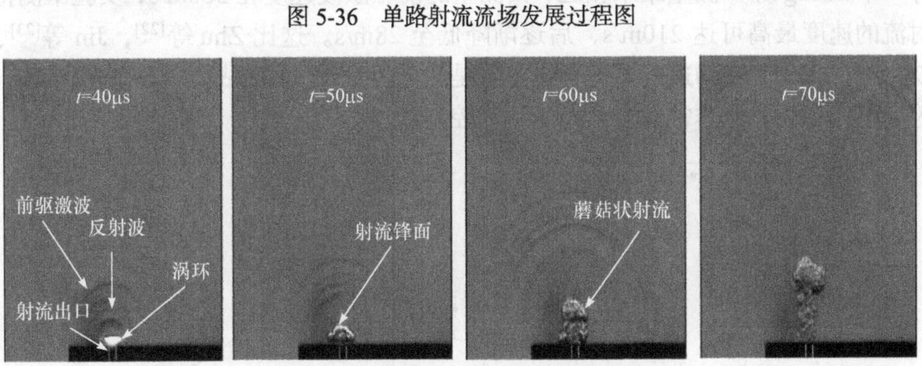

图 5-37　等离子体合成射流流场结构

图 5-36 为等离子体合成射流一次完整的发展过程图。从图中可以看出，在 10μs 时，激励器出口处已产生前驱激波，这表明等离子体合成射流具有很快的响应速度，在短时间内即可建立起波系场。在 20μs 时，前驱激波与反射波共同存在，继续向空间上游发展。在 30μs 时，激励器出口处开始产生了涡环状射流。在 40μs 时，涡环结构消失，射流开始呈现蘑菇状。此时，波系场原反射波不断消耗与融合，同时新的反射波继续形成并不断发展。50～95μs，激励器中气体逐渐喷出，射流持续发展，射流渐渐发展为连续湍流形式。发展到 145μs 时，大量反射波已超出流场观测范围。170μs 时，射流出口处的射流与射流锋面之间有较明显

的脱离，射流有减慢的趋势。这表明一次放电的加热效果慢慢减弱，腔体内温度开始渐渐降低。220μs 后，射流发展缓慢，一次射流过程趋于尾声。由以上分析可知，前驱激波与射流存在较大的速度差，前驱激波来源于击穿瞬间的气体扰动，而射流则为火花通道形成后对周围气体的加热作用。等离子体合成射流具有动量注入效果，可以很好地抑制流动分离，而前驱激波则具有激波边界层干扰控制的应用潜能[17,18]。同时，等离子体合成射流激励器产生的前驱激波与射流速度很快、响应时间也很快，因此，在高速流动控制中具有涡控和波控双重作用能力，有很好的应用前景。

为了了解等离子体合成射流前驱激波及射流的速度，利用高速相机拍摄的图像对其速度进行了测量。取两个连续时刻图像中前驱激波和射流的平均速度作为后一时刻的瞬时速度，利用高速相机控制软件中两点测速工具对速度进行了测量。当时间间隔取得较小时，此方法误差应在可接受范围之内。前驱激波与射流的速度发展变化如图 5-38 所示。图中 5-38(a)为射流速度的变化，5-38(b)为前驱激波速度的变化。从图中可以看出，随着时间的推移，两者均大幅度降低，这是激励器加热效果逐渐减弱，温度降低导致。其中，前驱激波速度瞬间以超声速向前传播，最大速度可达 395m/s，在 40μs 时，渐渐降为声速。这与 Shin 等[19]、Zhang 等[20]、Huang 等[21]测量结果相近，其测量的前驱激波速度在 380m/s；实验中测得射流的速度最高可达 210m/s，后逐渐降低至 28m/s。这比 Zhu 等[22]，Jin 等[23]、Zong 等[2,24,25]测量的速度要高，这主要是放电能量较大的缘故。从速度测量看，等离子体合成射流非常适合于高速流动控制。

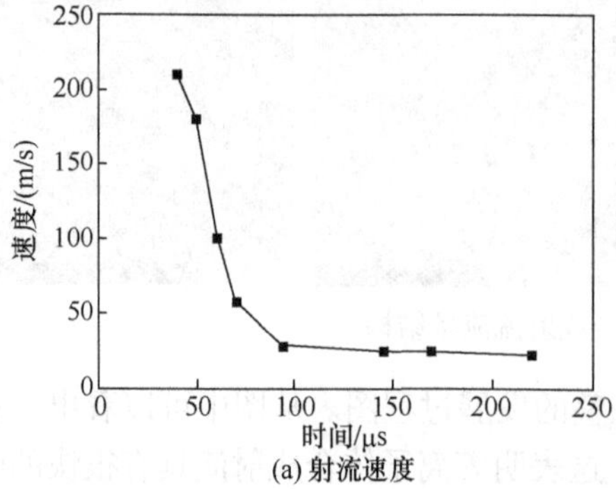

(a) 射流速度

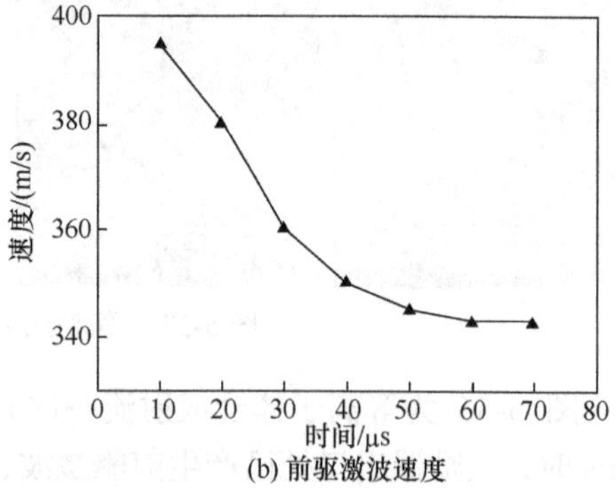

(b) 前驱激波速度

图 5-38　前驱激波与射流速度变化图

电源可以实现 1000Hz 的放电，但随着放电频率的升高，放电能量会降低，这会导致射流速度的降低。不同频率下的射流流场对比如图 5-39 所示。由图可知，随着频率的降低，射流发展速度变慢，喷出的射流体积降低。这是由于放电能量的降低，加热气体效果变弱，激励器腔体内外压力差降低，所以无论是射流体积还是射流速度都有一定程度的降低。同时速度测量表明，前驱激波速度变化不大，最大为 380m/s，但衰减速度变快；射流速度最大为 110m/s。这比 Wang 等[26,27]、Zhou 等[28]测量的速度低，但放电的频率有很大程度的升高，他们的重复频率为 1～50Hz。由高重复频率条件下射流流场图可知，高的重复频率下，流场控制时间更长。

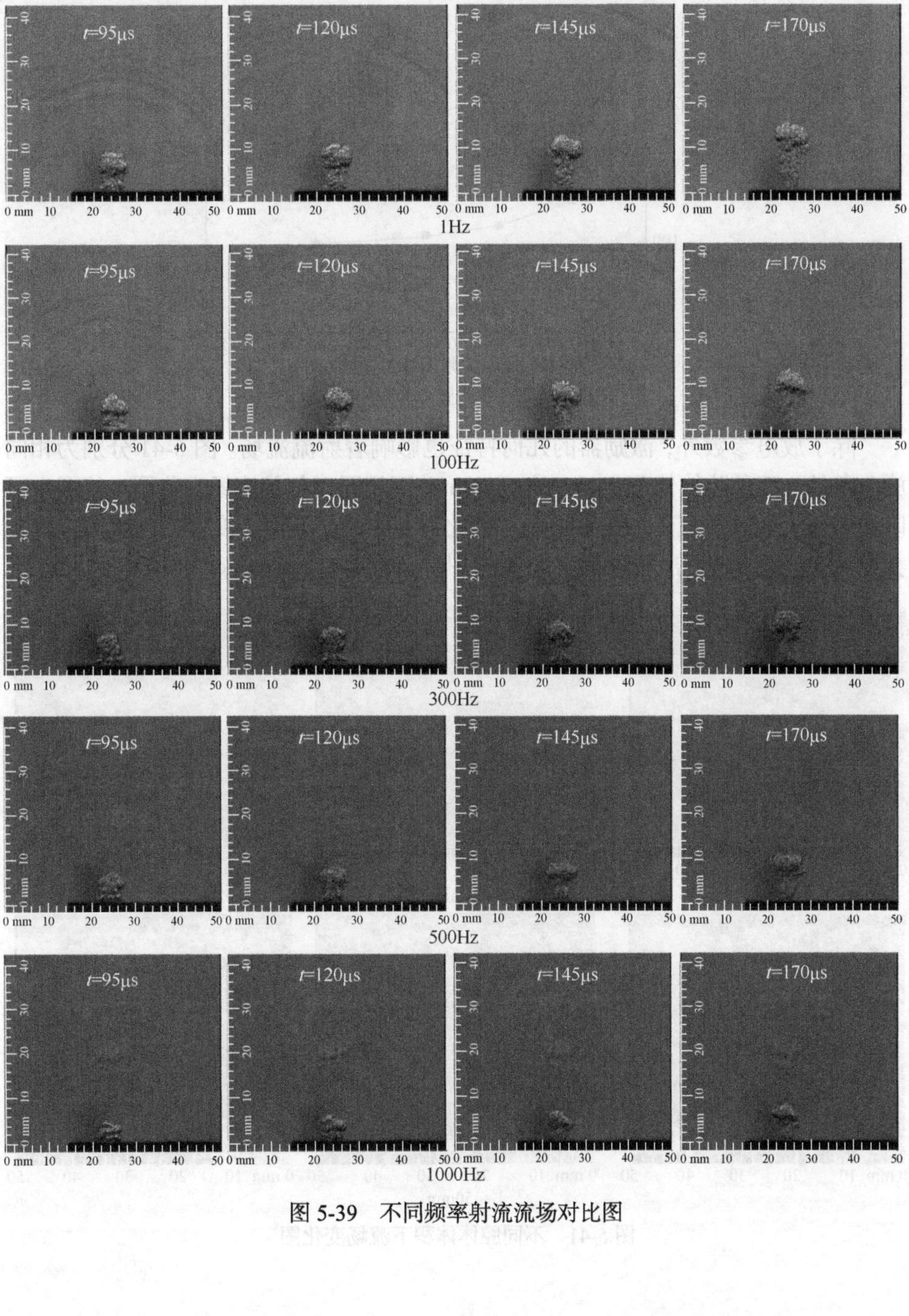

图 5-39　不同频率射流流场对比图

不同电极间距下，通过对不同放电频率流场速度的测量，相应的变化关系如图 5-40 所示。由图可知，大的电极间距由于更高的放电能量带来了更大的射流速度，3mm 间距下射流速度达到了 250m/s 以上。

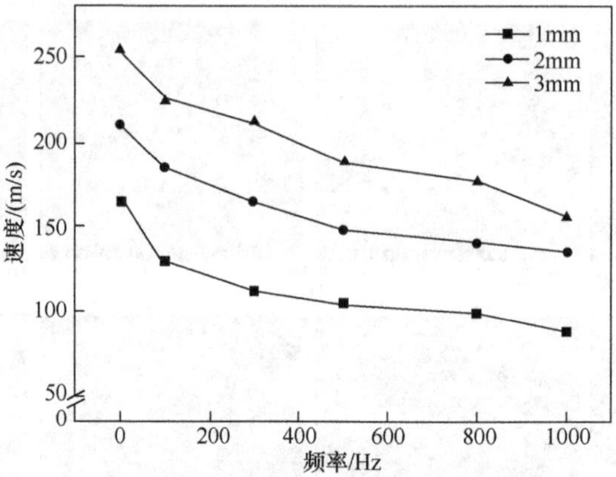

图 5-40　不同电极间距下射流速度变化图

除了放电参数外，激励器的几何特征也影响着射流流场。图 5-41 分别为相同放电条件，两种腔体体积 216mm^3、450mm^3 下相同时刻的流场变化图。从图中可以看出，大的腔体气体加热效果差，因此射流的响应速度会变慢，射流的速度也会降低。但射流的喷出质量有所增加，这是大的腔体体积加热的气体变多导致的。

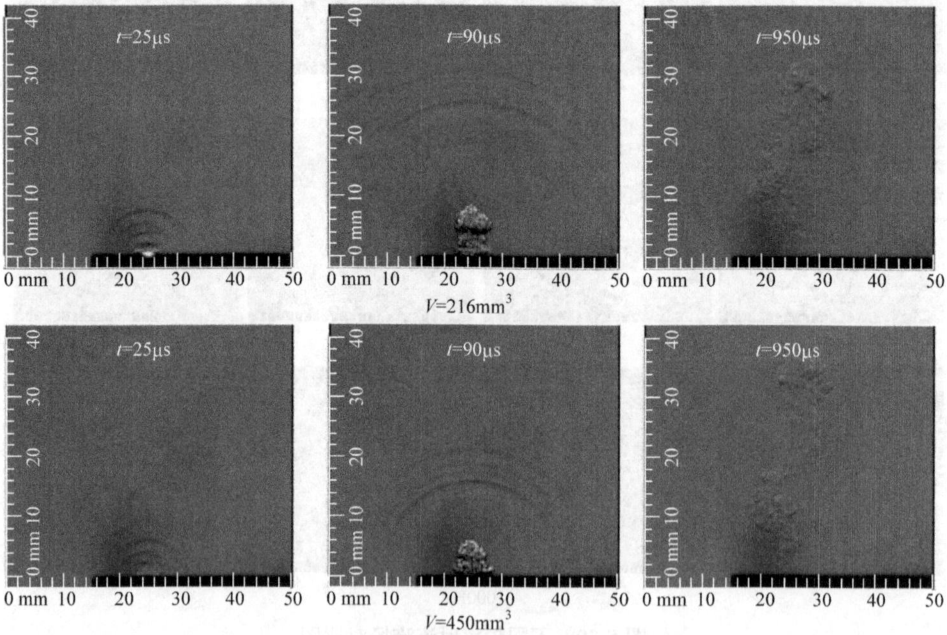

图 5-41　不同腔体体积下流场变化图

5.3.3.2　三路射流流场分析

利用纹影系统继续观测了三路射流流场，如图 5-42 所示。实验中流场结构是在标准大气压下，激励器出口直径为 2mm，腔体体积为 450mm^3，电极间距为 2mm，100Hz 条件下拍摄得到的。对比于单路射流流场分析中的流场，激励器体积为其两倍。激励器腔体体积是一个重要参数，它决定了气体的加热效果和内外的压力差，最终影响激励器工作气体质量和射流速度。大的腔体加热的气体多，但同时加热效果会相应降低。

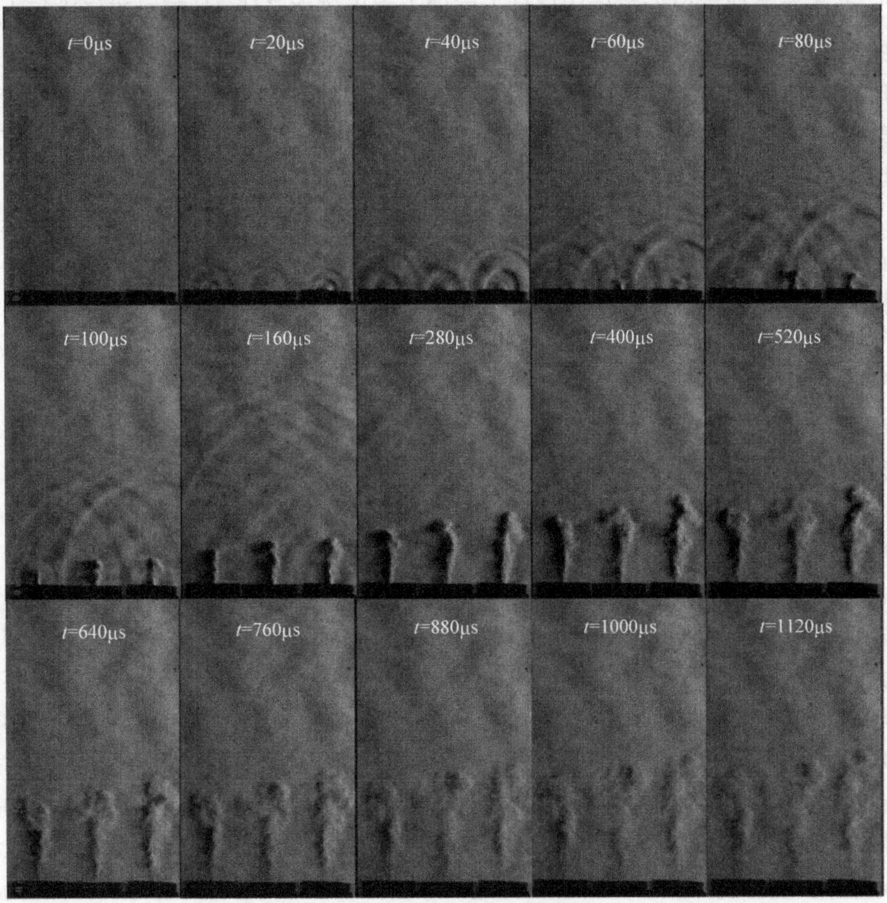

图 5-42　三路射流流场发展图

由图 5-42 可知，20μs 时产生前驱激波与反射波，大约 60μs 时开始出现射流，发展至 80μs，已明显产生蘑菇状射流。随着时间的推移，射流持续发展。对比小激励器条件下，射流持续时间延长，射流体积增大。经测量，射流速度最高为 150m/s，比小腔体下有所降低。同时，由三路射流的发展过程可知，并联放电射流同步性较高，差别来源于放电的不稳定性和电极间距的细小差异。总体而言，大能量的放电带来了高速的射流流场，并联放电带来大范围的流场控制。

5.4 小　结

单个等离子体合成射流激励器控制范围的局限性是制约其应用的关键问题之一。对于介质阻挡放电或直流辉光放电气动激励方式，其放电形态均为“弥散放电”，单个激励器可以在受控流场较大区域内产生等离子体，从而对流场进行大面积的扰动。然而等离子体合成射流激励器的特性有所不同，其脉冲火花电弧放电的形态为“聚合放电”，放电产生的能量沉积较为集中，同时，为了产生速度较高的射流以穿透超声速边界层，其射流出口尺寸不能太大，因此单个激励器的控制区域十分有限，为了获得大尺度的气动激励效果，需要进行激励器阵列技术的研究。本章针对等离子体合成射流激励器阵列工作特性开展了研究，以放电过程和电路结构较为简单的两电极激励器为对象，进行了串联式、并联式两种基本阵列结构的实验研究，主要结论如下：

(1) 对于串联式激励器阵列，其电源系统可以沿用单个激励器的电源，电源结构简单，易实现轻小型化。此外实验结果显示，串联式阵列的放电效率基本与单个激励器相同，仅有微小下降。但是，串联式阵列中的各个激励器的工作状态不能独立控制，所有激励器必须同时工作。

(2) 开展了串联式两电极等离子体合成射流激励器阵列放电特性实验研究，首次采用高速摄影获得了串联式激励器的放电过程图像。对于典型的三激励器串联式阵列，在大电流电弧放电之前，直连电极和悬浮电极之间首先发生微弱的预放电，正是由于预放电使得悬浮电极上出现正或负的脉冲电势，悬浮电极之间产生大的电势差，导致其中空气击穿。对激励器阵列击穿电压的研究表明，击穿电压与串联激励器的数目、串联序列中最大或最小电极间距、不同间距激励器的连接顺序等因素无关，主要取决于串联式阵列的总电极间距。当总电极间距一定时，电路的放电效率和峰值电流随串联激励器数目的增多而略有降低。放电特性的研究揭示了两电极串联式激励器阵列空气击穿放电的机理(直连-悬浮电极预放电诱导)，但是当前实验中由于高速相机性能参数的限制，在较高拍摄帧频时的观测区域无法进一步增大，因此未能对三个激励器以上串联时的放电击穿过程进行研究，其放电击穿机理是否存在差异是未来需要进一步研究的问题。

(3) 开展了串联式两电极激励器阵列流动特性实验研究，结果表明，当串联式阵列中各激励器电极间距相同时，各激励器的能量沉积相同，产生的三股等离子体合成射流基本同步，射流以及前驱激波的形态类似。前驱激波首先以超声速扩张，但很快速度便衰减为当地声速，随后保持声速向前扩张，在扩张中，多个前驱激波产生交叉、干扰，变形为一道新的“融合激波”。射流在横向扩张很有限，不像前驱激波以恒定声速大范围扩张，当激励器出口间距较大时，各射流之间相互干扰很小，基本保持独立发展。随着激励器出口间距的缩小，各射流之间开始出现相互卷吸和融合，这一过程可以使得射流锋面的移动速度加快。激励器出口间距越小，融合过程越早发生，射流锋面的平均速度越大。当激励器出口间距很小、出口之间相交时，射流在喷射开始时便发生融合，成为较宽的矩形射流，此时的射流类似于“条形出口”射流。射流出口直径对流动特性的影响要相对复杂一些，为了获得最大射流速度，存在一个最优的直径。这是由于当出口直径较小时，出口喉道边界层的阻塞作用很明显，增大出口直径可以使得射流质量流率显著增加；当出口直径较大时，射流质量流率接近饱和，增大出口直径使得出口截面积增加，射流速度下降。

(4) 对于并联式激励器阵列，其中各个激励器的开闭状态、工作频率、工作相位等都可单独控制，因此其控制特性更加灵活、控制效果更为可控。但是并联式激励器阵列需要较复杂的电源系统，不能简单地将多个激励器并联在原有电源上，这是由等离子体合成射流激励器所采用的脉冲火花电弧放电的特性所决定的：电弧放电只会在导电性最大(或者说绝缘性最差)的单个微小通道中进行，而不能在多个通道同时进行，对于直接简单并联后的阵列，严格意义上讲，其电极间距总会存在微小差别，因而放电仅仅会在电极间距最短的一个激励器上进行。为了实现多个激励器并联放电，需要采用多套子电源系统(如本书中)，或者进行非常复杂的电源电路设计，这都将增大电源的体积和重量。

(5) 对于面向多路激励器并联放电的微秒源，采用脉冲整形压缩原理，给出了脉冲电源拓扑结构，对脉冲形成原理与元器件作用给出了详细的说明。利用 PSpice 仿真软件分别对电路原边、副边的输出波形进行了仿真，采用仿真与计算结合的方法对电路参数进行了设计，并搭建了单路平台。测试不同放电电容条件下脉冲电源的输出电压波形，结果表明，放电电容增大，输出电压的上升沿和脉宽均增加，10nF 条件下，电源可输出幅值 10kV、频率 1000Hz 的微秒脉冲，且重复频率测试表明，输出波形稳定，微秒脉冲脉宽为 15μs，上升沿 8μs。单路输出特性测试完成后，搭建了三路平台，测试表明，脉冲电源可同步输出三路高压，第一个主峰的上升沿延迟时间约为 0.5μs，电压峰值误差在 1kV 以内。

(6) 利用研制的并联微秒脉冲电源展开单个激励器放电实验研究，对放电的电特性、能量特性、能量传递效率等关键问题进行分析。研究结果表明，并联微秒脉冲电源可实现大能量合成射流放电，放电电流可达 320A，放电能量大于 150mJ。单个激励器研究后，展开三路激励器并联放电实验，结果显示，放电时延在纳秒量级，实现了激励器的同步放电。最后利用高速纹影系统观测不同频率、不同激励器体积等参数下射流流场，结果表明，并联微秒脉冲电源激励下射流速度最大可达 210m/s，前驱激波速度峰值为 395m/s，多路流场观测表明，电源实现了多路同步射流，同步性较高。

参 考 文 献

[1] Zong H H, Kotsonis M. Effect of slotted exit orifce on performance of plasma synthetic jet actuator[J]. Experiments in Fluids, 2017, 58(3): 1-17.

[2] Zong H H, Wu Y, Jia M, et al. Influence of geometrical parameters on performance of plasma synthetic jet actuator[J]. Journal of Physics D: Applied Physics, 2016, 49(2): 025504.

[3] Belinger A, Hardy P, Gherardi N, et al. Influence of the spark discharge size on a plasma synthetic jet actuator[J]. IEEE Transactions on Plasma Science, 2011, 39(11): 2334-2345.

[4] Clifford C, Singhal A, Mo S. Flow control over an airfoil in fully reversed condition using plasma actuators[J]. AIAA Journal, 2015, 54(1): 141-149.

[5] Dwivedi A K, Guduri M, Mehra R, et al. A monotonic digitally controlled delay element-based programmable trigger pulse generator[C]. International Conference on Computer and Communication Technologies, 2015, 10(5): 365-374.

[6] Wendt B J, Dudek J C. Development of vortex generator use for a transitioning high-speed inlet[J]. Journal of Aircraft, 2015, 35(4): 536-543.

[7] Greene B, Clemens N, Micka D. Control of shock boundary layer interaction using pulsed plasma jets[C]. 51st AIAA Aerospace Sciences Meeting Including the New Horizons Forum and Aerospace Exposition, 2013, 405: 20-32.

[8] Palomares J M, Kohut A, Galbács G, et al. A time-resolved imaging and electrical study on a high current atmospheric pressure spark discharge[J]. Journal of Applied Physics, 2015, 118(23): 233305.

[9] Wagner M, Kohut A, Geretovszky Z, et al. Observation of fine-ordered patterns on electrode surfaces subjected to extensive erosion in a spark discharge[J]. Journal of Aerosol Science, 2016, 93: 16-20.

[10] Liu R B, Niu Z G, Wang M M, et al. Aerodynamic control of NACA 0021 airfoil model with spark discharge plasma synthetic jets[J]. Science China: Technological Sciences, 2015, 58(11): 1949-1955.

[11] Sary G, Dufour G, Rogier F, et al. Modeling and parametric study of a plasma synthetic jet for flow control[J]. AIAA Journal, 2014, 52(8): 1591-1603.

[12] 王林, 夏智勋, 罗振兵, 等. 两电极等离子体合成射流激励器工作特性研究[J]. 物理学报, 2014, 63(19): 194702.

[13] Huet M. On the use of plasma synthetic jets for the control of jet flow and noise[C]. 20th AIAA/CEAS Aeroacoustics Conference, 2014, 20: 262-275.

[14] Narayanaswamy V, Raja L L, Clemens N T. Characterization of a high-frequency pulsed-plasma jet actuator for supersonic flow control[J]. AIAA Journal, 2010, 48(2): 297-305.

[15] Liu P, Li J, Jia M. Experiment and numerical study on plasma synthetic jet[C]. International

Conference on Electrical and Control Engineering, 2011: 2227-2230.
[16] 李应红, 吴云, 梁华, 等. 提高抑制流动分离能力的等离子体冲击流动控制原理[J]. 科学通报, 2010, 55(31): 3060-3068.
[17] Sun Q, Cheng B Q, Yu Y G, et al. Study of variation patterns of shock wave control by different plasma aerodynamic actuations[J]. Plasma Science and Technology, 2010, 12(6): 708-714.
[18] Braun E M, Lu F K, Wilson D R. Experimental research in aerodynamic control with electric and electromagnetic fields[J]. Progress in Aerospace Sciences, 2009, 45(1): 30-49.
[19] Shin J, Narayanaswamy V, Raja L, et al. Characteristics of a plasma actuator in Mach 3 flow[C]. 45th AIAA Aerospace Sciences Meeting and Exhibit, 2007: 783-788.
[20] Zhang Z B, Wu Y, Jia M, et al. Influence of the discharge location on the performance of a three-electrode plasma synthetic jet actuator[J]. Sensors and Actuators A: Physical, 2015, 235(2): 71-79.
[21] Huang L, Huang G, Lebeau R P, et al. Optimization of aifoil flow control using a genetic algorithm with diversity control[J]. Journal of Aircraft, 2015, 44(4): 1337-1349.
[22] Zhu Y F, Wu Y, Jia M, et al. Influence of positive slopes on ultrafast heating in an atmospheric nanosecond-pulsed plasma synthetic jet[J]. Plasma Sources Science and Technology, 2015, 24(1): 15007-15019.
[23] Jin D, Wei C, Li Y H, et al. Characteristics of pulsed plasma synthetic jet and its control effect on supersonic flow[J]. Chinese Journal of Aeronautics, 2015, 10(1): 66-76.
[24] Zong H H, Wei C, Yun W, et al. Influence of capacitor energy on performance of a three-electrode plasma synthetic jet actuator[J]. Sensors and Actuators A: Physical, 2015, 222: 114-121.
[25] Zong H H, Wu Y, Song H M, et al. Investigation of the performance characteristics of a plasma synthetic jet actuator based on a quantitative Schlieren method[J]. Measurement Science and Technology, 2016, 27(5): 055301.
[26] Wang L, Xia Z X, Luo Z B, et al. Three-electrode plasma synthetic jet actuator for high-speed flow control[J]. AIAA Journal, 2014, 52(4): 879-882.
[27] Wang L, Xia Z X, Luo Z B, et al. Effect of pressure on the performance of plasma synthetic jet actuator[J]. Science China Physics: Mechanics and Astronomy, 2014, 57(12): 2309-2315.
[28] Zhou Y, Xia Z X, Luo Z B, et al. Effect of three-electrode plasma synthetic jet actuator on shock wave control[J]. Science China: Technological Sciences, 2017, 60(1): 146-152.

第 6 章 等离子体高能合成射流在航空航天领域的应用

6.1 引 言

本章选取了一些典型案例，介绍等离子体高能合成射流在航空航天高速流动控制中的应用。高速流动控制一般指针对超声速/高超声速流场的控制。控制对象主要包括超声速混合层(厚度、增长率)、边界层(转捩位置、速度剖面)、激波(强度、角度、位置)、激波/边界层干扰分离区(分离泡大小、分离区内压力脉动)等。控制目的可以归纳为增升减阻、提高推力(实现进气道启动、高效掺混与燃烧等)、控制姿态(直接力控制等)、保证结构力/热安全(降低局部热流等)和提升环境友好性(降噪、减排等)等。为了实现以上控制目的，设计研发高性能的流动控制激励器或作动器是其中关键。

包括零质量、非零质量射流在内的射流式激励器和以直流辉光放电为代表的等离子体式激励器是出现较早且研究最为活跃的两类高速主动流动控制激励器，针对两种激励器的研究积累了丰富成果。等离子体合成射流激励器正是在这两类激励器基础上出现的交叉融合，由于其兼具射流式激励器诱导射流速度高、穿透能力强以及等离子体式激励器响应速度快、无活动部件或流体供应装置、激励频带宽的优势，在高速流动控制领域展现出良好应用前景，极有可能成为高速流场主动流动控制技术从实验室走向实际工程应用的突破口。本章对等离子体高能合成射流在高速流动控制中的应用进行简单介绍，选取进气道压缩拐角斜激波控制、超声速流场圆柱绕流激波控制、飞行器头部逆向喷流减阻，以及燃烧室超/超混合层掺混增强控制等典型应用场景，分析等离子体高能合成射流的控制特性及控制参数影响规律，并对其内在控制机理进行探讨。

6.2 进气道压缩拐角斜激波控制

6.2.1 典型控制流场

本实验中所采用的激励器的腔体直径为 8mm，腔体高度为 9mm，射流出口直径为 3mm，射流出口长度为 5.5mm，计算可得激励器腔体的体积为 452.4mm^3。

触发电极、阳极、阴极安装于激励器腔体中部，处于同一水平面上，阳极和阴极之间的电极间距为 4mm，安装时保证触发电极与阴极之间距离更近。

实验斜劈的角度约为 25°，尺寸为 40mm(长)×10mm(宽)×18.65mm(高)，斜劈前缘距离射流出口中心的距离为 25mm。实验采用三电源电极，充电电容的大小为 3μF，本实验旨在观察单次射流下的控制效果，因此设置激励器的工作频率为 1Hz。

火花放电合成射流的响应速度很快，且作用时间很短，因此为了能够捕捉射流流场的发展过程，需要相机具有很高的帧频，从而使得每两帧之间的时间间隔尽量缩短。本实验相机的帧频设置为 180000f/s，对应的图像分辨率为 256×168 像素，相机一次最长摄录时间约为 2.4s。

图 6-1 所示为采用阴影成像得到的无来流静止条件下(左侧)和 *Ma*2 超声速来流条件下(右侧)放电开始后不同时刻火花放电合成射流及其对尖劈斜激波控制效果的典型流场结构图。

在无来流静止条件下，流场的典型结构见 t=94.4μs 时刻(图 6-1(a))，在射流的多次冲击作用下，外部流场首先形成了第一道较强的前驱激波，其后形成了第二道较弱的压缩波，第一道前驱激波与第二道弱压缩波的特点都是中间部分强度最强，从中间向四周强度逐渐减弱。这是由于射流出口为垂直方向，射流对正前方的气体冲击作用最大。

在无来流静止条件下，t=11.1μs 时刻(图 6-1(a))，射流出口处出现明显的前驱激波，这表明火花放电合成射流的响应速度很快，但是无来流静止条件下的前驱激波高度明显比 *Ma*2 超声速来流条件下更小，原因是 *Ma*2 超声速来流条件下静压更低，射流响应速度更快，这与第 3 章的数值仿真结果一致。t=77.8μs 至 t=155.6μs 时刻，第一道前驱激波与第二道弱压缩波距离基本不变，表明两者速度基本相同，射流锋面与第一道前驱激波和第二道弱压缩波的距离不断增大，表明射流的运动速度相比激波和压缩波较慢。

随着时间的推移，波系结构和射流不断向前发展。根据之前的研究[1]，前驱激波和压缩波移动速度基本维持当地声速不变，t=211.2μs 时刻第一道前驱激波已经移出观测区域，t=344.4μs 时刻经过风洞实验段顶面反射后回到观测区域。而射流的移动速度较缓慢且速度逐渐降低，射流呈充分发展的湍流状态，如 t=155.6μs 至 t=461.1μs 时刻所示，且射流最前缘的大尺度涡结构速度相对较快，与射流后缘逐渐分离。

在 *Ma*2 超声速来流条件下，无喷流时的流场结构如图 6-1(b)中基态流场所示，其中激波 S1 为 25°斜劈形成的脱体曲线激波，其强度最强，激波 S2 和激波 S3 为射流出口的存在造成的弱激波，激波 S4 和激波 S5 分别为风洞顶板安装不平整和风洞中心板的存在所导致的杂波。

在 *Ma*2 超声速来流条件下，*t*=11.1μs 时刻(图 6-1(b))，火花放电合成射流形成的射流激波已经形成，与无来流静止条件下不同，*Ma*2 超声速来流条件下的射流激波高度较高，且为不对称分布，上游处较强，下游处较弱。*t*=44.4μs 时刻射流前缘到达尖劈斜激波左侧，开始对激波作用。*t*=44.4μs 到 *t*=94.4μs 时刻，在射流大尺度涡结构和射流激波作用下，尖劈斜激波左段被消除，斜激波右段的强度也减弱。*t*=127.8μs 时刻，射流大尺度涡结构流过尖劈斜激波左侧前缘，新生成尖劈斜激波在原尖劈斜激波左侧前缘又开始逐渐生成，原尖劈斜激波右端强度进一步减弱。*t*=127.8μs 到 *t*=188.9μs 时刻，射流大尺度涡结构对尖劈斜激波右侧的作用进一步加强，到 *t*=188.9μs 时刻射流大尺度涡结构基本已从尖劈斜激波右侧顶端流过，此时对于尖劈斜激波右侧的减弱达到顶点。*t*=127.8μs 到 *t*=211.1μs 时刻，新生成的尖劈斜激波左侧不断增强，到 *t*=211.1μs 时刻基本已与原尖劈斜激波连在了一起，构成了新的一条完整的尖劈斜激波。由于射流激波的作用，新生成尖劈斜激波强度相对基态要弱一些，射流激波的存在相当于诱导气流提前偏转一个小角度，因此处于射流激波下游的尖劈斜激波强度会有所减弱，对比基态与 *t*=211.1μs 时刻可以看到。*t*=211.1μs 到 *t*=461.1μs 时刻，射流激波逐渐变弱，逐渐向下游移动与尖劈斜激波靠近合并，到 *t*=461.1μs 时刻射流激波基本消失。随着射流激波作用不断减弱，逐渐与尖劈斜激波靠近合并，尖劈斜激波强度不断增强，到 *t*=277.8μs 时刻后基本已恢复到基态流场下的形态保持不变。

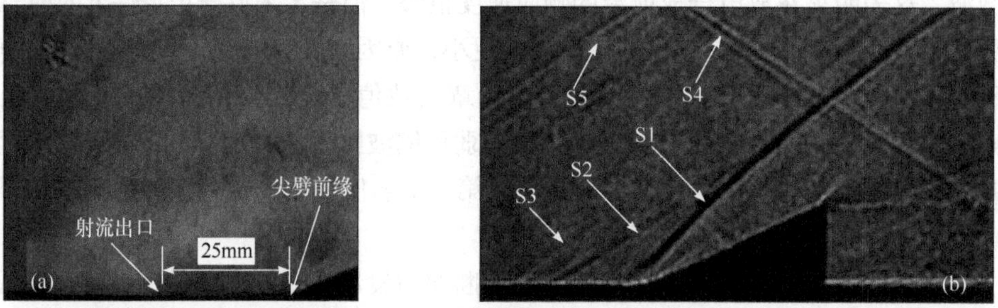

基态流场

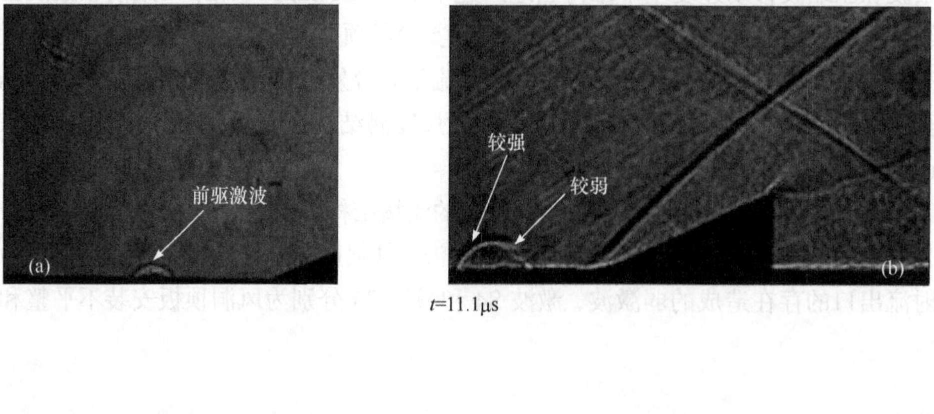

t=11.1μs

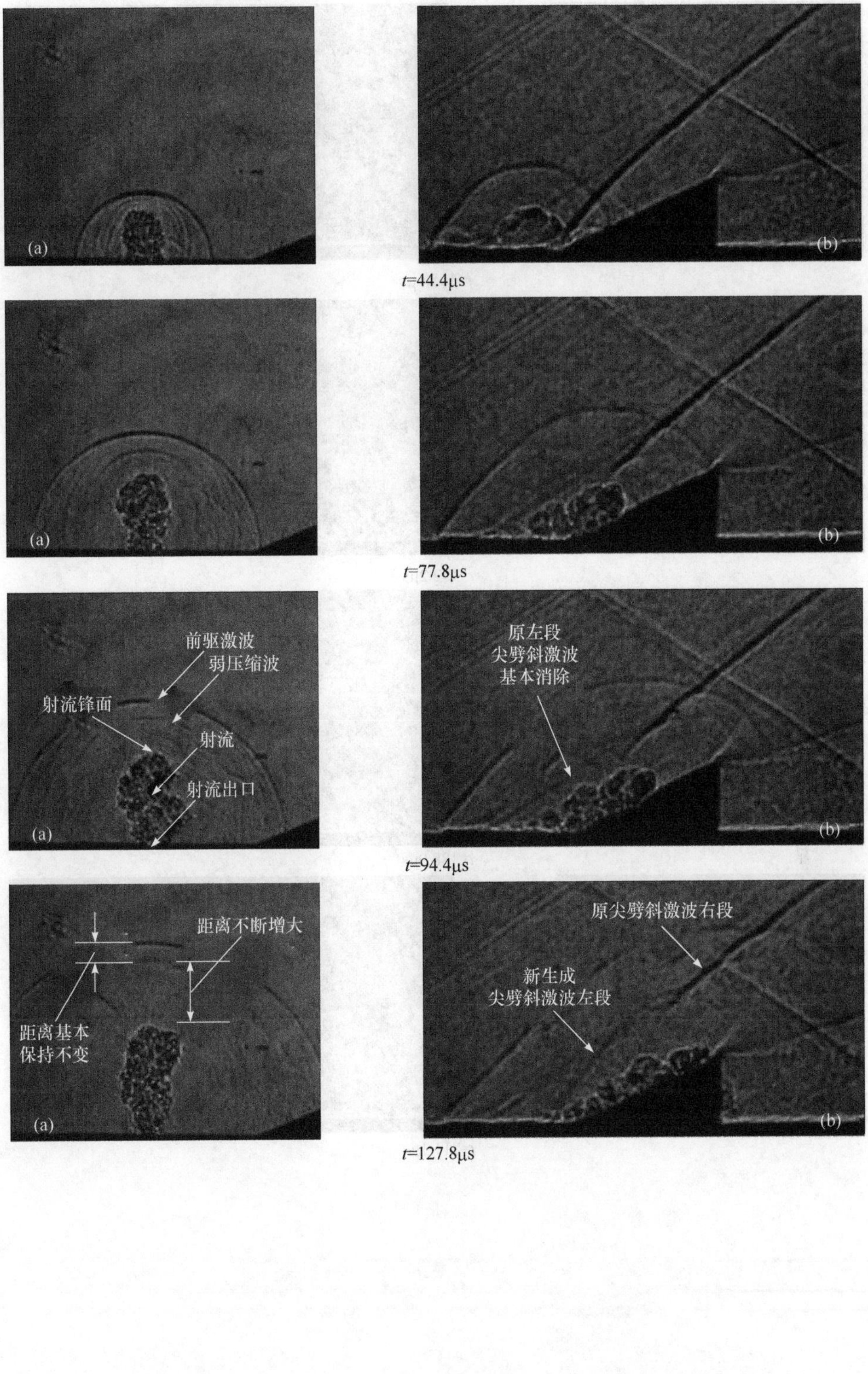
(a)
(b)
t=44.4μs
(a)
(b)
t=77.8μs
前驱激波
弱压缩波
射流锋面
射流
射流出口
(a)
原左段
尖劈斜激波
基本消除
(b)
t=94.4μs
距离不断增大
距离基本
保持不变
(a)
原尖劈斜激波右段
新生成
尖劈斜激波左段
(b)
t=127.8μs

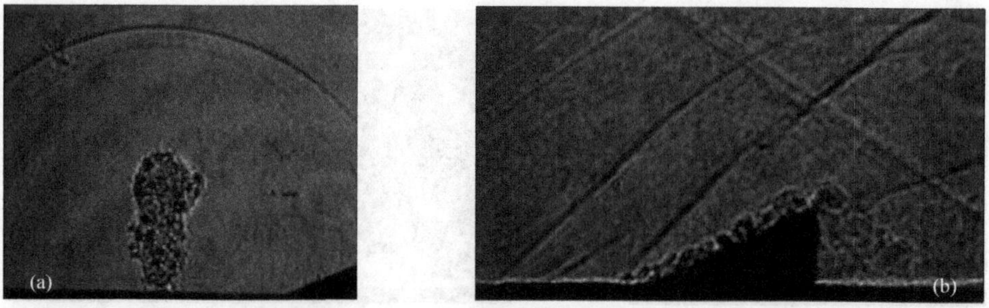

t=155.6μs

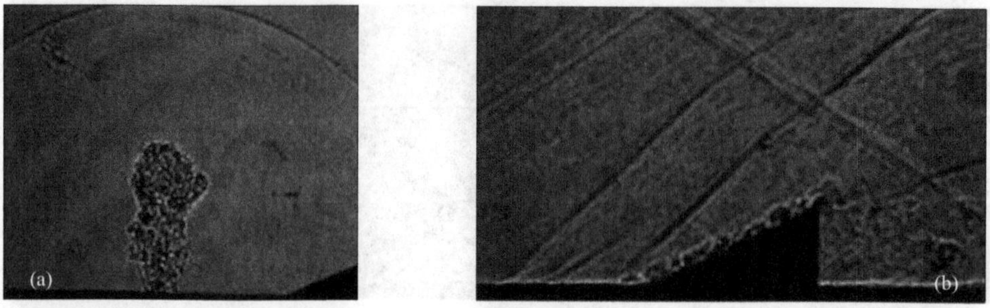

t=172.2μs

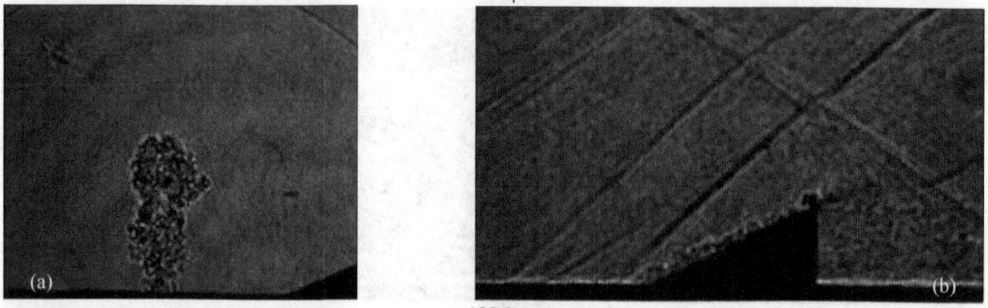

t=188.9μs

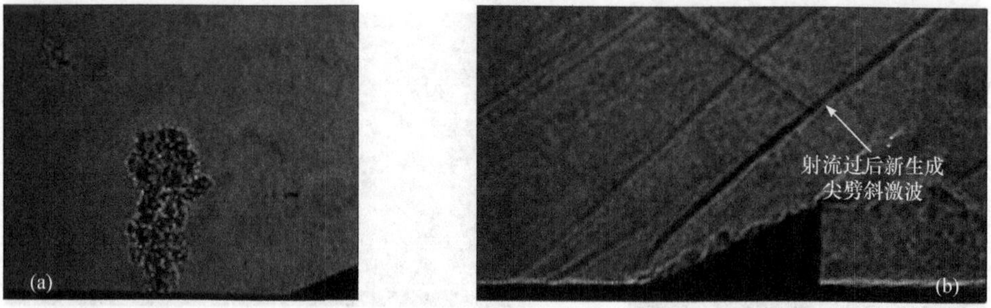

t=211.1μs

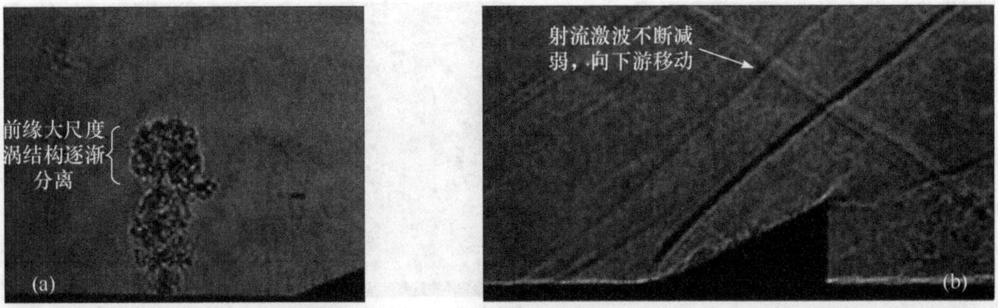

t=244.4μs

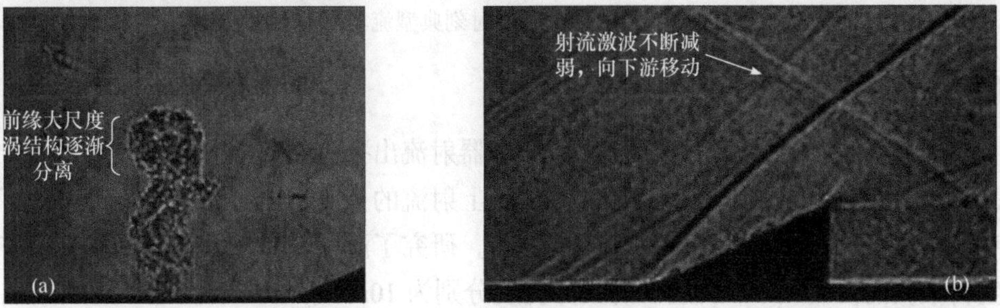

t=277.8μs

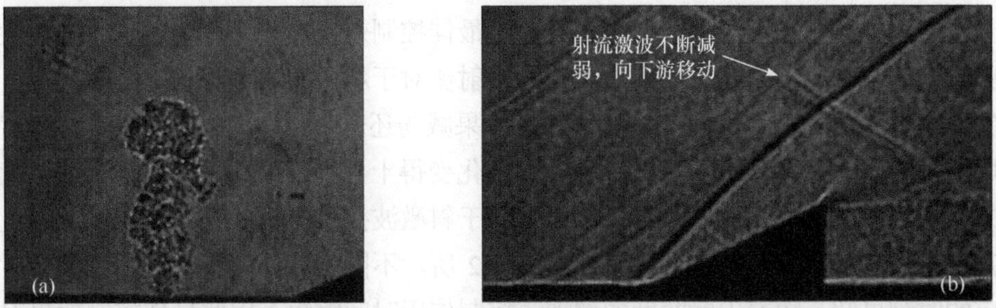

t=311.1μs

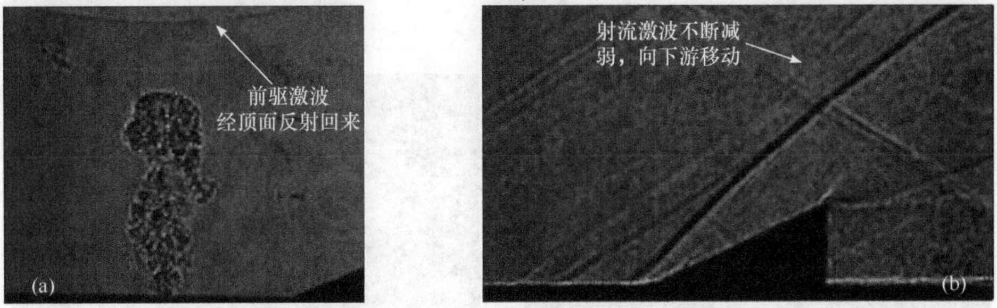

t=344.4μs

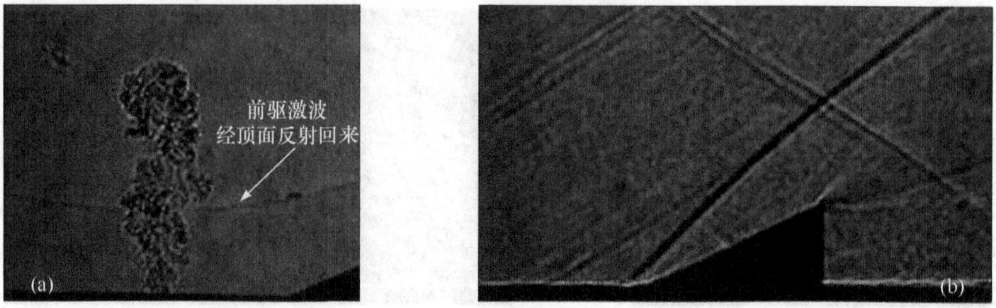

t=461.1μs

图 6-1　放电开始后不同时刻典型流场阴影图像

6.2.2　压缩拐角宽度影响

本节所采用三电极高能合成射流激励器射流出孔为直径 2mm 的圆形出口，因此射流具有很强的三维性，在展向宽度上射流的控制作用有一定的范围。为了考察本书三电极激励器在展向的控制范围，研究了激励器对于不同宽度斜劈所产生斜激波的控制效果，所选取的尖劈宽度分别为 10mm、15mm、30mm 及 41mm，其他激励器及斜劈的参数均与 6.2.1 节保持不变。

图 6-2 所示为不同尖劈宽度斜劈对应最佳控制效果时刻。由图可知，随着尖劈宽度的增加，斜激波的强度不断增强，射流对于斜激波的控制效果不断减弱，尖劈宽度从 10mm 增加到 15mm 时控制效果减弱还未十分明显，但是当尖劈宽度增加到 30mm 以上时，射流对斜激波的弱化变得十分有限。此外，随着尖劈宽度的增加和斜激波强度的增强，不仅射流对于斜激波控制作用的效果会减弱，而且其控制作用的有效时间也会缩短。由图 6-2 所示不同尖劈宽度下最佳控制效果对应的时刻可知，随着尖劈宽度的增加，控制作用时间缩短，因此最佳控制效果对应的时刻也随之提前。

无射流基态流场　　　　t=127.8μs最佳控制效果时刻

(a) 宽度10mm斜劈

无射流基态流场　　t=122.2μs最佳控制效果时刻

(b) 宽度15mm斜劈

无射流基态流场　　t=116.7μs最佳控制效果时刻

(c) 宽度30mm斜劈

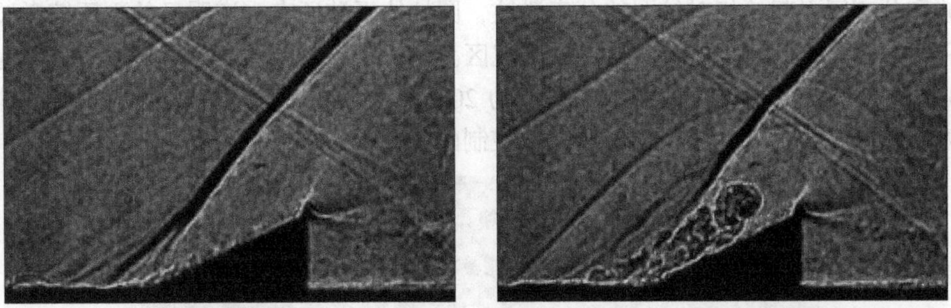

无射流基态流场　　t=116.7μs最佳控制效果时刻

(d) 宽度41mm斜劈

图 6-2　不同尖劈宽度斜劈对应最佳控制效果时刻

6.3　超声速流场圆柱绕流激波控制

6.3.1　典型控制流场

高速飞行器表面安装的各种突起部件会引起局部干扰，形成复杂流场，并伴随有复杂激波系的产生，引起突起物附近的压力和热流密度发生明显变化，对飞行器系统带来负面影响，例如，降低飞行器可操纵性、提高局部壁面热流密度、增大阻力、增加气动噪声和结构动力载荷等。根据突起物引起的气动干扰的不同，一般可以将干扰流场简化为不同的典型流场，如压缩拐角流动、钝舵绕流、圆柱绕流、低台绕流或各类球体绕流等[2]，进行研究，为高速飞行器复杂激波系的产生和选用合适的方式实现激波的有效控制进行机理研究。

超声速流场中的圆柱绕流是高速飞行器表面凸起部件的一种重要流场简化形式。根据圆柱高度 h 和直径 D(高径比)的关系，圆柱绕流干扰流场又具有不同的分类[3]：①$0<h/D\leqslant 1.0$ 为非半无限干扰，或称有限高度干扰，圆柱引起的干扰流场特性强烈地依赖于参数 h/D；②$1.0<h/D\leqslant 2.0$ 为过渡态，干扰流场的变化呈现出渐变形态；③$h/D>2.0$ 为半无限干扰，干扰流场特性已不再受参数 h/D 变化的影响。本书对等离子体合成射流激波控制的机理进行分析，并研究不同 h/D、不同激励器出口构型和不同激励器布置位置对激波控制效果的影响。

有限高($0<h/D\leqslant 1.0$)圆柱绕流干扰流场复杂性及产生的激波强度具有随高径比增加而增大的变化特性。为了获得典型的干扰流场，并实现激波的有效控制，以便于开展等离子体合成射流激波控制的机理分析，选择对有无激励器控制的 $h/D=0.4$ 的有限高圆柱绕流流场进行对比研究。

图 6-3 为 $h/D=0.4$ 时不施加等离子体合成射流的超声速圆柱绕流流场阴影图。从图中可以清晰看出，超声速主流绕过圆柱体，在圆柱体上游形成较强的弓形激波和分离区引起的相对较弱的分离激波，圆柱体下游还有一道明显的再压缩激波和经过圆柱体后发生转捩的边界层尾流区。图 6-3 的结果还表明弓形激波角约为 36.5°，前缘分离点至圆柱轴线距离约为 20mm。实验中激励器出口布置于距圆柱体轴线上游 30mm 处，因此用于激波控制的等离子体合成射流属于 U 型射流。

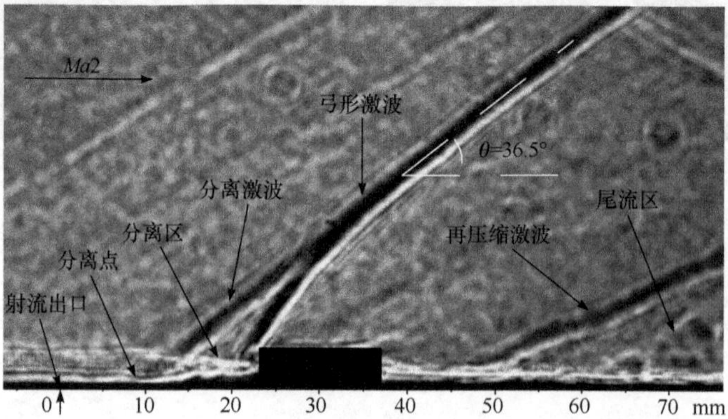

图 6-3　$h/D=0.4$ 时的超声速圆柱绕流流场阴影图

图 6-4 为一个激励器工作周期内，等离子体合成射流作用下超声速圆柱绕流流场控制发展过程。由图可知，等离子体合成射流可以显著改变 $Ma2$ 超声速主流中 $h/D=0.4$ 的圆柱绕流流场结构。

当 t=25μs 时，射流产生的干扰激波和大尺度涡结构开始与圆柱前缘的分离激波相互作用，射流产生的大尺度涡结构进入到分离区内，导致分离激波位置上移，强度减弱。随着等离子体合成射流在超声速流场中的进一步发展，所产生的干扰激波影响区域增大，大尺度涡结构在流向和展向快速发展，对圆柱绕流流场的改变作用更为显著。当 t=100μs 时，圆柱已经淹没在等离子体射流产生的近壁面湍流结构中，分离区消失，弓形激波被推离近壁面，并且向上凸起，斜激波部分角度减小为约 34°。当 t=175μs 时，弓形激波不仅更加远离壁面，而且强度显著减弱，同时向上弯曲变形也更加明显。圆柱下游的再压缩激波也在壁面射流的作用下向上抬升、强度降低。随着时间的进行，由于等离子体合成射流自身强度的衰减，与超声速主流的相干作用强度减小，激波的控制效果也开始变弱。当 t=250μs 时，射流产生的近壁面湍流结构已经远离圆柱后缘，脱离了圆柱绕流流场的有效影响区域，射流干扰激波强度明显减弱。此时圆柱体前缘左上方开始有新的弓形

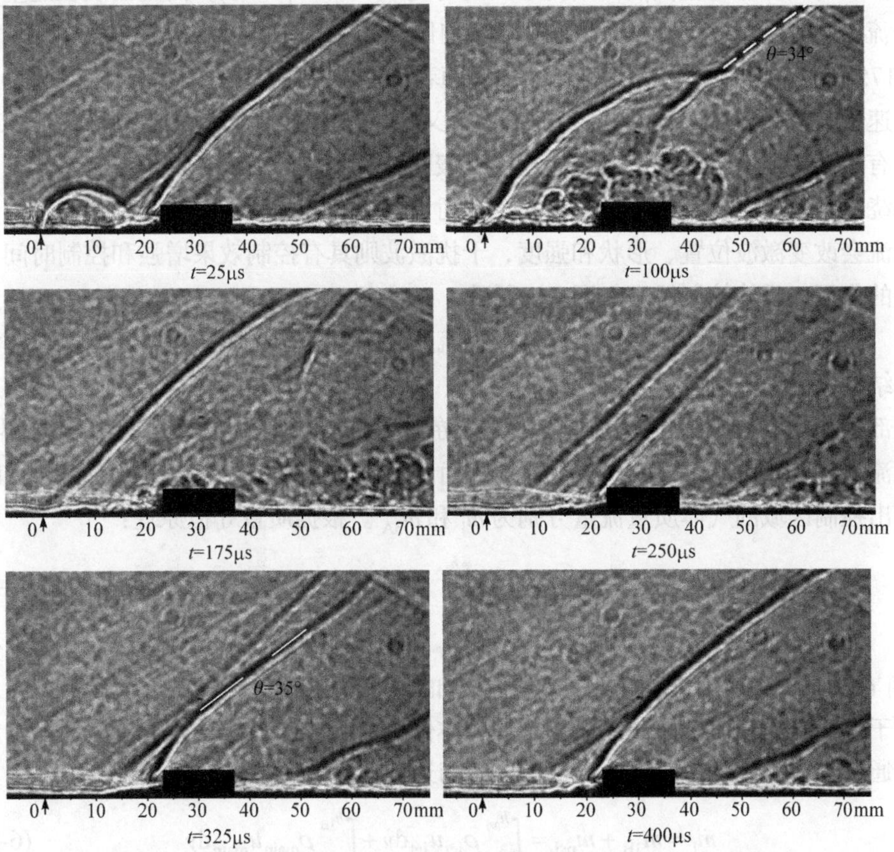

图 6-4　等离子体合成射流对超声速圆柱绕流流场控制发展过程图

激波建立，下游的再压缩激波也重新出现。当 t=325μs 时，等离子体合成射流对圆柱绕流流场的影响作用进一步减小，流场内仅有一道强度微弱的等离子体射流干扰激波，而圆柱前缘的弓形激波和下游的再压缩激波强度明显增大。此时弓形激波角增大为约 35°，仍小于无控制时的弓形激波角，这表明虽然等离子体合成射流强度减小，但对激波的控制效果仍然存在。当 t=400μs 时，圆柱绕流流场已经基本恢复至无射流作用的初始状态，等离子体合成射流的控制过程结束。由 4.3.4 节可知，400μs 正是 5mm 激励器出口直径对 *Ma*2 超声速主流有效干扰作用时间。

图 6-4 的结果表明，激励器所产生的近壁面湍流结构在圆柱绕流激波控制过程中具有重要的作用，如当 t=100μs 和 175μs 时对弓形激波和再压缩激波产生抬升与减弱效果。同时从图 6-4 还可以发现，受控圆柱绕流流场中，弓形激波强度最小的时刻并非近壁面湍流结构最大的时刻(如 t=100μs 时)，而是出现在近壁面湍流结构明显，同时射流干扰激波影响区域较大，并维持一定强度的时刻(如 t=175μs 时)。受控圆柱绕流流场并没有随着近壁面湍流结构的远离(t=250μs 时)而迅速恢复至无控制的初始状态，而是大约又经历了 150μs 才重新建立起高径比 0.4 的有限高超声速圆柱绕流典型流场。这表明，基于等离子体合成射流的超声速圆柱绕流激波控制，是近壁面湍流结构和射流干扰激波共同作用的结果，即近壁面湍流会改变激波位置、形状和强度，干扰激波则具有控制效果增强和控制时间延长的作用，具体控制机理如图 6-5 所示。

图 6-5(a)为无施加等离子体合成射流时，考虑流体黏性的超声速圆柱绕流流场结构示意图。在流场中取由边界 1、2、3 和 4 组成的控制区域，如图中虚线所围部分，其中边界 1 位于激励器出口上游，边界 3 位于圆柱体尾缘下游，边界 2 与流线平行，边界 4 即为中心平板上表面。控制区域高度为 h_{3A}，通过边界 1 和 3 进出控制区域的气体质量流量分别为 $\dot{m}_1$ 和 $\dot{m}_{3A}$。根据质量守恒原理：

$$\dot{m}_1 = \dot{m}_{3A} = \int_0^{h_{3A}} \rho_{main} u_{main} dy \tag{6-1}$$

当等离子体合成射流激励器工作时，控制区域内的流动可以分为两个部分(图 6-5(b))：高度为 h_{3B} 的超声速主流区和高度为 h_{psj} 的等离子体近壁面射流区。由于等离子体合成射流激励器较小的腔体体积和工作的零质量通量特性，可以认为通过边界 1 流入控制区域的气体质量与边界 3 流出的气体质量相等，即

$$\dot{m}_1 = \dot{m}_{3B} + \dot{m}_{psj} = \int_0^{h_{psj}} \rho_{jet} u_{jet} dy + \int_{h_{psj}}^{h_{3B}} \rho_{main} u_{main} dy \tag{6-2}$$

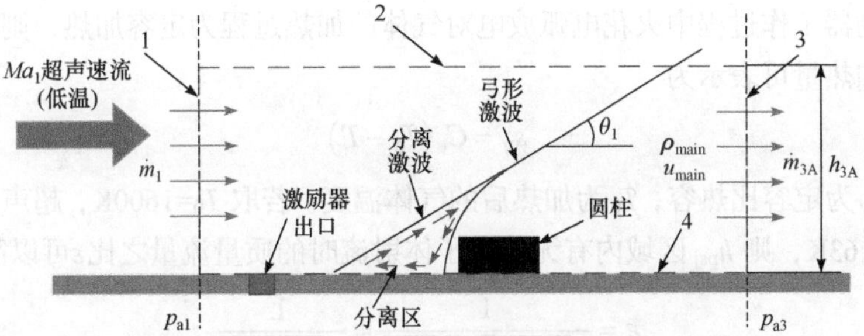

(a) 无等离子体合成射流时的超声速圆柱绕流流场结构示意图

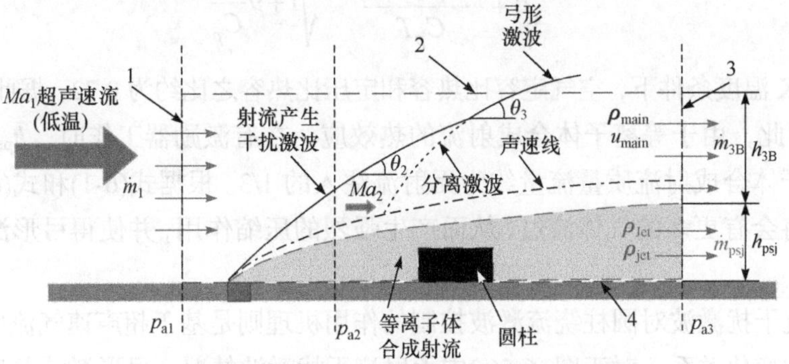

(b) 等离子体合成射流对超声速圆柱绕流流场结构的改变

图 6-5　等离子体合成射激波控制机理示意图

激励器工作过程中，腔体内的火花电弧放电会对腔内气体产生强烈的加热效果，从而使得喷出射流的温度显著提高，Ko 等[4]的实验结果表明，放电结束后 75μs，距离激励器出口下游 1.85mm 处射流温度高达 1600K。因此，等离子体合成射流进入到低温的超声速主流中，在注入动量的同时还对局部流动具有明显的加热效果。首先，等离子体合成射流会增大主流干扰区域湍流边界层厚度和边界层内湍流强度，射流的大尺度涡结构也会将边界层外高动量主流卷吸进来，从而增大边界层能量，提高其抑制分离的能力，实现圆柱体上游分离区的减小或消除，从而减小激波强度和角度。其次，等离子体合成射流的加热作用，会增大近壁面射流区域当地声速，降低当地马赫数，使得声速线上移，并最终将弓形激波推离圆柱体，而激波脱体距离的增加伴随着马赫数的减小，即激波强度和角度的减小。

根据流动系统中的热阻塞理论[5]，加热会使气体流动加速、压力降低，并导致受热区域单位流通面积内的质量流量减小。受热前后单位流通面积的质量流量之比为

$$\varepsilon = \frac{\dot{M}_{\text{heat}}}{\dot{M}_{\text{unheat}}} = \frac{1}{\sqrt{1+\dfrac{s_0}{C_p T}}} \tag{6-3}$$

其中，s_0 为单位气体质量的加热量；C_p 为定压比热容；T 为未加热时的气体温度。

假定激励器工作过程中火花电弧放电对气体的加热过程为定容加热，则单位气体质量的加热量可表示为

$$s_0 = C_v\left(T_0 - T\right) \tag{6-4}$$

其中，C_v为定容比热容；T_0为加热后的气体温度。若取 T_0=1600K，超声速风洞静温为 T=163K，则 h_{psj} 区域内有无等离子体射流时的质量流量之比ε可以简化为

$$\varepsilon = \frac{1}{\sqrt{1+\dfrac{C_v\left(T_0 - T\right)}{C_p T}}} \approx \frac{1}{\sqrt{1+9\dfrac{C_v}{C_p}}} \tag{6-5}$$

163K 温度条件下，空气定容比热容和定压比热容之比约为 0.72，据此求得$\varepsilon\approx$ 0.36。因此，由于等离子体合成射流的热效应，在有激励器工作时，h_{psj} 高度内的等离子体合成射流质量流量约为无射流注入的 1/3。根据式(6-1)和式(6-2)，$h_{3\mathrm{B}}$ 通道内将会有更多的气体流过，从而产生强烈的压缩作用，并使得弓形激波凸起变形。

射流干扰激波对圆柱绕流激波控制的作用机理则是基于超声速气流中激波前后压强的变化关系。对于图 6-5(a)中无射流干扰激波情况，弓形激波前后的压强比为

$$\frac{p_{\mathrm{a3}}}{p_{\mathrm{a1}}} = \frac{2k}{k+1} Ma_1^2 \sin^2\theta_1 - \frac{k-1}{k+1} \tag{6-6}$$

当流场中出现射流干扰激波时，干扰激波前后的压强比为

$$\frac{p_{\mathrm{a2}}}{p_{\mathrm{a1}}} = \frac{2k}{k+1} Ma_1^2 \sin^2\theta_2 - \frac{k-1}{k+1} \tag{6-7}$$

此时，弓形激波前后压强比变为

$$\frac{p_{\mathrm{a3}}}{p_{\mathrm{a2}}} = \frac{2k}{k+1} Ma_2^2 \sin^2\theta_3 - \frac{k-1}{k+1} \tag{6-8}$$

超声速气流中斜激波法向分量必定为超声速，即 $Ma\ \sin\theta>1$，因此经过斜激波后的气流压力升高，即式(6-7)中 $\dfrac{p_{\mathrm{a2}}}{p_{\mathrm{a1}}}>1$，同时由式(6-6)和式(6-8)可知：

$$\frac{p_{\mathrm{a3}}}{p_{\mathrm{a1}}} > \frac{p_{\mathrm{a3}}}{p_{\mathrm{a2}}} \tag{6-9}$$

即由于射流干扰激波的作用，圆柱绕流弓形激波前后压强比减小，压差降低，从而使弓形激波强度减弱。

综合以上分析，等离子体合成射流的激波控制机理可以归纳为以下三个方面：

(1) 射流对近壁面湍流边界层厚度、湍流强度的增强和能量的注入，提高了边界层抑制流动分离的能力，减小分离区大小，降低激波强度。

(2) 射流温度的升高增大了近壁面射流区域当地声速，降低当地马赫数，使声速线向上抬升，既增加了弓形激波的产生高度，又降低了激波强度。而气体升温的热阻塞效应会增大射流区域外的气体质量流量，造成对弓形激波的压缩，使弓形激波产生凸起变形。

(3) 射流干扰激波的引入会引起圆柱绕流流场中弓形激波前后压差的减小，从而降低激波强度。

6.3.2　圆柱高度影响

如图 6-6 所示，当超声速流场中圆柱体高径比达到 *h*/*D*=1 时，干扰流场结构发生了显著变化，分离激波、弓形激波与柱前激波相交于圆柱体前缘顶端，形成了复杂的三叉点流场。干扰流场内激波强度及波系结构的复杂程度也明显增强，圆柱体前缘形成一道强的脱体正激波，分离区内及圆柱体上方和后缘产生各种弱激波或弱膨胀波。分离区扩大，分离点向圆柱体上游移动，至圆柱体轴线距离增加至 25mm，弓形激波角增大至约 38°。由于尾流区湍流强度和湍流边界层厚度的增加，圆柱体下游的再附激波向上抬升，至中心平板距离增大。干扰流场结构的改变，尤其是激波强度的增加，必然会对等离子体合成射流的激波控制效果带来影响。

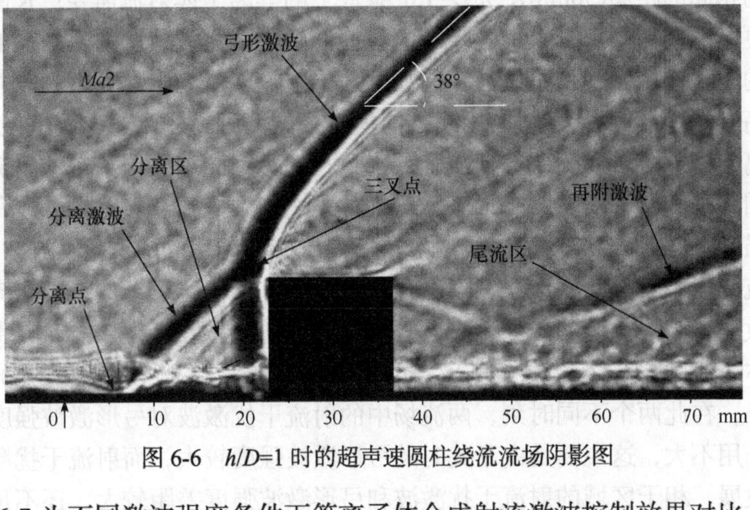

图 6-6　*h*/*D*=1 时的超声速圆柱绕流流场阴影图

图 6-7 为不同激波强度条件下等离子体合成射流激波控制效果对比。等离子体合成射流激励器仍布置于圆柱体前缘、至圆柱轴线 30mm 处，由图 6-3 和图 6-6 可知，等离子体射流仍属于 U 型射流。激励器出口直径为 *d*=5mm，射流方向均为垂直进入主流。图 6-7 中所选的 *h*/*D*=0.4 时 *t*=75μs 和 200μs 及 *h*/*D*=1.0 时 *t*=100μs

和 150μs，是分别对应两种圆柱高度条件下等离子体射流基本覆盖圆柱顶部和激波控制效果最为明显的时刻。

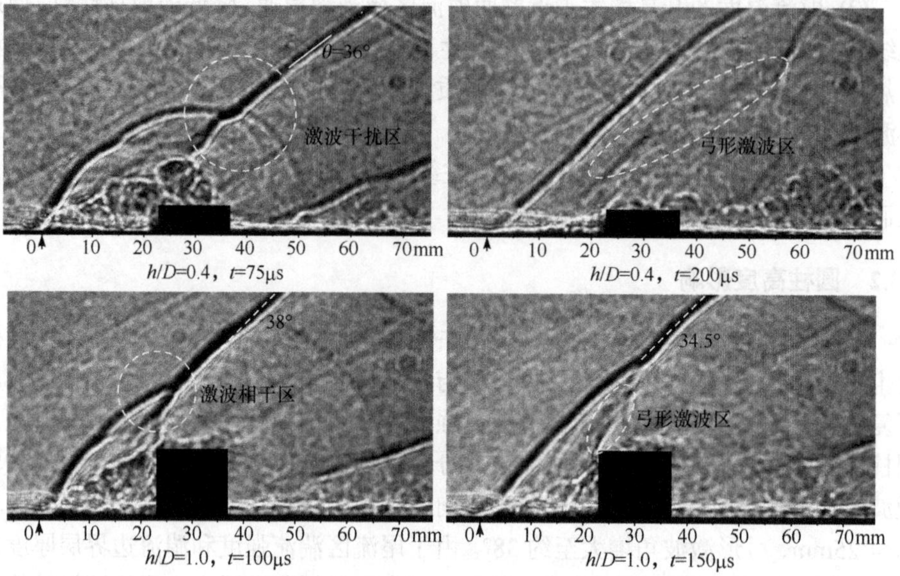

图 6-7　激励器对不同强度(圆柱高度)激波控制效果对比

对比激励器从放电开始到等离子体射流覆盖不同高度圆柱顶部的时刻可以发现，运动相同的距离(30mm)，$h/D=1.0$ 条件下的等离子体射流需要更长的时间，这表明更高的圆柱体自身及所产生较强激波导致的更大波后压力对射流的发展具有较大的阻碍作用，降低了射流流向速度，但射流在展向上达到的高度并没有随圆柱体高度的增加而发生明显变化，即对所选择的两种不同高径比圆柱绕流工况，高温等离子体射流可以影响的高度区域大致相同。因此，当等离子体射流覆盖两种高度圆柱顶部时，射流对弓形激波的抬升距离基本一致。在弓形激波角度改变方面，强度较弱的 $h/D=0.4$ 的弓形激波角稍有下降，变为 36°，而射流对 $h/D=1.0$ 圆柱绕流流场中较强的弓形激波角度几乎没有改变，但是复杂的三叉点流场结构发生了改变，圆柱上游的分离激波、分离区和柱前正激波消失。同时，由于高温等离子体射流的阻塞作用，两种工况条件下的弓形激波均发生了结构上的凸起变形。另外，在此两个不同时刻，两流场中的射流干扰激波对弓形激波强度和角度的影响作用不大，这主要是由于此时的弓形激波强度较大，而射流干扰激波还没有充分发展，相干区域的射流干扰激波和弓形激波强度差距较大，还不足以对弓形激波产生影响效果。

当 $t=200$μs 和 150μs 时，等离子体合成射流对两种不同高径比圆柱绕流弓形激波的控制效果分别达到最佳，这一时刻的差别表明，等离子体合成射流控制下

h/D=1.0 的圆柱绕流流场具有更快的发展变化过程。据此也可以推断，随着圆柱高度的增加，等离子体合成射流对圆柱绕流流场的有效作用时间将会缩短，实验结果也表明，等离子体合成射流对 h/D=0.4 的圆柱绕流流场有效作用时间约为 400μs，而对 h/D=1.0 的圆柱绕流流场有效作用时间约为 275μs。对比两种不同高径比激波控制效果最佳的流场结构可以发现，等离子体合成射流对两种激波强度的改变作用相差悬殊。对于 h/D=0.4 的圆柱绕流流场，在等离子体射流干扰激波和近壁面射流大尺度涡结构的共同作用下，弓形激波和圆柱下游的再压缩激波强度均严重衰减，在射流干扰激波和近壁面射流的影响区域内两激波几乎都完全消失，仅在远离圆柱体的下游上方存在一道结构变形的弱弓形激波，此时圆柱体具有最大的激波脱体距离。但此时刻以后等离子体射流的影响作用开始衰减，流场中已经开始有新的弓形激波产生的迹象。相对而言，等离子体合成射流对 h/D=1.0 的圆柱绕流流场结构的改变较小。当 t=150μs 时，在等离子射流干扰激波和射流大尺度涡的作用下，圆柱体前缘的弓形激波完全脱体，但脱体距离小于对 h/D=0.4 时的控制。此时，圆柱绕流的弓形激波并没有消失，而是和射流干扰激波融合，一起构成了圆柱体前缘的脱体激波，弓形激波角度减小为 36.5°，即激波强度还是具有一定的减弱效果。圆柱下游的再压缩激波依然明显存在。

6.3.3　出口构型影响

4.3 节的结果表明，不同激励器出口构型在超声速主流中会产生不同的干扰流场，形成的干扰激波强度和近壁面射流大尺度涡结构具有较大差别，这必然也会改变等离子体合成射流对激波控制的效果。以下分别选取 d=5mm、β=90°，d=3mm、β=90°和 d=3mm、β=45°三种工况研究不同激励器出口构型对 h/D=0.4 的圆柱绕流激波控制效果的影响。

图 6-8 为三种不同激励器出口构型对激波控制效果的对比，其中不同工况下流场时刻的选择方式与图 6-7 的相同。由图可知，当 t=75μs 时，三种不同工况下等离子体射流均已基本覆盖圆柱体顶部，即射流具有相同的流向运动距离和流向速度，根据射流流向运动距离和时间的关系，并假定射流建立的响应时间为 10μs，可以推算射流大尺度涡结构流向速度约为 500m/s，与 Ma2 超声速主流速度大致相同。但三种不同工况下的射流大尺度结构在展向的发展并不一致，以 d=5mm 的射流展向高度最大，d=3mm、β=90°工况次之，d=3mm、β=45°工况最小。展向高度的不同影响了高温等离子体的控制作用区域和射流通道阻塞面积，因此 d=5mm 激励器控制流场的弓形激波变化最为显著，激波抬升距离、激波角度改变及激波的凸起变形量均最大，倾角分别为 90°和 45°的 3mm 出口直径激励器的控制效果依次递减。t=75μs 时，三种工况下的射流干扰激波均不能对受控弓形激波产生明显的控制效果，但三种干扰激波的强度仍表现出明显的差别，其具体表现为所形

成的射流干扰激波以激励器出口为起点的切向角度依次递减，分别约为 55°、52° 和 50°，具有与射流展向高度相同的变化趋势。近壁面射流大尺度涡结构影响区域及射流干扰激波强度对激波控制效果的影响作用，随着受控流场的发展逐渐凸显，如图中 t=200μs 时三种不同激励器控制作用下的绕流流场结构对比。

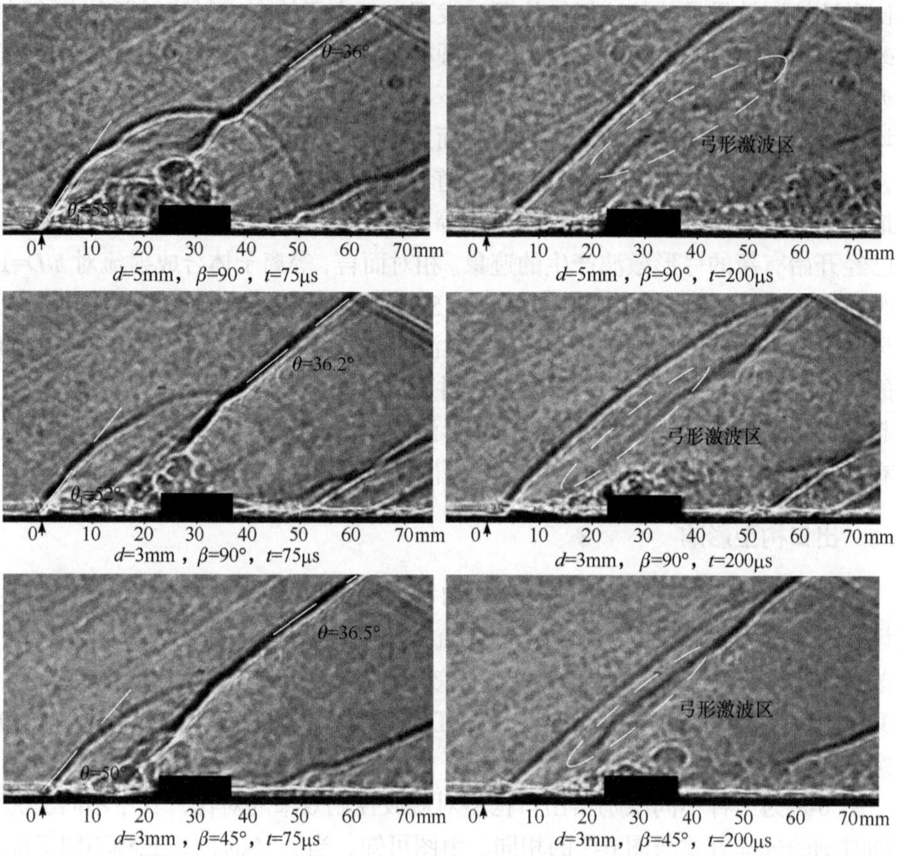

图 6-8　不同激励器出口构型对激波控制效果的影响

需要说明的是，小激励器出口直径的等离子体射流与超声速主流的干扰流场变化过程较为缓慢(如图 4-53 所示)，在激波控制中，受控流场在较小激励器出口直径射流作用下的发展过程也比较慢，不易于确定 d=3mm 时两种激励器工况的激波最佳控制效果时刻。为便于比较，统一选择 t=200μs 时刻的流场进行激励器出口构型激波控制效果的对比分析，这种选择可以反映激励器不同出口构型实际激波控制效果的变化。由图 6-8 中 t=200μs 时不同受控流场的结构特性可知，三种激励器出口构型均可以有效改变弓形激波结构，具有减小激波强度、增大激波脱体距离的作用，但控制效果随出口构型的改变与 t=75μs 时的变化趋势一致。三种不同出口构型条件下的等离子体射流对圆柱绕流流场的作用时间分别为 d=

5mm 工况的 400μs，d=3mm、β=90°工况的 575μs 和 d=3mm、β=45°工况的 525μs。这也与 4.3 节中等离子体合成射流与超声速主流相互作用时间随激励器出口构型的变化相一致。

综合图 6-8 的结果分析可以发现，在圆柱绕流激波控制中，大的激励器出口直径具有更好的控制效果。当出口直径相同时，具有较大射流倾角(≤90°)的激励器控制效果更好。这也表明，射流干扰激波强度和高温等离子体射流影响区域是等离子体合成射流激波控制的关键影响因素，满足 6.3.1 节中基于等离子体合成射流激波控制的机理分析。

6.3.4　激励位置影响

Viswanath[6]研究了射流式涡流发生器与分离激波不同的相对位置对激波控制效果的影响，并且发现布置于分离激波前的 U 型射流比布置于分离激波后的 D 型射流具有更好的激波控制作用。下面选择激励器出口位置至圆柱体轴线距离分别为 L=15mm、30mm 和 40mm 三种工况，研究不同激励器布置位置对激波控制效果的影响。其中激励器出口直径均为 d=3mm，射流倾角均为β=45°。由图 6-3 可知，h/D=0.4 的 Ma2 超声速圆柱绕流分离激波位于圆柱体上游至圆柱轴线 20mm 处，因此 L=15mm 的等离子体合成射流为 D 型射流，L=30mm 和 40mm 的等离子体射流为 U 型射流。

图 6-9 为三种不同激励器布置位置条件下激波控制效果对比，其中各流场时刻的选择标准与图 6-7 和图 6-8 相同。从图 6-9 可以发现，布置于 L=30mm 的激励器具有最好的激波控制效果，L=40mm 的次之，L=15mm 的最差。因此激波控制效果随激励器布置位置的变化关系为：U 型射流控制效果好于 D 型射流，同为 U 型射流时，激励器至分离点距离的增加会导致控制效果的降低。

当 L=15mm 时，等离子体射流覆盖圆柱体顶部和达到激波最佳控制效果的时间分别约为 62.5μs 和 125μs。t=62.5μs 时，由于等离子体射流的湍流效应和高温阻塞效应，弓形激波向上抬升，并发生凸起变形。由于激励器至圆柱体距离较近，此时射流干扰激波与弓形激波融合在一起，形成一道直线段角度仍保持为 36.5°的圆柱脱体激波，即弓形激波强度并没有明显的改变。在受控流场后面的发展过程中，射流干扰激波与圆柱绕流弓形激波进一步融合。当 t=125μs 时，二者形成一道起点在激励器出口处、直线段角度为 34.5°的弓形激波，虽然激波角度相对于 62.5μs 时有所减小，但激波脱体距离并无显著变化。L=15mm 的激励器布置位置可以实现受控流场的有效扰动时间约为 225μs。

L=30mm 的激励器控制流场与图 6-8 中 d=3mm、β=45°工况相同。激波控制效果相对于 L=15mm 工况有明显提高，根据射流覆盖圆柱顶部所需时间推算，射流流向的运动速度也比 L=15mm 工况明显增大。当 t=200μs 时，在等离子体射流

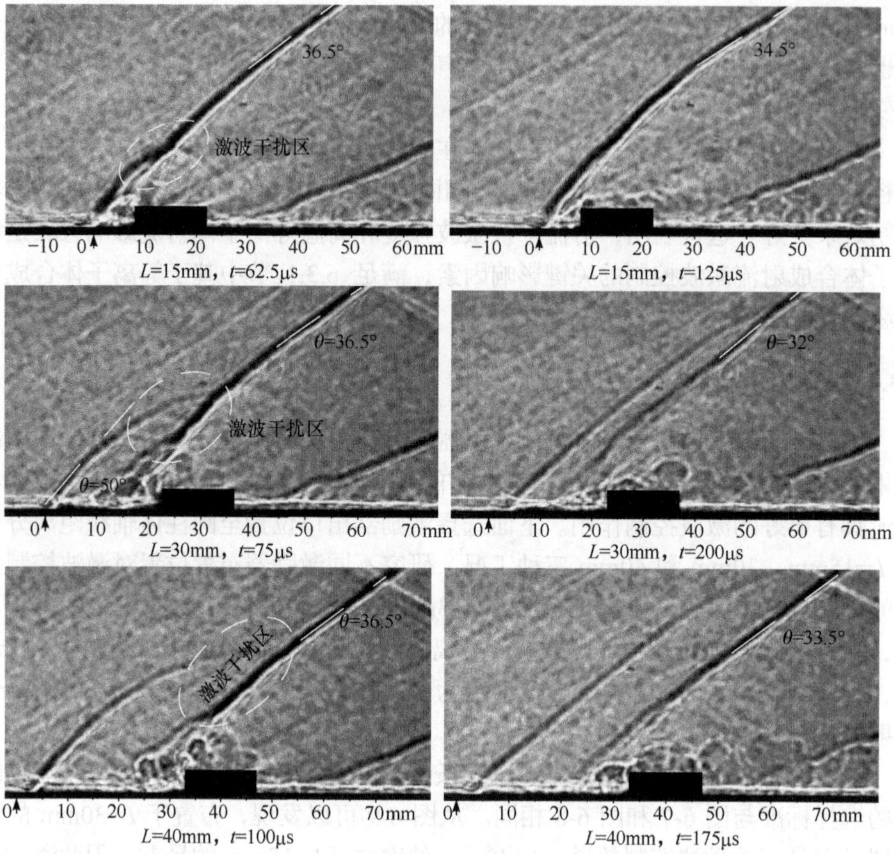

图 6-9　激励器不同布置位置对激波控制效果的影响

结构和射流干扰激波综合作用下，弓形激波强度和结构均发生了较大改变，激波角减小至 32°。射流对受控流场的有效作用时间约为 525μs，相对于 L=15mm 工况增加了约 1 倍。因此，在相同激励器工作参数条件下，U 型脉冲射流不仅可以提高激波的控制效果，而且能够有效延长控制作用时间。

以 U 型射流工作的等离子体激励器，当其布置位置至分离激波距离进一步增大至 L=40mm 时，激波的控制效果会出现一定程度的弱化。当 t=100us 时，相对于 L=30mm 时(t=75μs)等离子体射流覆盖圆柱体顶部的状态，等离子体射流对弓形激波的改变作用并没有明显不同，但由于激励器距离的增大，导致射流干扰激波与圆柱弓形激波距离增大，此时激波干扰区域内的射流干扰激波强度要小于 L=30mm 工况。当受控流场发展到 t=175μs 时，虽然近壁面高温等离子体射流具有比 L=30mm 工况更大的展向影响区域，但射流干扰激波与弓形激波距离较大，射流干扰激波波后压强可以实现更充分的恢复，因此对弓形激波强度减弱效果变差，弓形激波角达到约 33.5°。

由图 6-9 的分析可知，在基于等离子体合成射流的激波控制中，虽然是射流干扰激波和近壁面射流大尺度涡结构共同作用的结果，但是射流干扰激波具有更为重要的主导作用，因此在激励器布置位置选择中，不仅要采用 U 型射流，同时还要保证射流干扰激波和弓形激波适当的距离，以保证射流干扰激波后具有较小的压力恢复效果，实现弓形激波的有效控制。

6.4　飞行器头部逆向喷流减阻

6.4.1　流场特性

本节选取半球形头锥作为控制对象，头锥与激励器的结构布局如图 6-10 所示。头锥分为前缘与主体两部分，采用立体光固化成形技术加工。为了避免烧蚀，激励器壳体采用六方氮化硼材料进行加工。头锥主体为中空结构并开有凹槽，可以嵌套于激励器壳体外。头锥前缘同时作为激励器的射流出口盖板，中央开有圆形射流出口。为了方便与圆柱导轨连接，激励器壳体后固定有导轨连接座。所有零件之间均采用硅橡胶进行装配。需要特别注意的是，在超声速流场中头锥下游存在一个低压回流区，相比于压强较高的激励器腔体，此处气体更加容易被击穿，因此为避免漏电，在图 6-10(a)中所示电极-导线连接端需要采用环氧树脂胶进行绝缘处理。

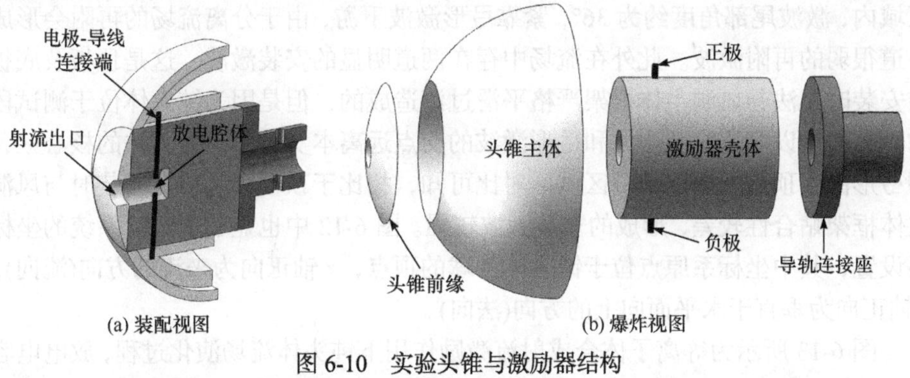

图 6-10　实验头锥与激励器结构

实验中设计了如图 6-11 所示的支撑和导轨系统，将头锥安装于风洞实验段中央，并对头锥所受的流向动态气动阻力进行测量。为了测量流向气动力，采用两个并联直线轴承与两个相互平行固定的光滑圆柱导轨连接头锥与 PCB 动态力传感器，使得头锥只能沿流向平移。直线轴承与动态力传感器固定在一个中心平板上，中心平板通过两个支架与静风洞底板连接固定。

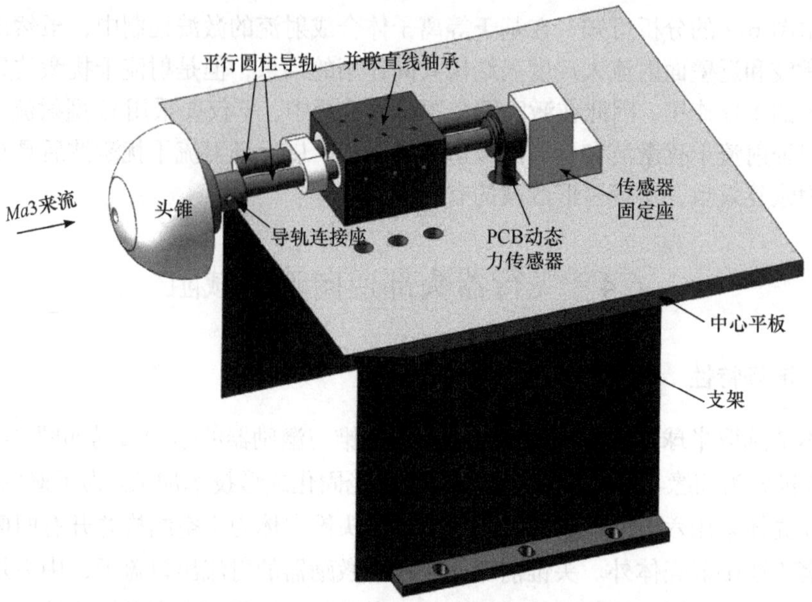

图 6-11　头部喷流实验支撑与导轨系统结构示意图

图 6-12 所示为等离子体合成射流激励器不工作时的头锥基态流场，*Ma*3 来流方向从左至右，头锥直径 D_h=50mm。由图可知，在激励器未工作条件下，环绕头锥会形成一道较稳定的弓形激波，激波的脱体距离(即弓形激波顶点与半球顶点的距离)D_{so}=5.5mm，激波顶点处角度为 90°，之后沿流向激波角度逐渐减小，在观测区域内，激波尾部角度约为 36°，紧靠弓形激波下游，由于分离流场的再附会形成一道很弱的再附激波。此外在流场中存在两道明显的安装激波，这是顶板及底板在安装时无法与风洞主体框架严格平滑过渡造成的，但是因为钝头体位于测试段的中央，所以两道安装激波和弓形激波的交点远离本实验中最为关注的核心区，即弓形激波顶点及周围部分区域。对比可知，相比于顶板，底板在安装时与风洞主体框架贴合性较差，形成的安装激波较强。图 6-12 中也显示了实验系统的坐标系设置，其中坐标系原点位于钝头体半球的顶点，*x* 轴正向为来流的方向(流向)，*z* 轴正向为垂直于水平面向上的方向(法向)。

图 6-13 所示为等离子体合成射流激励作用下钝头体流场演化过程，放电电容为 320nF，射流出口直径为 9mm。在放电触发后 20μs，射流和前驱激波已射出放电腔体，但其影响还没有达到头部激波。在喷射初期，射流和前驱激波的速度几乎相同(等于当地声速)，因此射流前部和激波接近。40μs 时刻，在激励作用下，头部激波的顶端被推向上游并形成一个凸起。在 60μs 和 80μs 时刻，头部激波进一步向上游推动。高温低密度射流在头部激波和钝头体之间扩散，并有部分开始沿钝头体表面向下游流动。由于空气从放电腔体喷出，等离子体电弧被拉长并被

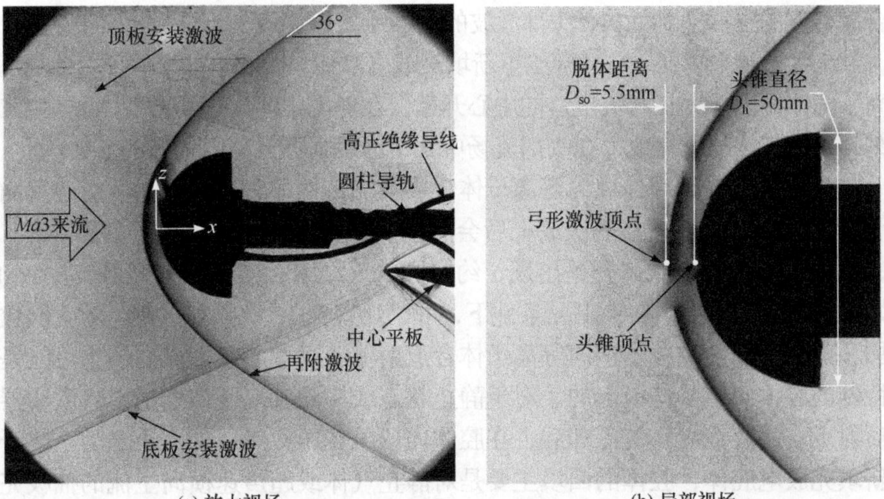

(a) 放大视场　　(b) 局部视场

图 6-12　*Ma*3 来流钝头体基态流场

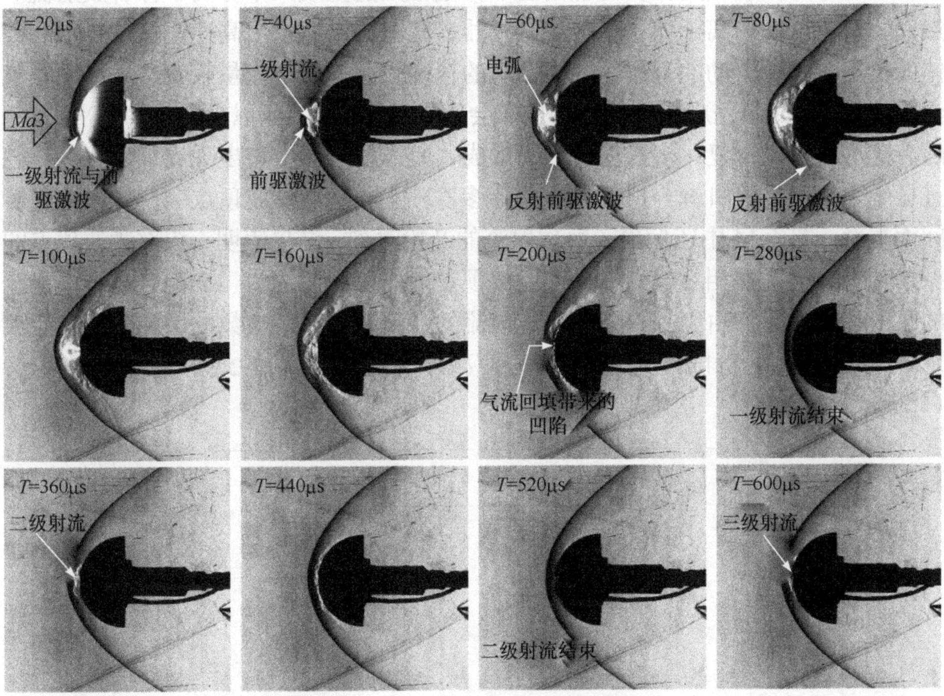

图 6-13　钝头体受控流场演化过程

射流吹出腔体。同时前驱激波在到达头部激波后反射并向下游传播，与静止状态或超声速横向等离子体合成射流情况类似，前驱激波的扩散速度要远高于射流，因此可以产生更宽更快的激励，使得激励的范围也在横向扩展。在 100μs 时刻，等离子体合成射流的强度达到峰值，头部激波的前移距离达到最大。在 160μs 和 200μs 时刻，射流变得越来越弱，空气开始重新填充放电腔体。由于头部激波顶点处的压力最高，气体回填首先在射流出口的中心开始，在射流中间出现一个凹陷。在 280μs 时刻，射流基本喷射完成，在头部流场中几乎已观察不到高温气体的存在。

与静止状态或超声速横向等离子体合成射流特性显著不同的是，对于反向等离子体合成射流而言，在一次放电后会产生明显的多次喷射过程。如图 6-13 所示，第二个射流在 360μs 开始出现，约在 520μs 结束，然后第三个射流在 600μs 开始出现。依次类推，在本工况条件下，可以观察到 13 次喷射过程，随着次数的增加，射流的强度递减。逆向等离子体合成射流激励器多级射流的产生可能是由其特殊的腔体回填特性引起的。对于静止状态或横向等离子体合成射流激励器，在喷射后，当腔体内空气冷却后，在腔体内形成负压，然后外部流场的空气开始重新填充放电腔体，腔体的回填主要是对静止气体或超声速横向主流的抽吸完成的，与喷射过程相比，回填的气流速度很低、质量流量很小，放电腔体的压力慢慢恢复到外部流场压力。在这种情况下，通常只能生成一个等离子体合成射流。然而，对于反向等离子体合成射流激励器，腔体的回填是由高速主流的冲击和腔体的负压两部分驱动的，因此腔体回填的速度较高、质量流量较大。由于回填气流的惯性，在回填完成后腔体内的压力会比外部流场高，所以会产生第二次喷流。随着这一过程的重复，多次射流不断形成，腔体内的压力将出现周期性振荡，并且振幅不断减小。如图 6-14 所示，由于多次喷射，头部激波顶点的位置也将随时间而振荡。图 6-14 中还标出了每次射流的开始时刻，结果表明，头部激波顶点的振荡与每次喷射是相对应的，头部激波顶点的振荡周期约为 260μs，与多次射流的喷射周期相近。由于等离子体合成射流的强度随着喷射次数的增加下降，激波顶点的振荡幅度也随着时间的推移而减小，激波顶点的最大前移距离约为 14.7mm，发生在第一次喷射后约 100μs。

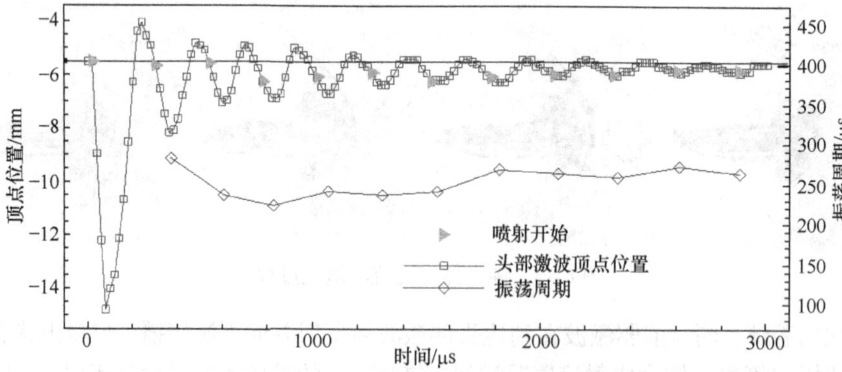

图 6-14　头部激波顶点流向位置随时间变化曲线及其振荡周期

6.4.2　减阻特性

图 6-15 所示为等离子体合成射流激励器不工作时钝头体在一次风洞测试中所受流向气动阻力变化曲线。由图可知，风洞在−200ms 开始工作，大约在 160ms 开始关闭(仅在这次测试中)。气动阻力时间曲线可以分为三个阶段：过渡阶段、稳定阶段和关闭阶段。在风洞开始工作后，阻力从零上升到 34.1N，达到稳定阶段，一直持续到风洞开始关闭。在稳定阶段，由于压电式传感器的特性，虽然实际阻力保持不变，但传感器的输出信号会出现衰减，信号衰减的速率大约是 5N/s。因此，为了使在不同实验中测量的阻力曲线具有可比性，在后面的实验中，风洞开启与放电开始时刻之间的时间间隔被固定为 200ms。

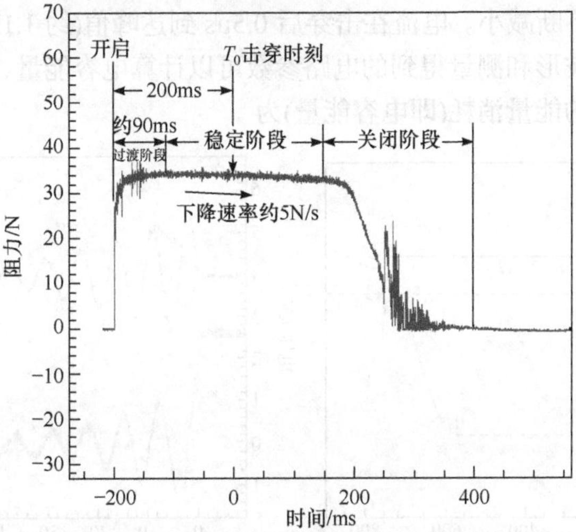

图 6-15　风洞开闭过程中气动阻力随时间变化曲线

图 6-16 所示为施加等离子体合成射流激励的典型动态气动阻力变化曲线，空气击穿发生在 0μs。由图 6-16 可知，在击穿后不久(0～160μs)，气动阻力变化不大，虽然此时等离子体合成射流已经喷出腔体并对弓形激波产生了干扰，如图 6-13 所示。这可能是因为虽然钝头体流场的改变可以降低钝头体表面的压力并减少阻力，但是腔体内压力的显著增加和等离子体合成射流的高速喷射同时会增加钝头体的阻力，所以整体而言阻力基本上保持在基准值附近(34.1N)。从 160μs 开始，阻力开始降低。由于多级等离子体合成射流的产生和放电腔体压力的振荡，阻力变化曲线有两个主要峰值(即“W”型曲线)。减阻持续时间($\Delta T_r=T_2-T_1$)约为 600μs。最小阻力约为 23.3N，最大阻力减少百分比($1-F_{min}/F_0$)约为 34.67%。为了分析减阻的整体效果并与消耗的电能进行比较，减阻的收益(即推力系统所做功的减少)计算如下[7]：

$$\Delta E_{\mathrm{r}} = \int_{T_1}^{T_2} \left(F_0 - F(t)\right) \cdot U_{\infty} \mathrm{d}t \tag{6-10}$$

其中，F_0为基态阻力；$F(t)$是瞬态阻力；U_∞是风洞实验段主流的速度(约 622.5m/s，也可以看作是飞行器的巡航速度)；T_1、T_2分别为阻力下降的开始时刻和结束时刻，如图 6-16 所示。利用图 6-16 所示压力变化曲线和式(6-10)计算可得本工况的减阻收益约为 1.97J。

典型放电电压和电流波形如图 6-17 所示。电容如前所述为 320nF，导线电阻为 220mΩ。逆向等离子体合成射流激励器的放电波形与横向或静止流场等离子体合成射流激励器的放电波形相同(欠阻尼振荡曲线)。在 0μs 时刻，电压达到击穿值(约 2.6kV)，电弧放电开始，击穿放电后，电压迅速下降到几百伏，然后开始周期性振荡，振幅不断减小。电流在击穿后 0.5μs 到达峰值(约 1.1kA)，随后也开始振荡。根据放电波形和测量得到的电路参数可以计算电容能量、电弧能量和放电效率。单次放电的能量消耗(即电容能量)为

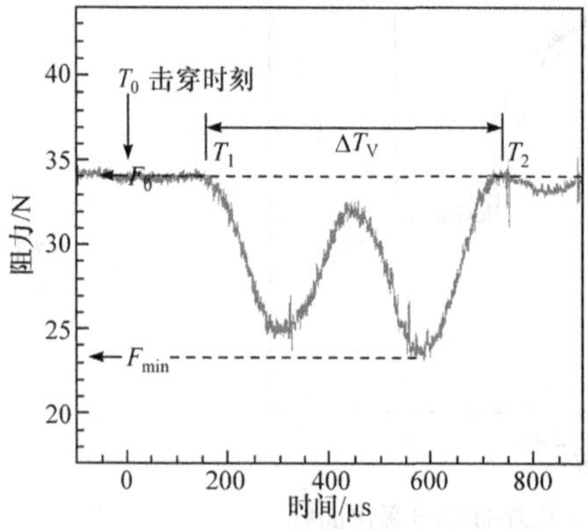

图 6-16　典型控制工况动态气动阻力变化曲线

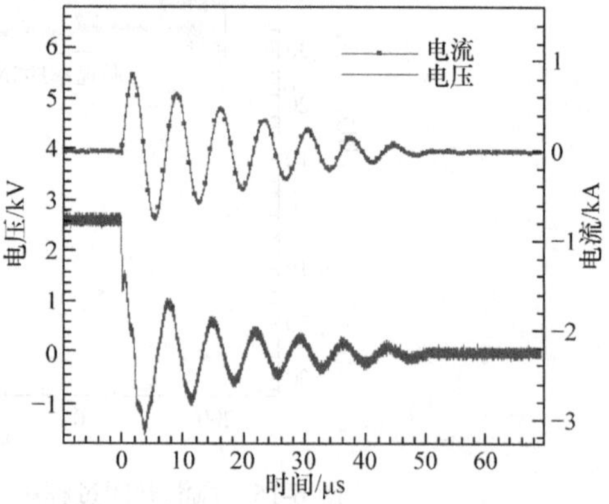

图 6-17　放电电压和电流的典型波形

$$E_{\mathrm{c}} = \frac{1}{2} C_{\mathrm{d}} U_{\mathrm{b}}^2 \tag{6-11}$$

其中，E_c是电容能量；U_b是击穿电压。电弧能量表达式为

$$E_{\mathrm{a}} = E_{\mathrm{c}} - E_{\mathrm{w}} = E_{\mathrm{c}} - \int_0^{T_{\mathrm{d}}} i^2 R_{\mathrm{w}} \mathrm{d}t \tag{6-12}$$

其中，E_a是电弧能量；E_w是在电线上耗散的能量；T_d是放电的周期；i 是放电电流；R_w是导线电阻。放电效率 η_d 计算如下：

$$\eta_{\mathrm{d}} = E_{\mathrm{a}} / E_{\mathrm{c}} = 1 - E_{\mathrm{w}} / E_{\mathrm{c}} \tag{6-13}$$

利用式(6-13)计算可得单次放电的能量消耗为 1.08J，电弧能量为 0.62J，放电

效率约等于 57%。如前所述，本工况的减阻收益约为 1.97J，因此能量消耗占减阻收益的 54.8%。

6.5　燃烧室超/超混合层掺混增强

6.5.1　实验方法

实验在低噪声超声速混合层风洞中进行。混合层风洞如图 6-18 所示，实验段长为 350mm，高度为 60mm，宽度为 200mm。为消除流向压力梯度，风洞的上下壁面有 1°的张角。10mm 厚度的隔板从风洞入口到喷管出口将风洞从中间分为两部分。风洞实验段实物图如图 6-19 所示。风洞上侧喷管马赫数为 1.37，风洞下侧喷管马赫数为 2.39，根据对流马赫数计算公式

$$Mc = \frac{U_1 - U_2}{a_1 + a_2} \tag{6-14}$$

其中，U_1、U_2 分别为高速和低速自由流速度；a_1、a_2 分别为高速和低速自由流声速。计算可得对流马赫数为 0.3。具体参数见表 6-1。上侧气流的总压调节器可在实验段实现静压匹配的。

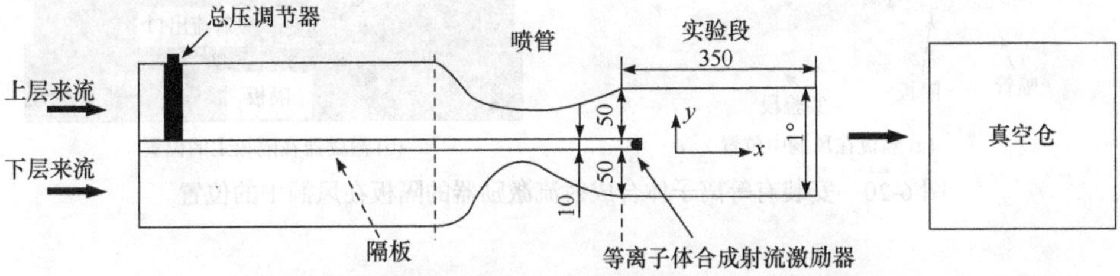

图 6-18　超声速混合层风洞示意图(单位：mm)

图 6-19　超声速混合层风洞实物图

表 6-1　压力匹配情况下校测流场参数

马赫数 Ma	速度 U / (m/s)	静温 T / K	总温 T_0 / K	运动黏度 μ / ($\times10^{-5}$ m^2/s)
1.37	405.16	218.39	300	1.4312
2.39	567.18	139.87	300	0.9635

等离子体合成射流的详细原理介绍见文献[8]～[10]。图 6-20 是安装有等离子体激励器阵列的隔板示意图。x、y、z 分别代表流向、横向、展向的方向。激励器安装在距离隔板尾端约 15mm 处，实现对上侧气流的扰动。采用 5 个激励器串联放电方式。每个激励器由圆柱形放电腔体和一对电极组成。电极为直径 1mm 的钨针，以提高电极的抗放电烧蚀能力，腔体采用的是树脂材料，3D 打印加工成型。放电电极之间的间距为 20mm。圆柱形放电腔体的直径为 12mm，高度为 6mm，体积为 678.24mm^3，有一个直径为 2.5mm 的射流孔，如图 6-21 所示。电源采用 KD-1 高压脉冲电源，最大输出电压为 10kV，脉冲频率为 1～50Hz，单次脉冲最大输出能量为 20J。本次试验使用的放电电容为 640nF。

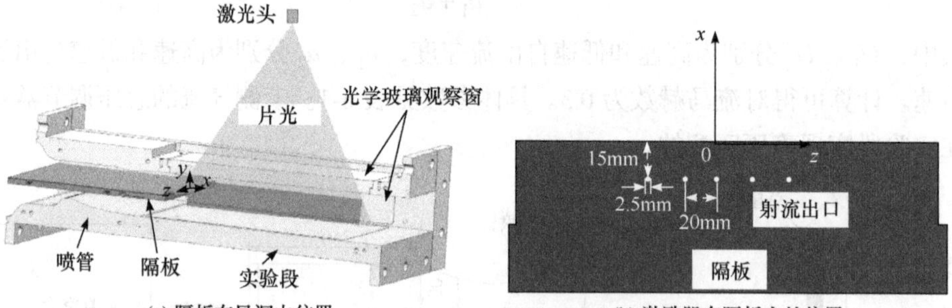

(a) 隔板在风洞中位置　　(b) 激励器在隔板上的位置

图 6-20　安装有等离子体合成射流激励器的隔板在风洞中的位置

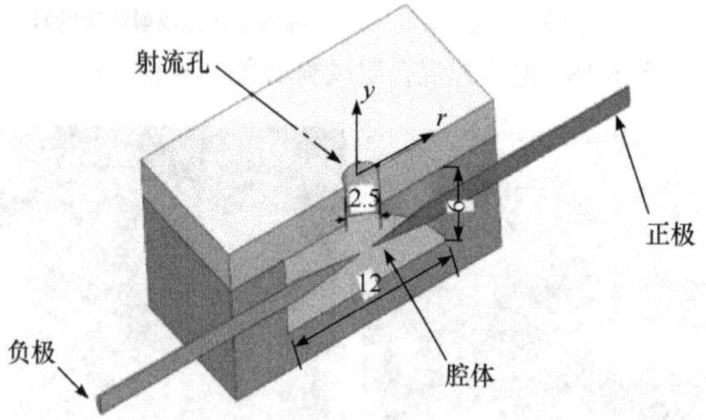

图 6-21　两电极等离子体合成射流激励器(单位：mm)

使用纹影系统观测等离子体合成射流对混合层的扰动过程。纹影系统主要包括光源、高速相机、凹面镜、刀口。纹影系统与实验段的位置如图 6-22 所示。凹面镜直径为 200mm，焦距为 2m。光源采用的是连续的碘钨光源。相机的曝光时间为 1μs，拍摄频率 30000Hz，拍摄的像素为 1024×688。

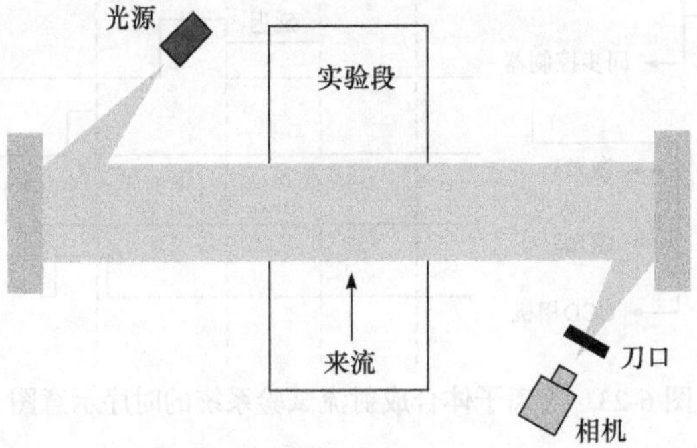

图 6-22　纹影系统示意图

实验使用基于纳米粒子的平面激光散射(NPLS)系统来获取流场的精细结构。NPLS 系统是由赵玉新[11]基于瑞利散射原理开发出来的。NPLS 系统包含有：双腔 Nd:YAG 激光器，波长为 532nm，单次脉冲的能量为 350mJ，脉冲宽度为 6ns；一台跨帧像素为 4008×2672 跨帧 CCD 相机；一台控制激光器和相机的同步控制器；一台纳米粒子发生器；一台计算机。TiO_2 有效直径为 42.5nm，松弛时间为 66.3ns，因而被选为示踪粒子。TiO_2 优势在于对小尺度的脉动有较好的跟随性。流场图片的灰度图与纳米粒子的浓度成比例，纳米粒子的浓度又与密度成比例，所以流场图片的灰度值可以反映密度场。

PIV 与 NPLS 系统共用一套设备。利用纳米粒子良好的跟随性可以获得较为准确超声速流场速度分布。CCD 相机的最短曝光时间间隔为 0.5μs，根据两幅跨帧图像以及时间间隔可以得出速度场。

NPLS/PIV 的最大工作频率为 2Hz，但是相机的曝光时间仅为 6ns，等离子体合成射流激励器作用在流场的时间远小于 1ms。等离子体合成射流的扰动需要一段时间之后才能传递到观测区域中间方便观测。为满足上述的要求，NPLS/PIV 需要在等离子体合成射流激励器工作一段时间之后再开启工作。用一台信号源发生器先触发等离子体合成射流激励器，延时一段时间触发 NPLS/PIV 系统。NPLS/PIV 拍摄区域见图 6-20。试验系统的具体时序见图 6-23。

6.5.2　典型控制效果

图 6-24 为等离子体合成射流单次脉冲的纹影图片。图 6-24(a)是等离子体合成射流没有工作时的状态。等离子体合成射流开始放电时设为 T_0 时刻。图 6-34(b)为 T_0+67μs 时刻纹影结果，从图中可以看出在射流出口上游产生一道斜激波，表明射流开始喷出。图 6-24(c)为 T_0+233μs 时刻纹影结果，可以看到此时的混合层

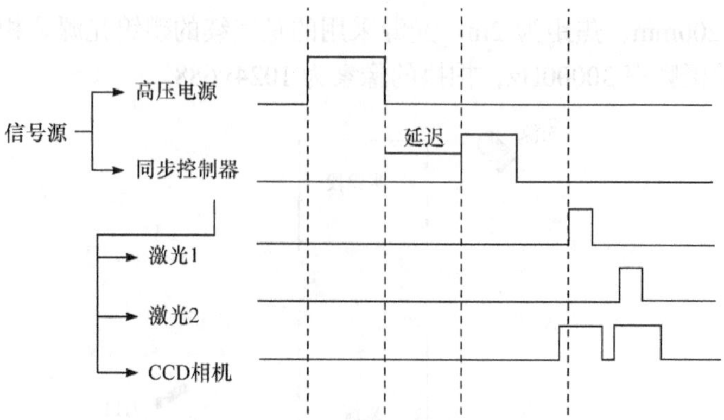

图 6-23　等离子体合成射流试验系统的时序示意图

与未受扰动的有所区别，在射流出口之前激波变为正激波，说明此时射流强度较大。图 6-25 为单次扰动的等离子体合成射流 NPLS 结果。图 6-25(a)是未受扰动时 NPLS 流场结构图像，可以看出流场已经是湍流状态。图 6-25(b)为 T_0+180μs 时刻的 NPLS 结果，可以看出等离子体合成射流诱导出了大尺度的涡结构。但是 86mm 之后由于扰动尚未传播到，未产生此位置之前量级的大尺度涡结构。图 6-25(c)是与图 6-25(b)相差 50μs 的 NPLS 的结果，扰动随着气流继续向下游运动，在上游扰动过后，大尺度涡结构继续增长，相较于图 6-25(b)中涡结构尺度有所增大。图 6-26 为等离子体合成射流扰动后的 PIV 平均结果，图 6-26(a)为未受扰动的流向平均速度场，图 6-26(b)为 T_0+230μs 时刻流向速度平均云图。通过两幅图的对比可以看出，在 60～100mm，混合层处的流向速度分布有明显不同。对应到图 6-25(c)NPLS 结果中看出，扰动在这个时刻传递到此处，说明等离子体合成射流可以对速度场造成较大的扰动。同时也说明，经过系统精确控制，等离子体合成射流在相同的延时条件下，流过流场的距离较为稳定。图 6-26(c)为未受扰动时刻的横向速度标准差，由于横向速度变化较大，在混合层区域标准偏差较大。图 6-26(d)为 T_0+230μs 时刻的横向速度标准差，与图 6-26(a)对比可以看出在 80～100mm 处横向速度偏差较大，说明此处受扰动后横向速度脉动量加大。

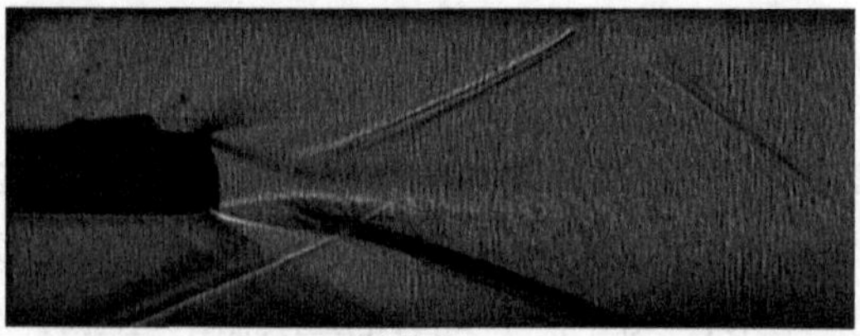

(a) T_0+0μs

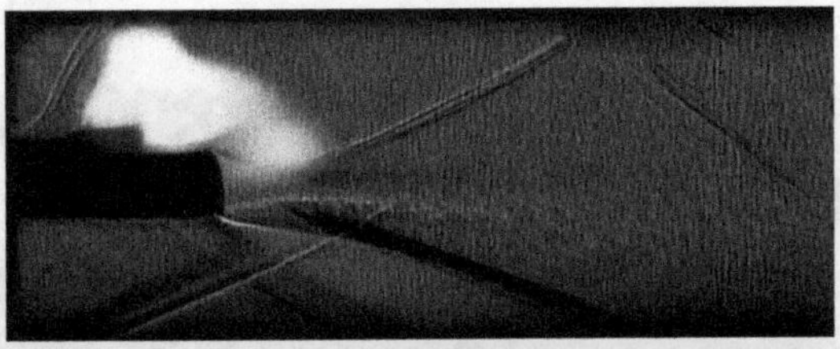

(b) T_0+67μs

(c) T_0+233μs

图 6-24　纹影结果

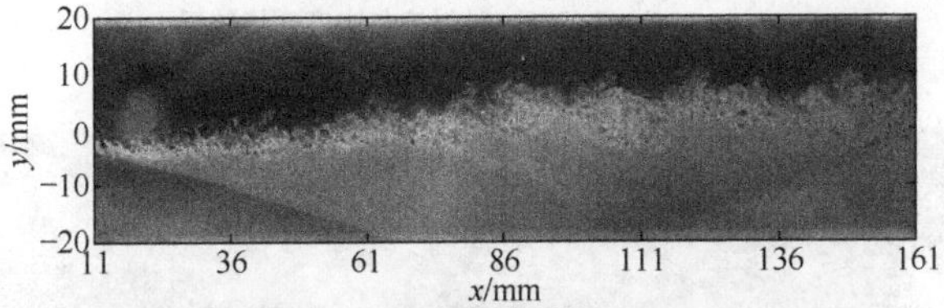

(a) 施加控制前

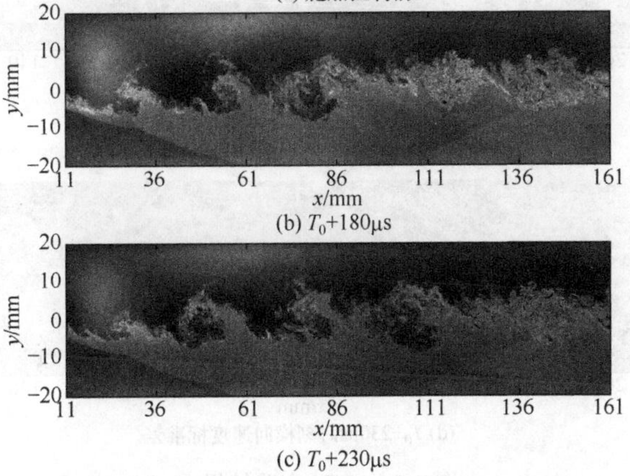

(b) T_0+180μs

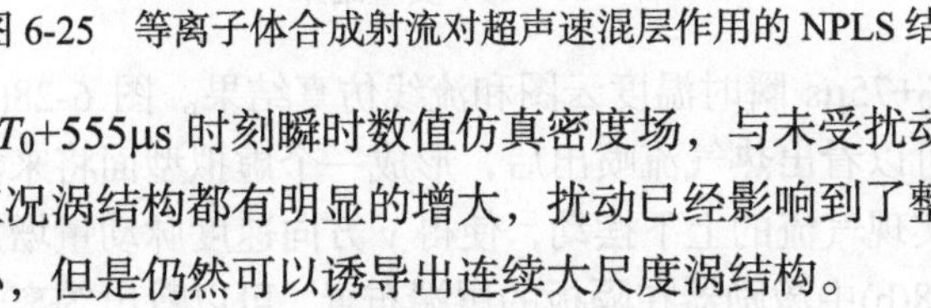

(c) T_0+230μs

图 6-25　等离子体合成射流对超声速混层作用的 NPLS 结果

图 6-27 为 T_0+555μs 时刻瞬时数值仿真密度场，与未受扰动的工况对比，可以看出这三个工况涡结构都有明显的增大，扰动已经影响到了整个流场。虽然扰动的占空比较小，但是仍然可以诱导出连续大尺度涡结构。

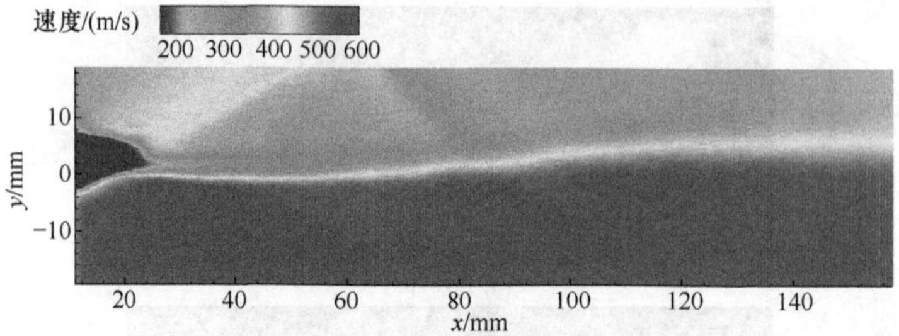

(a) 流向速度平均结果

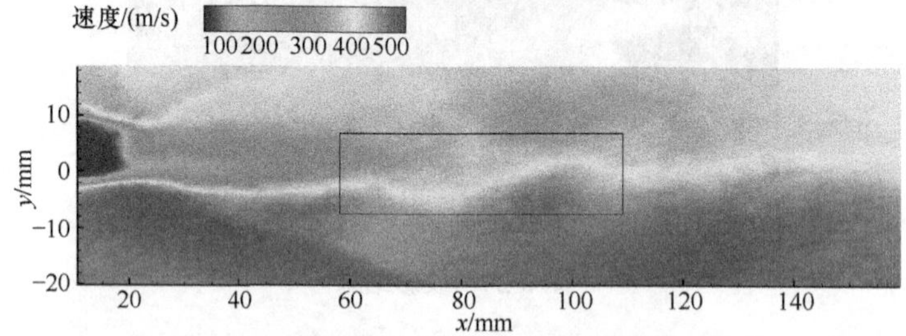

(b) T_0+230μs时刻流向速度平均结果

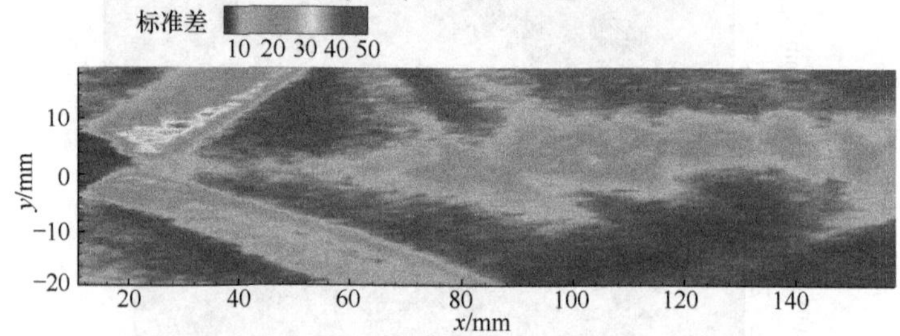

(c) 横向速度标准差

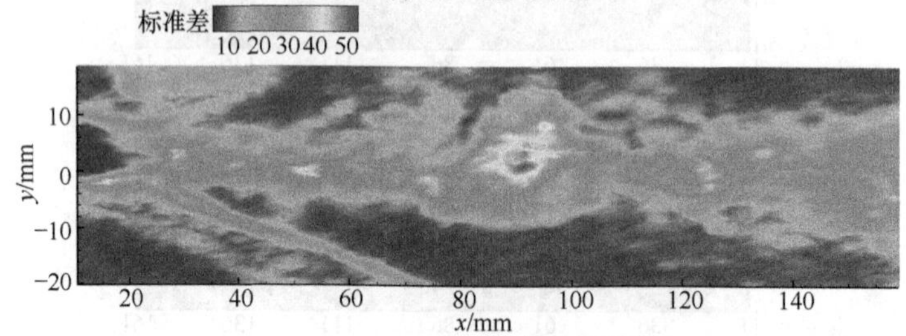

(d) T_0+230μs时刻横向速度标准差

图 6-26　PIV 实验结果

图 6-28 为 T_0+75μs 瞬时温度云图和流线仿真结果。图 6-28(a)中激励器在隔板上表面布置，可以看出热气流喷出后，形成一个虚拟型面将来流抬高，周期性的射流喷出可以实现气流的上下摆动，使得 y 方向速度脉动量增加，有助于气流掺混均匀。图 6-28(b)中激励器在隔板的尾端布置，可以看出等离子体合成射流喷出后直接作用在混合层的再附点上，从而加快混合层失稳，达到增强混合的效果。

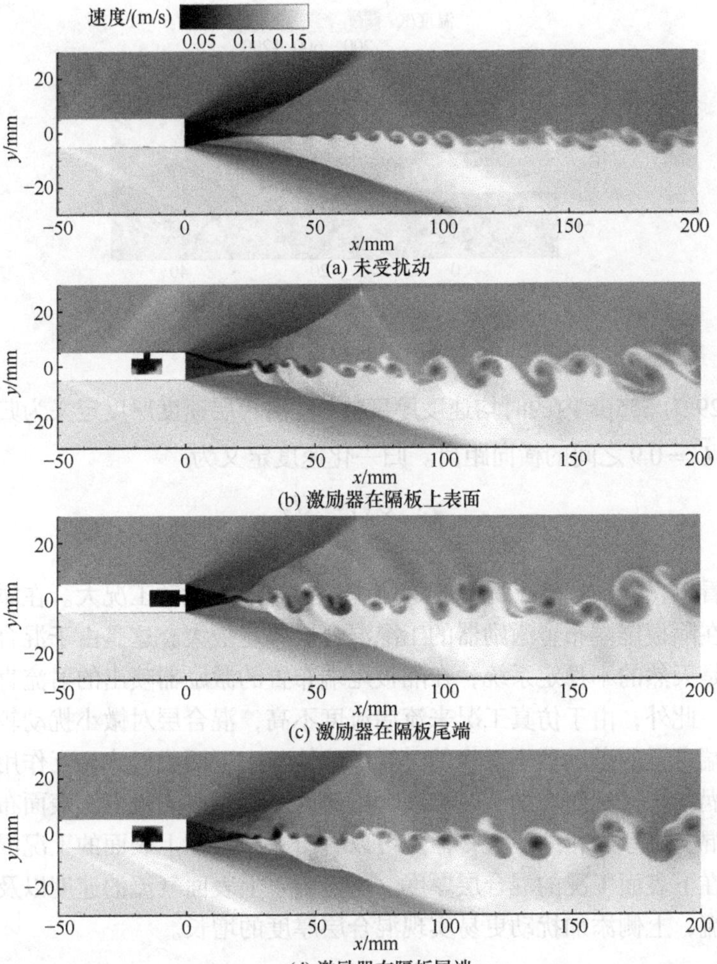

(a) 未受扰动

(b) 激励器在隔板上表面

(c) 激励器在隔板尾端

(d) 激励器在隔板尾端

图 6-27　T_0+555μs 时刻密度场

并且由这两个图可以推知，由于在隔板尾端布置的激励器可以直接作用在混合层上，混合层对在隔板尾端布置的激励器扰动响应最快。

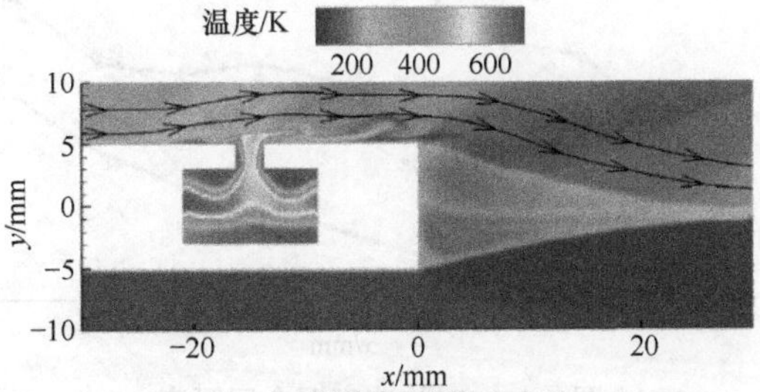

(a) 激励器在隔板上表面

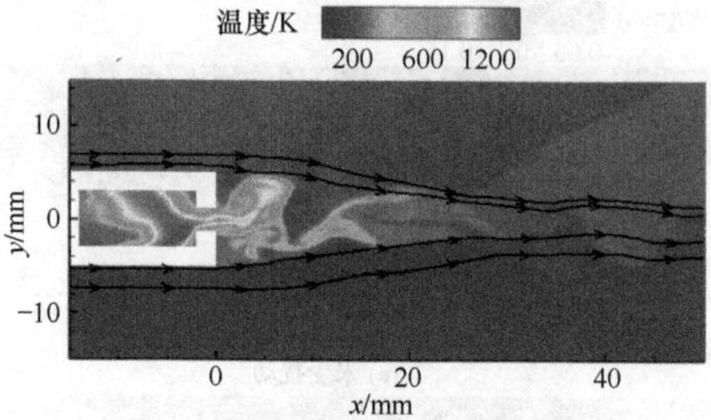

(b) 激励器在隔板尾端

图 6-28　T_0+75μs 温度云图和流线

图 6-29 为 555μs 内的时均速度厚度曲线。混合层速度厚度定义为归一化速度 $\overline{U}=0.1$ 和 $\overline{U}=0.9$ 之间的横向距离。归一化速度定义为

$$\overline{U}=\frac{U(y)-U_2}{U_1-U_2} \tag{6-15}$$

可以看出，添加扰动工况混合层厚度都比未添加扰动工况大。在添加扰动的工况中，在隔板尾端布置激励器的工况混合层厚度最大。这是由于混合层存在速度拐点，是天然的不稳定系统，在隔板尾端布置的激励器喷出的射流直接作用在混合层上。此外，由于仿真工况来流湍流度不高，混合层对微小扰动较为敏感，在隔板尾端布置的激励器不工作的时候，腔体与上下两股气流相互作用也会诱导出大尺度涡结构，从而增加了时均混合层速度厚度。在隔板上下表面布置激励器的工况，混合层厚度相差不大，但是可以看出，布置在上表面的工况混合层厚度大于布置在下表面工况的混合层厚度。这是由于上表面气流的速度以及总压低于下表面气流，上侧添加扰动更易实现混合层厚度的增长。

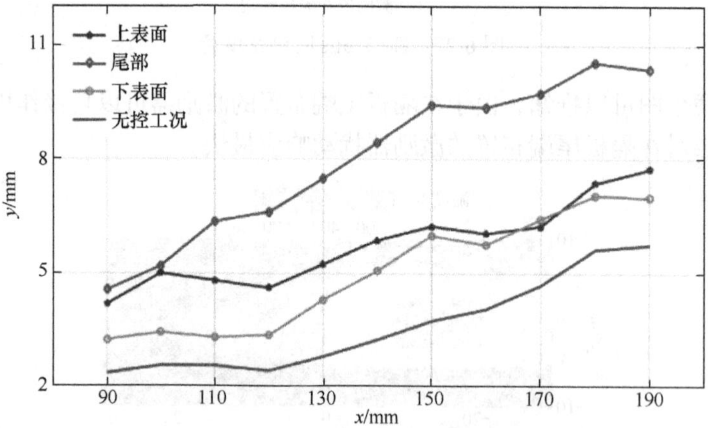

图 6-29　时均速度混合层厚度

6.6 小　结

本章选取进气道压缩拐角斜激波控制、超声速流场圆柱绕流激波控制、飞行器头部逆向喷流减阻、燃烧室超/超混合层掺混增强等典型应用场景，分析了等离子体高能合成射流的流场控制特性及控制参数影响规律，对等离子体高能合成射流在高速流动控制中的应用进行了简单介绍，主要结论如下：

(1) 实验验证了等离子体高能合成射流对进气道压缩拐角斜激波的控制效果，在射流激波和射流大尺度涡结构的双重作用下，斜激波的强度降低，斜激波的左段先被消除，在放电开始后约 127.8μs 随着射流大尺度涡结构流到下游斜激波的左段又重新生成，在放电开始后约 211.1μs 新的完整的斜激波生成，直到放电结束后约 277.8μs 恢复到基态流场下的形态。研究了射流对不同宽度进气道压缩拐角所产生斜激波的控制效果，研究表明，当压缩拐角宽度在 15mm 以内时，射流对斜激波能保持较佳的控制效果，这是由于射流具有很强的三维性，在展向存在一定的控制范围。

(2) 实验验证了等离子体高能合成射流对超声速流场圆柱绕流激波的控制效果，其控制机理主要是基于射流干扰激波前后压强变化、近壁面射流的热效应和涡效应的作用。随着受控激波强度的增加，等离子体合成射流的激波控制效果降低，控制作用时间减小。而不同激励器出口构型对激波控制效果的影响表现为：大的激励器出口直径具有更好的激波控制效果和较短的控制作用时间；小的射流倾角会降低激波控制效果，并减小控制作用时间。相对于布置在分离激波下游的 D 型射流，布置于分离激波上游的 U 型射流具有更好的激波控制效果，而对于 U 型射流，随着射流至分离激波距离的增大，等离子体合成射流的激波控制效果也会降低。

(3) 实验验证了等离子体高能合成射流对超声速流场钝体头激波的控制效果，与静止环境或超声速横向等离子体合成射流激励器特性不同，逆向喷流激励器在一次放电后可以产生较明显的多级射流，这有利于延长单次放电后激励作用的时间。分析认为，多级射流的产生主要源于高速来流带来的腔体回填速度的提高，快速的腔体回填加剧了激励器的过充倾向，激励器“喷流-回填”过程表现出更强的振荡特性。随着逆向喷流激励器出口直径的增大，腔体回填速度进一步提高，多级射流的数目增加、喷射周期缩短。随着钝头体直径的增大，钝头体顶点附近将会出现更大范围的低速区，喷射出来的高温气体在钝头体前的驻留时间延长，多级射流的喷射周期延长。受多级射流作用，钝头体头部激波的运动也呈现出明显的振荡特性。随着出口直径、钝头体直径以及喷射过程中射流流量的变化，等离子体合成射流与头部弓形激波出现两种典型的干扰模式：在射流的作用范围相对受限时呈现为头部激波的局部凸起模式，高温射流类似于一个气动减阻杆；

在射流的作用范围相对较大时呈现为高温射流的全局覆盖模式，高温射流在钝头体表面形成虚拟气动外形，使得头部激波出现整体前移。钝头体的整体阻力由头部激波减弱带来的钝头体表面压力降低(起减小阻力效果)和射流喷射形成的反作用力(起增加阻力效果)两方面决定。实验中采用双直线轴承与高频力传感器组成的测量装置对激励作用下的钝头体气动阻力变化过程进行了测量，结果表明，施加控制后钝头体阻力出现显著下降。

(4) 实验验证了等离子体高能合成射流对燃烧室超/超混合层的控制效果，结果表明，等离子体合成射流激励器对超声速混合层扰动十分明显，高频激励器可有效增强混合层的厚度。激励器布置在隔板上下表面作用机理与激励器布置在隔板尾端的作用机理不相同。布置在隔板上下表面的激励器是先作用在来流上然后再影响混合层发展，布置在隔板尾端的激励器射流是作用在混合层再附点上，加速混合层的失稳，并且可以推知混合层对在隔板尾端布置的激励器响应最快。在激励器腔体内气体吸收的热量相同的前提下，位置不同导致激励器出口的外部环境差别较大，因而对等离子体合成射流做功能力的影响很大。高频等离子体合成射流激励器对气体回吸要求较高，只有气体及时回吸才能将保证激励器做功能力不衰减，因此在设计等离子体合成射流激励器时应该采用导热性能好的材料或者采用冲压式设计，保证每次做功激励器腔体密度符合要求。

参 考 文 献

[1] 王林. 等离子体高能合成射流及其超声速流动控制机理研究[D]. 长沙: 国防科技大学, 2014.

[2] 李素循. 激波与边界层主导的复杂流动[M]. 北京: 科学出版社, 2007.

[3] 马汉东. 超声速/高超声速绕凸起物流动特性研究[D]. 北京: 北京航空航天大学, 1997.

[4] Ko H S, Haack S J, Land H B, et al. Analysis of flow distribution from high-speed flow actuator using particle image velocimetry and digital speckle tomography[J]. Flow Measurement and Instrumentation, 2010, 21: 443-453.

[5] 过增元, 赵文华. 电弧和热等离子体[M]. 北京: 科学出版社, 1986.

[6] Viswanath P R. Shock wave turbulent boundary layer interaction and its control: A survey of recent developments[J]. Sadhana, 1988, 12: 45-104.

[7] Kuo S P, Bivolaru D. The Similarity of shock waves generated by a cone-shaped plasma and by a solid cone in a supersonic airflow[J]. Physics of Plasmas, 2007, 14: 023503.

[8] Santhanakrishnan A, Jacob J D. Flow control with plasma synthetic jet actuators[J]. Journal of Physics D: Applied Physics, 2007, 40(3): 637-651.

[9] Zhou Y, Xia Z X, Luo Z B, et al. A novel ram-air plasma synthetic jet actuator for near space high-speed flow control[J]. Acta Astronautica, 2017, 133: 95-102.

[10] Haack S J, Taylor T M, Cybyk B Z. Experimental estimation of sparkjet efficiency[C]. AIAA Paper 2011-3997.

[11] 赵玉新. 超声速混合层时空结构的实验研究[D]. 长沙: 国防科技大学, 2008.